从0到1 Python数据分析

莫振杰 著

人 民 邮 电 出 版 社
北 京

图书在版编目（CIP）数据

从0到1 : Python数据分析 / 莫振杰著. -- 北京 : 人民邮电出版社, 2022.6
ISBN 978-7-115-58586-8

Ⅰ. ①从… Ⅱ. ①莫… Ⅲ. ①软件工具－程序设计 Ⅳ. ①TP311.561

中国版本图书馆CIP数据核字(2022)第020291号

◆ 著　　　莫振杰
责任编辑　赵　轩
责任印制　陈　犇

◆ 人民邮电出版社出版发行　北京市丰台区成寿寺路11号
邮编　100164　电子邮件　315@ptpress.com.cn
网址　https://www.ptpress.com.cn
三河市祥达印刷包装有限公司印刷

◆ 开本：787×1092　1/16
印张：27.25　　2022年6月第1版
字数：717千字　　2022年6月河北第1次印刷

定价：89.90元

读者服务热线：(010)81055410　印装质量热线：(010)81055316
反盗版热线：(010)81055315
广告经营许可证：京东市监广登字20170147号

资源与支持

本书由异步社区出品，社区（https://www.epubit.com/）为您提供相关资源和后续服务。

配套资源

本书提供如下资源：

- 本书源代码；
- 书中彩图文件。

要获得以上配套资源，请在异步社区本书页面中点击 配套资源 ，跳转到下载界面，按提示进行操作即可。注意：为保证购书读者的权益，该操作会给出相关提示，要求输入提取码进行验证。

如果您是教师，希望获得教学配套资源，请在社区本书页面中直接联系本书的责任编辑。

提交勘误

作者和编辑尽最大努力来确保书中内容的准确性，但难免会存在疏漏。欢迎您将发现的问题反馈给我们，帮助我们提升图书的质量。

当您发现错误时，请登录异步社区，按书名搜索，进入本书页面，点击“提交勘误”，输入勘误信息，点击“提交”按钮即可。本书的作者和编辑会对您提交的勘误进行审核，确认并接受后，您将获赠异步社区的 100 积分。积分可用于在异步社区兑换优惠券、样书或奖品。

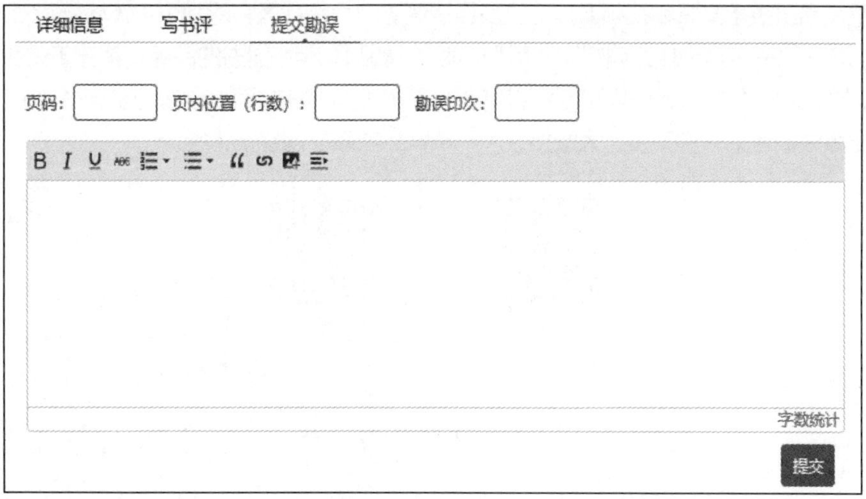

扫码关注本书

扫描下方二维码，您将会在异步社区微信服务号中看到本书信息及相关的服务提示。

与我们联系

我们的联系邮箱是 contact@epubit.com.cn。

如果您对本书有任何疑问或建议，请您发邮件给我们，并请在邮件标题中注明本书书名，以便我们更高效地做出反馈。

如果您有兴趣出版图书、录制教学视频，或者参与图书翻译、技术审校等工作，可以发邮件给我们；有意出版图书的作者也可以到异步社区在线提交投稿（直接访问 www.epubit.com/selfpublish/submission 即可）。

如果您是学校、培训机构或企业，想批量购买本书或异步社区出版的其他图书，也可以发邮件给我们。

如果您在网上发现有针对异步社区出品图书的各种形式的盗版行为，包括对图书全部或部分内容的非授权传播，请您将怀疑有侵权行为的链接发邮件给我们。您的这一举动是对作者权益的保护，也是我们持续为您提供有价值的内容的动力之源。

关于异步社区和异步图书

“异步社区”是人民邮电出版社旗下 IT 专业图书社区，致力于出版精品 IT 技术图书和相关学习产品，为作译者提供优质出版服务。异步社区创办于 2015 年 8 月，提供大量精品 IT 技术图书和电子书，以及高品质技术文章和视频课程。更多详情请访问异步社区官网 https://www.epubit.com。

“异步图书”是由异步社区编辑团队策划出版的精品 IT 专业图书的品牌，依托于人民邮电出版社近 30 年的计算机图书出版积累和专业编辑团队，相关图书在封面上印有异步图书的 LOGO。异步图书的出版领域包括软件开发、大数据、AI、测试、前端、网络技术等。

异步社区　　微信服务号

前言

一本好书犹如指路明灯，不仅可以让读者学得轻松，而且能让读者少走很多弯路。如果读者需要的不是大而全，而是恰到好处，那么不妨看看“从 0 到 1”系列图书。

实际上，这个系列是笔者多年开发工作的心血总结，除了技术介绍之外，也注入了自己非常多的思考。笔者虽是一名技术工程师，但对文字非常敏感。对于技术写作来说，笔者更喜欢用最简单的语言来把丰富的知识呈现出来。

在接触任何一门技术时，笔者都会记录初学者遇到的各种问题及自己的各种思考。所以笔者还是比较了解初学者的心态的，也知道怎样才能让大家快速而无障碍地学习。对于这个系列来说，笔者更多是站在初学者的角度编写的。

这个系列从基本语法出发，延伸到 Python 的各个重要领域，包括网络爬虫、数据分析、数据可视化等。“从 0 到 1”系列的几本图书连贯性非常强，这样做的目的是让大家能够一步到位地系统学习，而不至于浪费大量时间在一些弯路上。

最后想要跟大家说的是：或许这个系列并不十全十美，但相信其独树一帜的讲解方式，也能够让读者的学习之路走得更快、更远。

本书适用对象

- 数据分析零基础的初学者
- 想要系统学习的 Python 工程师
- 大中专院校相关专业的老师和学生

配套资源

绿叶学习网是笔者开发的一个开源技术网站，也是“从 0 到 1”系列图书的配套网站。本书的所有配套资源（包括源码、答案、PPT 等）都可以在该网站中找到下载链接。

此外，读者如果有任何技术问题，想要获取更多学习资源，以及希望和更多技术大牛进行交流，可以加入我们的官方 QQ 群：280972684、387641216。

特别说明

书中所有数据均为便于读者理解的虚拟数据，不具备其他任何用途，仅供编程练习。并且所有数据的数值、单位皆为举例，不具备实际功能与价值。

特别感谢

在编写本书的过程中，笔者得到了很多人的帮助。

首先要感谢赵轩老师（本书责任编辑），谢谢他这么多年的照顾，他是一位非常专业且不拘一格的编辑。

接下来要感谢五叶草团队的一路陪伴，感谢韦雪芳、陈志东、秦佳、莫振浩花费大量时间对本书进行细致的审阅，并且给出了诸多非常棒的建议。

最后要特别感谢笔者的妹妹莫秋兰，她一直都在默默地支持和关心着我。有这样一个能够懂得自己的人，既是妹妹也是朋友，是笔者一生中非常幸运的事情。

由于个人水平有限，书中难免有错漏之处，读者如果发现问题或有任何意见，可以到绿叶学习网或发邮件（lvyestudy@qq.com）与笔者联系。

莫振杰

2022年3月

目录

第一部分　NumPy 篇

第二部分 Pandas 篇

第三部分　Matplotlib 篇

第四部分 工具篇

第五部分 附录

第一部分
NumPy 篇

第 1 章 数据分析概述

1.1 数据分析简介

1.1.1 数据科学是什么?

随着大数据及人工智能时代的来临，数据科学变得越来越重要。所谓数据科学，用最简单的一句话来解释就是：处理数据的科学。

网络爬虫、数据分析、数据可视化、机器学习……

在日常学习或工作中，我们或多或少都听过上面这些名词。但是大多数人只停留在了解上，并不知道这些名词的背后其实是有着深层次联系的。如果想要从数据中提炼出有用的信息，一般流程是下面这样的：

获取数据→处理数据→展示数据。

网络爬虫用于获取数据，数据分析用于处理数据，数据可视化用于展示数据。而机器学习则是进一步对数据进行建模，以便进行预测分析。对于数据科学来说，它的工作流可以总结成“OSEMN”，如表 1-1 和图 1-1 所示。

表 1-1 数据科学的工作流

步骤	常用库
Obtain（获取数据）	Scrapy
Scrub（清洗数据）	NumPy、Pandas
Explore（展示数据）	Matplotlib、Seaborn
Model（数据建模）	Scikit-Learn、SciPy、TensorFlow
iNterpret（解析数据）	Bokeh、D3.js

图 1-1 是一张非常有价值的图，从中我们可以得到非常重要的两点信息：① Python 不同领域之间的关系；②不同领域都会用到什么库。有了这张图，我们在接触 Python 各个领域的时候，会

有一个清晰的学习路线。

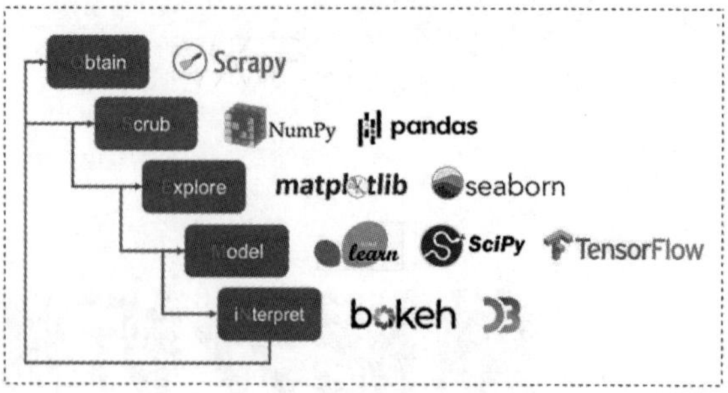

图 1-1

1.1.2 数据分析是什么？

数据分析，也就是数据科学中“Scrub”（清洗数据）这一环节。它指的是在统计学理论的支持下，使用合理的工具对相关数据进行一定程度的处理，然后把隐藏在数据中的重要信息提炼出来。

通过数据分析，我们可以挖掘出数据的内在规律及有用信息，进而帮助企业创造新的商业价值、提高运营效率、获得持续竞争的优势等。数据分析这种方式更加科学准确，远不是只凭个人经验（也就是“我觉得”）这种方式能比的，所以现在的企业越来越重视数据分析。

可能很多读者都听过“啤酒和纸尿裤的故事”（见图 1-2）。为什么沃尔玛将看似毫不相干的啤酒和纸尿裤摆在一起销售，并且它们的销量双双增长呢？这是因为沃尔玛很好地运用了数据分析手段，挖掘出了啤酒和纸尿裤之间的潜在关系。

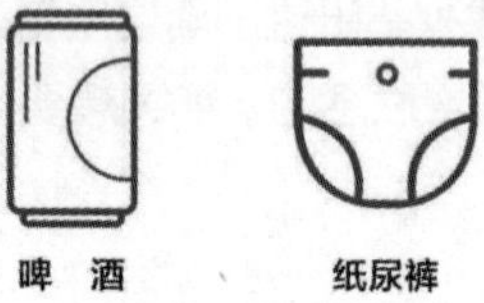

图 1-2

除了商业领域，数据分析在其他领域也有着大量的应用，例如科学研究、社会调查、体育竞技等。

1.1.3 应该学些什么？

如果想要成为一名真正的数据分析师，那么至少要掌握这 3 个工具：Excel、Python、SQL。由于本书针对的是 Python 方面的内容，所以 Excel 和 SQL 这两个工具就不在本书中展开介绍了。

那么问题来了：学习 Python 数据分析，我们应该学些什么呢？对于 Python 数据分析来说，它有非常重要的 3 个库：NumPy、Pandas、Matplotlib。这 3 个库又被叫作 Python 数据分析“三剑客”（见图 1-3），本书就是紧紧围绕这 3 个库来展开介绍的。

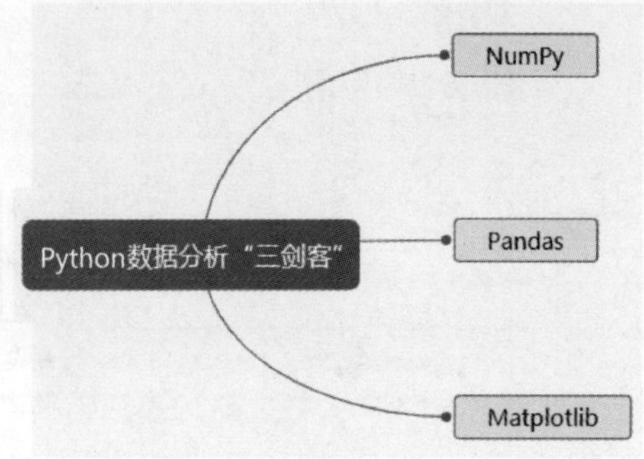

图1-3

可能有些读者会问：“既然Excel可以做数据分析，为什么还要使用Python呢？”虽然Excel好用，但是它更适合处理中小量数据，而不适合处理大量数据（也就是所谓的大数据）。Python处理大量数据的效率，远远不是Excel能比得上的。

除了执行效率比Excel高之外，Python的工作量也少很多。业界有一句比较有意思的话：“Excel十分钟，Python两行代码。”这句话恰恰说明了Python的简单高效。

最后需要说明的是，Python虽然是一门编程语言，但是它在数据分析上实现的功能和Excel是非常相似的。所以，我们在学习Python数据分析时，应该和Excel多多进行对比，这样更能加深理解和记忆，如图1-4所示。

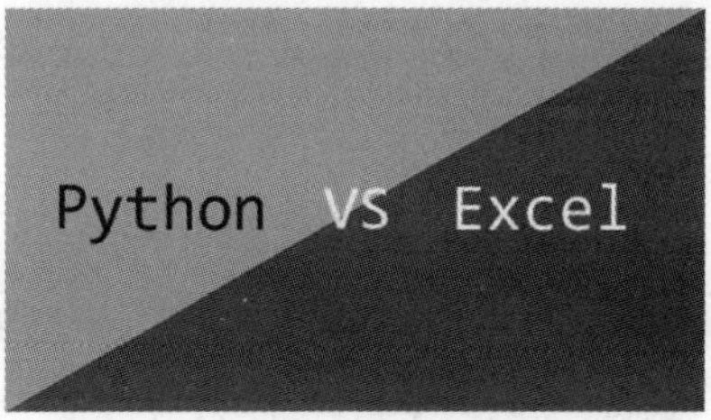

图1-4

【常见问题】

对于Python来说，不同的功能需要使用不同的库，为什么它不将这些功能全部集合到自身呢？

这是因为Python的设计者从来没想过要包揽所有的活儿，Python本身只提供基础语法及一些常用的功能模块。如果把所有功能都集中到Python上面，那么Python就会变得非常“臃肿”并且难以维护，运行速度也会变得非常慢。

对于其他功能，Python使用“分工”的方式来管理，不同的功能使用不同的库。例如网络爬虫可以使用Scrapy，而数据分析可以用Pandas等。分工才能更好地管理，在实际开发中，需要用到什么功能，导入对应的库即可。

对于Python来说，有那么一句话：学习Python，其实就是学习Python的各种库。细想一下，这句话也是有一定道理的。

1.2 课程介绍

1.2.1 课程说明

既然是 Python 数据分析，那么在学习这本书之前，读者必须要有一定的 Python 基础。因为“从 0 到 1”系列图书是环环相扣的。没有 Python 基础的读者，可以先去看一下《从 0 到 1——Python 快速上手》或者《从 0 到 1——Python 进阶之旅》。

后续章节将围绕 Python 数据分析“三剑客”（NumPy、Pandas、Matplotlib）进行详细介绍。这 3 个库涉及的知识点非常多，不过笔者会尽可能系统且细致地介绍最精华的知识点，以便为读者构建完整的知识体系打下坚实的基础。

1.2.2 常见问题

1. 学习 Python 数据分析之前，要不要先学习 Excel？

实际上这是没有太大必要的。虽然有 Excel 基础可以帮助我们更快地学习，但即使没有任何 Excel 基础，我们也一样能轻松地学习 Python。当然，如果你既学会了 Python 又掌握了 Excel，那么能在工作、面试时加分不少。

2. 学习数据分析之前，要不要先学习网络爬虫？

从数据科学工作流程可以看出，网络爬虫用于获取数据，而数据分析用于处理数据。从正常角度来看，应该是先学会怎么获取数据，然后再学习怎样对数据进行处理。

实际上，网络爬虫、数据分析、数据可视化是可以完全独立开来学习的。虽然它们在应用时有着比较大的联系，但是学习时没有必然的先后顺序。读者完全可以根据自己的喜好来安排学习顺序。

3. 我们要不要做实战题及练习题呢？

本书的实战题及练习题，都是笔者精心挑选出来的。数据分析的技术是练出来的，所以读者还是要尽可能地把每一道题都做了，这对巩固基础及打磨技术是非常有帮助的。

4. 学习数据分析，有什么好的学习方法推荐？

数据分析涉及的知识点非常杂也非常多，虽然本书已经梳理得足够清晰完善了，但还是远远不够。学习这本书，建议读者看两遍：第一遍把每一个知识点都过一下，留下一个大致的印象；第二遍重新梳理一下脉络，以构建一个清晰完整的知识体系。

1.3 使用 VSCode

如果想要使用 Python 做数据分析，常用的工具有 VSCode、PyCharm、Jupyter Notebook 这 3 个。这一节我们先来介绍一下 VSCode（见图 1-5）。

图1-5

VSCode，也就是 Visual Studio Code，它是现在非常热门的一款主流开发编辑器。VSCode 非常强大，不仅可以用于 Python 开发，还可以用于前端开发、后端开发等。如果想要使用 VSCode 来进行 Python 开发，我们需要进行以下 3 步操作。

- 安装 VSCode。
- 安装插件。
- 运行代码。

1.3.1 安装 VSCode

不管是 Windows 系统还是 macOS 系统，VSCode 的下载和安装都是一样的，只需要简单的两步。

① 下载 VSCode。打开 VSCode 官网，在首页找到【Download for XXX】按钮，单击就可以下载了，如图 1-6 所示。

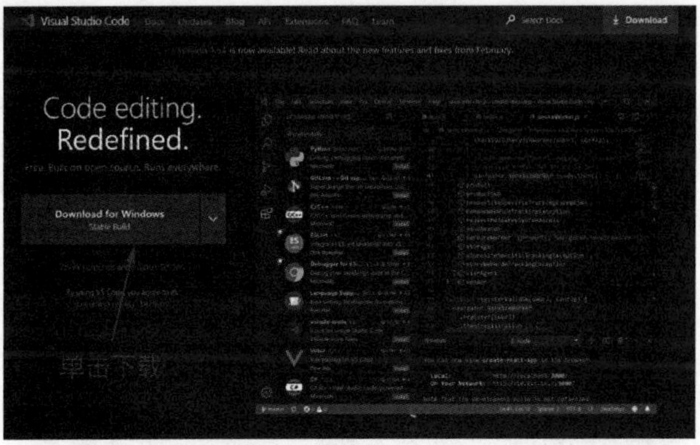

图1-6

② 安装 VSCode。VSCode 的安装非常简单，只需要像安装普通软件那样安装 VSCode 就可以了。笔者并不建议把 VSCode 安装在 C 盘，而是推荐安装到其他盘中。安装完成之后，打开 VSCode，界面如图 1-7 所示。

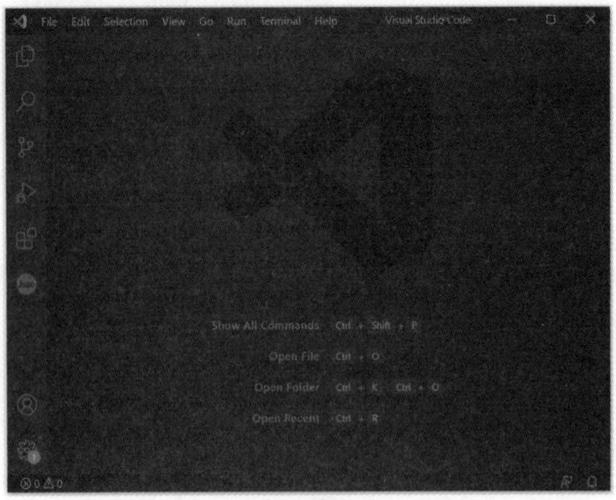

图 1-7

1.3.2 安装插件

VSCode 是一个非常自由的开发工具，所以默认情况下它是非常简洁的，并不会额外安装太多的插件。但是它的可定制程度非常高，我们可以根据自己的需要安装一些插件。

如果想要使用 VSCode 来编写 Python 代码，需要安装以下 3 个插件。

- Chinese (Simplified) Language：简体中文包。
- Python：必备标准库。
- Code Runner：用于运行代码。

在 VSCode 中，所有插件的安装步骤都是一样的。首先单击“extension”（扩展，即插件商店），然后搜索想要的插件名（一般是英文名），最后单击“安装”（Install）就可以安装了，如图 1-8 所示。需要注意的是，如果插件未生效，就重启一下 VS Code。

图 1-8

读者还可以搜索一些关于 Python 的其他插件，然后自行安装。

1.3.3 运行代码

接下来给读者介绍如何在 VSCode 中编写和运行 Python 代码。

① 创建项目。首先我们在任意一个计算机磁盘中创建一个名为“python-test”的文件夹，然后在 VSCode 左上角选择【文件】→【打开文件夹】选项，如图 1-9 所示，打开刚刚创建的“python-test”文件夹。一个文件夹就相当于一个项目。

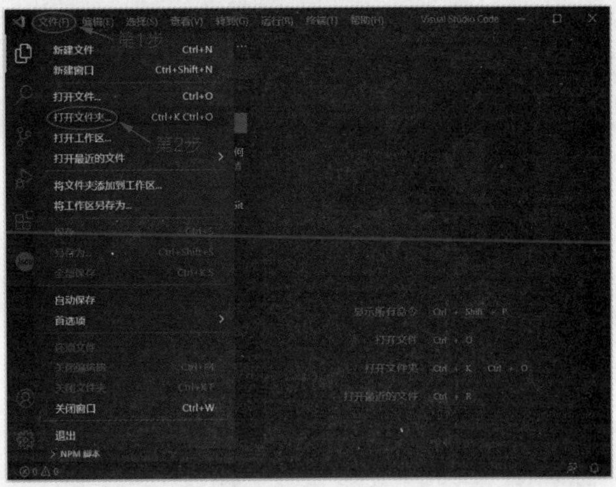

图 1-9

② 创建文件。将鼠标指针移到左栏空白处，单击鼠标右键，选择【新建文件】选项，如图 1-10 所示，输入文件名“test.py”。其中，“.py”是 Python 代码文件的扩展名。

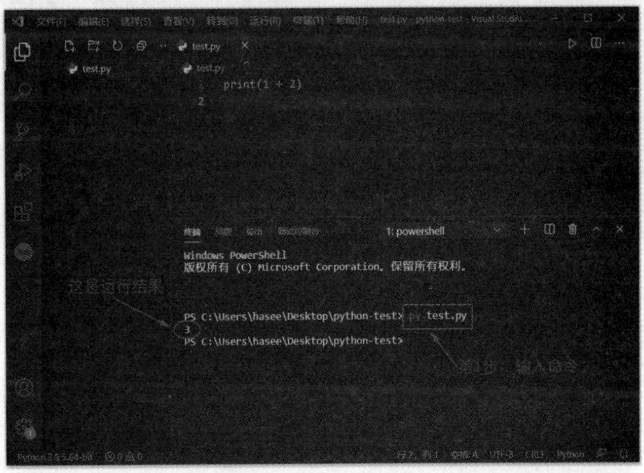

图 1-10

③ 编写代码。在“test.py”文件中编写一段 Python 代码，如图 1-11 所示。编写完代码之后，一定要记得保存。很多初学者就是因为没有保存代码，才导致许多问题的产生。

图 1-11

④ 运行代码。在 VSCode 顶部选择【终端】→【新终端】选项，打开终端窗口。这个终端窗口非常重要，不管是 Python 开发，还是前端开发、C/C++ 开发等，都会用到这个终端窗口。

在终端窗口中输入“py test.py”（注意空格），按 Enter 键就会执行代码，然后会输出结果“3”（也就是 1+2 的值），如图 1-12 所示。

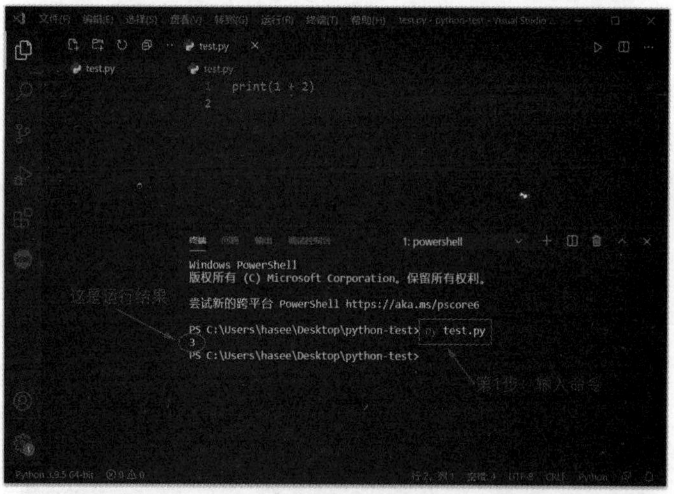

图 1-12

需要特别注意的是，每次修改“test.py”中的代码后都要先保存再运行，不然修改无法生效。

这里需要说明的是，使用 Python 来做数据分析时，首选开发工具还是 Jupyter Notebook。不过由于大多数读者之前并未接触过数据分析，如果一上来就介绍这个复杂的开发工具，很可能让读者难以理解。所以对于 Jupyter Notebook，我们留到最后一章来给大家详细地介绍，这样也是为了让读者可以将其掌握得更好。

第 2 章 NumPy 基础

2.1 NumPy 是什么?

对于 Python 来说，数据分析“三剑客”指的是 NumPy、Pandas、Matplotlib。在这一章中，我们先来学习“第一个剑客”: NumPy。

NumPy 是用于科学计算的非常重要的库，后面介绍的 Pandas 就是基于 NumPy 来实现的。机器学习算法中用到的大量数组及矩阵运算，也需要借助 NumPy 来实现。可以这样说，NumPy 是数据科学领域中最基础的一个库。

NumPy 主要用于操作多维数组，这一点从它的 Logo 就可以很直观地看出，如图 2-1 所示。学习 NumPy，其实就是学习数组的各种操作。

图 2-1

由于 NumPy 是第三方库，我们需要手动安装。打开 VSCode 终端窗口，输入“pip install numpy”后按 Enter 键即可安装，如图 2-2 所示。

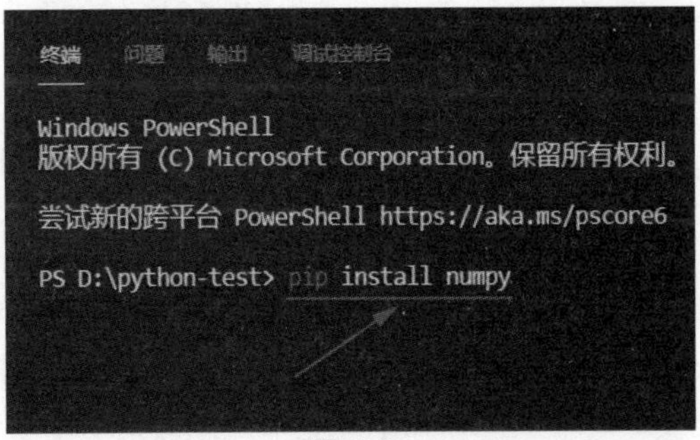

图 2-2

需要说明的是，NumPy 非常强大，提供的操作也非常多，为了减轻读者的记忆负担，本书只介绍常用的操作。对于不常用的操作，初学的时候可以先忽略，以后需要用到时查询官方文档即可。

【常见问题】

对于 NumPy 的学习，除了这本书，还有什么推荐的吗？

在学习任何编程语言的过程中，一定要养成查阅官方文档的习惯，因为官方文档是最重要的参考资料。

2.2 创建数组

NumPy 就是用来操作数组的，我们学习 NumPy，其实就是学习数组的各种操作。了解了这一点，可以让后续的学习方向变得更加清晰。

在 Python 中，可以使用 NumPy 来创建一个数组。数组和列表很相似，但是它们之间有本质上的区别。

- 列表的元素可以是不同数据类型，而数组的元素必须是同一数据类型。
- 列表不可以进行四则运算，而数组可以进行四则运算。

对于 NumPy 中的数组，读者可以简单地把它看成“增强版的列表”，因为它的功能比列表强大得多。

2.2.1 基本方法

在 NumPy 中，创建数组的方法有很多，常用的方法如表 2-1 所示。

表 2-1 创建数组的常用方法

方法	说明
array()	最常用的方法
arange()	创建元素值在某个范围内的数组，可以指定步长
linspace()	创建元素值在某个范围内的数组，可以指定个数
zeros()	创建元素值全为 0 的数组
ones()	创建元素值全为 1 的数组

除了上表列出的方法，NumPy 还有一个 empty() 方法。empty() 在实际开发中用得并不多，这里就不展开介绍了。

1. array()

在 NumPy 中，可以使用 array() 来创建一个数组。array() 是 NumPy 中最基础也是最常用的一个方法。

语法

```
np.array(列表或元组)
```

说明

array() 的参数可以是一个列表，也可以是一个元组。array() 其实就是将一个列表转换为一个数组，或者将一个元组转换为一个数组。

举例：将列表转换为数组

```
import numpy as np

arr = np.array([1, 2, 3, 4, 5])
print(arr)
print(type(arr))
print(arr.dtype)
```

输出结果如下：

```
[1 2 3 4 5]
<class 'numpy.ndarray'>
int32
```

分析

从输出结果可以看出，数组元素之间是用空格隔开的，而不是用逗号隔开的，这一点和列表不一样。dtype 属性用于获取数组元素的类型，这个在下一节会详细介绍。

array() 会自动根据“列表元素的类型”来确定“数组元素的数据类型”。np.array() 返回的是一个 ndarray 对象，这个 ndarray 对象非常重要，我们在后面会大量接触到。

可能一些读者会问：为什么要将列表转换成数组？原因很简单，对于列表，只能使用列表的方法来对其中的元素进行操作，但是将列表转换成数组之后，就可以使用数组提供的丰富方法来对其中的元素进行操作了。

举例：将元组转换为数组

```
import numpy as np

arr = np.array((1, 2, 3, 4, 5))
print(arr)
print(type(arr))
print(arr.dtype)
```

输出结果如下：

```
[1 2 3 4 5]
<class "numpy.ndarray">
int32
```

分析

np.array() 除了可以将列表转换成数组，还可以将元组转换成数组。不过在实际开发中，我们更多是将一个列表转换成数组。

2. arange()

在 NumPy 中，可以使用 arange() 来创建元素值在“指定范围”内的一维数组。需要特别注意的是，arange() 只能创建一维数组，而不能创建多维数组。

语法

```
np.arange(start, end, step)
```

说明

start 是开始值，end 是结束值，step 是步长。np.arange() 的取值范围为 [start, end)，也就是包含开始值，但是不包含结束值。

- 当 np.arange() 有一个参数时，表示只有结束值，此时开始值是 0。
- 当 np.arange() 有两个参数时，表示只有开始值和结束值，此时开始值是 start。
- 当 np.arange() 有 3 个参数时，表示有开始值、结束值和步长。所谓步长，指的是元素递增的量。

举例：一个参数

```
import numpy as np
arr = np.arange(10)
print(arr)
```

输出结果如下：

```
[0 1 2 3 4 5 6 7 8 9]
```

分析

np.arange(10) 表示结束值为 10，也就是取值范围为 [0, 10)。从结果可以看出，结束值是没有包含进去的。读者记住这一点就可以了：不管 np.arange() 的参数是多少个，结束值都不会被包含进去。

对于这个例子来说，下面 3 种方式是等价的，读者可以思考一下为什么：

```
# 方式1
np.arange(10)
# 方式2
np.arange(0, 10)
# 方式3
np.arange(0, 10, 1)
```

举例：两个参数

```
import numpy as np

arr = np.arange(5, 10)
print(arr)
```

输出结果如下：

```
[5 6 7 8 9]
```

◤ 分析

np.arange(5, 10) 表示开始值为 5、结束值为 10，也就是取值范围为 [5, 10)。对于这个例子来说，下面两种方式是等价的：

```
# 方式1
np.arange(5, 10)
# 方式2
np.arange(5, 10, 1)
```

◤ 举例：3 个参数

```
import numpy as np
arr = np.arange(10, 30, 3)
print(arr)
```

输出结果如下：

```
[10 13 16 19 22 25 28]
```

◤ 分析

np.arange(10, 30, 3) 的取值范围为 [10, 30)，步长为 3。np.arange() 不仅可以用于创建元素的类型是整型的数组，还可以用于创建元素的类型是浮点型的数组。

◤ 举例：元素是浮点数

```
import numpy as np
arr = np.arange(1.5, 10.5, 2)
print(arr)
```

输出结果如下：

```
[1.5 3.5 5.5 7.5 9.5]
```

◤ 分析

np.arange(1.5, 10.5, 2) 的取值范围为 [1.5, 10.5)，步长为 2。

◤ 举例：步长是浮点数

```
import numpy as np

arr = np.arange(1, 10, 1.5)
print(arr)
```

输出结果如下：

```
[1.  2.5 4.  5.5 7.  8.5]
```

◤ 分析

np.arange(1, 10, 1.5) 的取值范围为 [1, 10)，步长为 1.5。np.arange() 和 range() 非常相似，但是它们之间也有一定的区别：range() 的步长只能是整数，而 np.arange() 的步长可以是任意数。

此外，arange() 只能创建一维数组。如果想要创建多维数组，可以结合“2.5 数组操作”这一节介绍的 reshape() 来实现。

3. linspace()

除了 arange() 之外，还可以使用 linspace() 来创建元素值在“指定范围”内的一维数组。

语法

```
np.linspace(start, end, num, endpoint=True或False)
```

说明

start 是开始值，end 是结束值，num 是个数。默认情况下，linspace() 的取值范围为 [start, end]，也就是包含开始值和结束值。但是可以使用 endpoint=False，使得它的取值范围为 [start, end)。

举例：包含结束值

```
import numpy as np
arr = np.linspace(0, 10, 20)
print(arr)
```

输出结果如下：

```
[ 0.          0.52631579  1.05263158  1.57894737  2.10526316  2.63157895
  3.15789474  3.68421053  4.21052632  4.73684211  5.26315789  5.78947368
  6.31578947  6.84210526  7.36842105  7.89473684  8.42105263  8.94736842
  9.47368421 10.        ]
```

分析

np.linspace(0, 10, 20) 表示开始值为 0，结束值为 10，元素个数为 20。需要注意的是，np.linspace(0, 10, 20) 的取值范围为 [0, 10]，也就是包含结束值 10。如果不希望把结束值包含进去，可以使用 endpoint=False。

举例：不包含结束值

```
import numpy as np
arr = np.linspace(0, 10, 20, endpoint=False)
print(arr)
```

输出结果如下：

```
[0.  0.5 1.  1.5 2.  2.5 3.  3.5 4.  4.5 5.  5.5 6.  6.5 7.  7.5 8.  8.5  9.  9.5]
```

4. zeros() 和 ones()

在 NumPy 中，可以使用 zeros() 来创建一个元素值全为 0 的数组，也可以使用 ones() 来创建一个元素值全为 1 的数组。

语法

```
np.zeros((a, b, ..., n), dtype=int或float)
np.ones((a, b, ..., n), dtype=int或float)
```

▼ 说明

zeros() 和 ones() 都可以接收两个参数。第 1 个参数是一个元组，它是一个必选参数，表示创建一个 a×b×⋯×n 的数组；第 2 个参数是一个可选参数，它用于定义元素的类型，默认是 float 类型。

▼ 举例：默认情况

```
import numpy as np

arr1 = np.zeros((3, 3))
arr2 = np.ones((3, 3))
print(arr1)
print(arr2)
```

输出结果如下：

```
[[0. 0. 0.]
 [0. 0. 0.]
 [0. 0. 0.]]

[[1. 1. 1.]
 [1. 1. 1.]
 [1. 1. 1.]]
```

▼ 分析

实际上，np.zeros((3, 3)) 是一种简写方式，它等价于 np.zeros(shape=(3,3))。shape 是数组的形状，下一节会详细介绍。

对于 shape 参数来说，它的值是一个元组或列表，所以下面两种方式是等价的。这两种方式在实际开发中都会出现，我们需要了解一下：

```
# 方式1
arr1 = np.zeros((3, 3))
arr2 = np.ones((3, 3))

# 方式2
arr1 = np.zeros([3, 3])
arr2 = np.ones([3, 3])
```

默认情况下，使用 zeros() 和 ones() 创建的数组的元素都是 float 类型，以下两种方式是等价的：

```
# 方式1
arr1 = np.zeros((3, 3))
arr2 = np.ones((3, 3))

# 方式2
arr1 = np.zeros((3, 3), dtype=float)
arr2 = np.ones((3, 3), dtype=float)
```

▼ 举例：int 类型

```
import numpy as np
```

```
arr1 = np.zeros((3, 3), dtype=int)
arr2 = np.ones((3, 3), dtype=int)
print(arr1)
print(arr2)
```

输出结果如下:

```
[[0 0 0]
 [0 0 0]
 [0 0 0]]

[[1 1 1]
 [1 1 1]
 [1 1 1]]
```

分析

如果想要将数组元素定义成 int 类型，可以使用 dtype=int。

2.2.2 随机数组

在实际开发中，有时手动创建的数据并不能满足开发需求，所以我们还得借助一种特殊数组，那就是“随机数组”。

在NumPy中，可以使用random模块来创建一个随机数组。创建随机数组的方法主要有3种，如表2-2所示。

表2-2 创建随机数组的方法

方法	说明
randint(start, end)	随机整数，范围为 [start, end)
rand()	随机浮点数，范围为 [0, 1)
randn()	随机浮点数，符合正态分布

1. randint()

在 NumPy 中，可以使用 random 模块的 randint() 方法来创建一个整型随机数组。

语法

```
np.random.randint(start, end, size=元组或整数)
```

说明

元素的取值范围为 [start, end)，包含 start 但不包含 end。size 的取值分为以下两种情况。

- 当 size 是一个元组时，size=(m) 表示创建一个 m 行的一维数组，size=(m, n) 表示创建一个 m × n 的二维数组，以此类推。
- 当 size 是一个整数时，size=m 表示创建一个 m 行的一维数组。实际上，size=(m) 和 size=m 是等价的，因为对于一个数来说，使用“()”和不使用“()”是一样的。

▼ 举例：一维数组

```
import numpy as np
arr = np.random.randint(10, 20, size=(5))
print(arr)
```

输出结果如下：

```
[14 11 17 16 12]
```

▼ 分析

randint(10, 20, size=(5)) 表示创建一个包含 5 个元素的一维随机数组，元素都是 [10, 20) 内的整数。

对于这个例子来说，下面 3 种方式是等价的。这 3 种方式我们都要了解一下，因为很多地方都会出现：

```
# 方式1
arr = np.random.randint(10, 20, size=(5))
# 方式2
arr = np.random.randint(10, 20, size=5)
# 方式3
arr = np.random.randint(10, 20, 5)
```

▼ 举例：二维数组

```
import numpy as np
arr = np.random.randint(10, 20, size=(2, 5))
print(arr)
```

输出结果如下：

```
[[14 14 19 12 19]
 [17 12 15 14 12]]
```

▼ 分析

randint(10, 20, size=(2, 5)) 表示创建一个 2 × 5 的二维随机数组，元素都是 [10, 20) 内的整数。2 × 5 也就是 2 行 5 列，如图 2-3 所示。

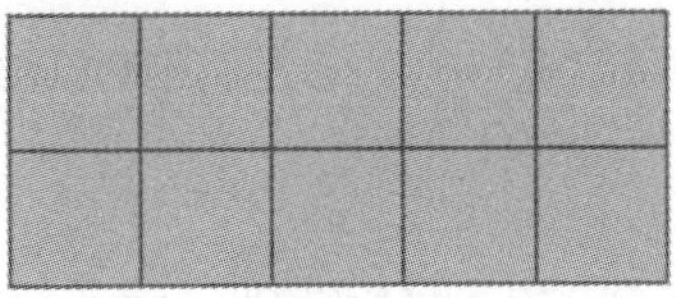

图 2-3

对于这个例子来说，以下两种方式是等价的：

```
# 方式1
arr = np.random.randint(10, 20, size=(2, 5))
# 方式2
arr = np.random.randint(10, 20, (2, 5))
```

2. rand()

在 NumPy 中，可以使用 random 模块的 rand() 方法来创建一个浮点型随机数组，其元素的取值范围为 [0,1)。

语法

```
np.random.rand(m, n)
```

说明

当 rand() 有一个参数时，例如 rand(m)，表示创建一个包含 m 个元素的一维随机数组。当 rand() 有两个参数时，例如 rand(m, n)，表示创建一个 m × n 的二维随机数组。

举例：一维数组

```
import numpy as np
arr = np.random.rand(5)
print(arr)
```

输出结果如下：

```
[0.52039969 0.44537686 0.66946674 0.91937385 0.6516376]
```

分析

在这个例子中，rand(5) 表示创建一个包含 5 个元素的一维随机数组。其中，元素都是 [1,0) 内的浮点数。

举例：二维数组

```
import numpy as np
arr = np.random.rand(2, 5)
print(arr)
```

输出结果如下：

```
[[0.23881446 0.78932247 0.58749747 0.86061954 0.65791401]
 [0.59769419 0.12579491 0.79234194 0.74421893 0.27629203]]
```

分析

在这个例子中，rand(2, 5) 表示创建一个 2 × 5 的二维随机数组。

3. randn()

在 NumPy 中，可以使用 random 模块的 randn() 方法来生成一个随机数组，该数组的元素符合正态分布。

语法

```
np.random.randn(m, n)
```

说明

当 randn() 有一个参数时，例如 randn(m)，表示创建一个包含 m 个元素的一维随机数组。当

randn() 有两个参数时，例如 randn(m, n)，表示创建一个 m×n 的二维随机数组。

randn() 和 rand() 的参数是一样的，只是生成的元素的值不一样。

举例：一维数组

```
import numpy as np
arr = np.random.randn(5)
print(arr)
```

输出结果如下：

```
[-1.05723124 -0.00507968 -0.20048986  0.0417768   1.51705339]
```

分析

在这个例子中，randn(5) 表示创建一个包含 5 个元素的一维随机数组。

举例：二维数组

```
import numpy as np
arr = np.random.randn(2, 5)
print(arr)
```

输出结果如下：

```
[[-2.0953303   0.03843233  -0.63218314   1.22316454   0.21490433]
 [-0.5237318  -1.01258678   0.58363956   0.11605207   1.39723533]]
```

分析

在这个例子中，randn(2, 5) 表示创建一个 2×5 的二维随机数组。需要说明的是，随机数组在后面的学习中会大量用到，所以 randint()、rand()、randn() 这几个方法，读者要重点掌握。

2.2.3 数组与列表的区别

到这里，读者可能会有这样的一个疑问：为什么有了列表之后，还要搞一个数组出来呢？它们之间有什么区别吗？其实，数组和列表（见图 2-4）最本质的区别在于：它们在内存中的存储方式不同。

图 2-4

列表可以存储不同类型的元素，元素可以是数字、字符串、列表、字典等。对于列表中的每一个元素来说，需要为元素分配一定的内存空间来保存元素的类型信息。当所有元素都是同一种类型时，本来只需要存储一次类型信息就可以了，但是却要为每一个元素分配“额外的内存”来保存类型信息。此时这些信息是冗余的，并且白白浪费了内存空间。

为了解决这个问题，最好的办法就是使用只包含相同类型元素的数组。当元素个数非常庞大（例如上百万）时，列表和数组的性能差异就变得非常明显了。在对大量数据进行数学操作时，当然也可以使用列表来操作，只是并不推荐这样去做，因为此时列表的性能太差了。

NumPy 中数组的元素要比列表中的元素“纯洁”得多，元素的类型只能是同一种数据类型。对于 NumPy 中的数组来说，元素的类型大多数情况下都是整型或浮点型，很少情况下是其他类型。

▼ 举例：不同类型

```
import numpy as np

arr = np.array([1, "2", True, "4", 5])
print(arr)
print(arr.dtype)                    # 输出数组的类型
```

输出结果如下：

```
["1" "2" "True" "4" "5"]
<U11
```

▼ 分析

np.array() 用于将列表转换为数组，一般要求列表的元素是相同的类型。当列表元素是不同类型时，程序不会报错，但是并不推荐这样去做。读者在使用 NumPy 数组时，要避免出现这种问题。

【常见问题】

1. 为什么不用 [1 2 3 4 5] 这样的方式来创建数组，而是采用 np.array() 这种更加复杂的方式呢？

这是因为在 Python 中，中括号已经用于创建列表了。如果数组也使用中括号来创建，那么 Python 就无法判断此时创建的到底是列表还是数组了。

2. 为什么 NumPy 要提供那么多个创建数组的方式呢？

原因其实很简单，NumPy 的核心就是数组。所以不管是创建数组还是操作数组，它都提供了尽可能多的方式，以便我们更好地灵活操作。

3. 对于随机数组来说，什么情况下包含结束值，什么情况下不包含结束值呢？

对于随机数组来说，绝大多数情况下都是不包含结束值的。读者暂且可以先这样简单地记忆。

2.3 数组属性

在 NumPy 中，一个数组就是一个 ndarray 对象。ndarray，是 n dimension array（N 维数组）的缩写。数组的属性非常多，常用的属性如表 2-3 所示。

表 2-3 数组常用的属性

属性	说明
ndim	维度的个数，即多少维
shape	数组的形状，比如 m 行 n 列
size	元素的个数
dtype	元素的类型

ndim 是 n dimension（N 维）的缩写，dtype 是 data type（数据类型）的缩写。

举例：一维数组

```
import numpy as np

nums = [1, 2, 3, 4, 5, 6, 7, 8]
arr = np.array(nums)
print(arr.ndim)
print(arr.shape)
print(arr.size)
print(arr.dtype)
```

输出结果如下：

```
1
(8,)
8
int32
```

分析

从结果可以看出，arr 的维度是 1，表示这是一个一维数组；arr 的形状是 (8,)；元素的个数是 8；元素的类型是 int32，即 32 位整数。

举例：二维数组

```
import numpy as np

nums = [[1, 2, 3, 4], [5, 6, 7, 8]]
arr = np.array(nums)
print(arr.ndim)
print(arr.shape)
print(arr.size)
print(arr.dtype)
```

输出结果如下：

```
2
(2, 4)
8
int32
```

分析

从结果可以看出，arr 的维度是 2，表示这是一个二维数组；arr 的形状是 (2, 4)，表示这是一个2×4的二维数组；元素的个数是8；元素的类型是int32。

◤ 举例：三维数组

```
import numpy as np

nums = [[[1, 2, 3], [4, 5, 6]], [[1, 2, 3], [4, 5, 6]]]
arr = np.array(nums)
print(arr.ndim)
print(arr.shape)
print(arr.size)
print(arr.dtype)
```

输出结果如下：

```
3
(2, 2, 3)
12
int32
```

◤ 分析

从结果可以看出，arr的维度是3，表示这是一个三维数组；arr的形状是(2, 2, 3)，表示这是一个2×2×3的三维数组；元素的个数是12；元素的类型是int32。

“数组形状”这个概念非常重要，在后面的学习中会经常接触到，读者一定要理解清楚。

【常见问题】

我们经常说起“数组的类型”，它指的是什么呢？

在NumPy中，对于一个数组来说，所有元素的类型都是相同的，所以数组的类型其实指的就是它元素的类型。

了解这一点是非常重要的，很多读者可能觉得“数组的类型”这种叫法有问题，其实并非如此。

2.4 元素操作

在NumPy中，数组元素的操作主要包括查、改、增、删和切片这5种，如下所示。

- 访问元素（查）。
- 修改元素（改）。
- 添加元素（增）。
- 删除元素（删）。
- 切片。

2.4.1 访问元素

在 NumPy 中，使用下标来访问数组中的元素，这一点和列表是一样的。

举例：一维数组

```
import numpy as np

nums = [3, 9, 1, 12, 50, 21]
arr = np.array(nums)
print(arr[0])
print(arr[1])
print(arr[2])
```

输出结果如下：

```
3
9
1
```

举例：二维数组

```
import numpy as np

nums = [[1, 3, 5, 7, 9], [2, 4, 6, 8, 10]]
arr = np.array(nums)
print(arr[1][2])
```

输出结果如下：

```
6
```

分析

获取第 2 行第 3 列的元素其实有两种方式：arr[1][2] 和 arr[1,2]。需要注意的是，不管是行还是列，下标都是从 0 开始的。

举例：负数下标

```
import numpy as np

nums = [[1, 3, 5, 7, 9], [2, 4, 6, 8, 10]]
arr = np.array(nums)
print(arr[-1][-1])
print(arr[-1][-2])
```

输出结果如下：

```
10
8
```

分析

和列表一样，数组也可以使用负数下标。例如想要获取最后一行最后一个元素，可以这样写：

arr[-1][-1] 或 arr[-1, -1]。

2.4.2 修改元素

在 NumPy 中，也是使用下标来修改某一个元素的值。对于二维数组来说，还可以修改一整行或一整列的值。

举例

```
import numpy as np

arr = np.array([[10, 20, 30], [40, 50, 60], [70, 80, 90]])
arr[2][2] = 99
arr[1] = [44, 55, 66]
print(arr)
```

输出结果如下：

```
[[10 20 30]
 [44 55 66]
 [70 80 99]]
```

分析

arr[2][2]=99 表示将第 3 行第 3 列元素的值修改为 99，arr[1]=[44, 55, 66] 表示将第 2 行的值修改为 [44, 55, 66]。

2.4.3 添加元素

在 NumPy 中，可以使用 append() 在数组的末尾添加一个新元素。

语法

```
np.append(arr, value, axis=n)
```

说明

arr 是一个数组，value 是新元素。axis 是大于或等于 0 的整数，它用于定义沿着哪一条轴进行操作。

对于一维数组来说，不需要用到 axis 这个参数。对于二维数组来说，axis 的值可以是 0 或 1。二维数组有两个维度：如果 axis=0，那么 axis=1 这一维的形状要相同；如果 axis=1，那么 axis=0 这一维的形状要相同。

append() 并不会修改原数组，而是会返回一个新数组。读者请记住一个非常重要的结论：一般来说，NumPy 提供的方法不会修改原数组。了解这一点，可以让后续的学习思路更加清晰。

举例：一维数组

```
import numpy as np

arr = np.array([1, 2, 3, 4])
```

```
result = np.append(arr, 5)
print(arr)
print(result)
```

输出结果如下：

```
[1 2 3 4]
[1 2 3 4 5]
```

分析

从结果可以看出，append() 并不会修改原数组，而是会返回一个新数组。

举例：二维数组（axis=0）

```
import numpy as np

arr = np.array([[10, 20, 30, 40], [50, 60, 70, 80]])
result = np.append(arr, [[11, 22, 33, 44]], axis=0)
print(arr)
print(result)
```

输出结果如下：

```
[[10 20 30 40]
 [50 60 70 80]]
[[10 20 30 40]
 [50 60 70 80]
 [11 22 33 44]]
```

分析

axis=0 表示沿着“纵轴”方向进行操作，所以这里改变的是“行”,“列”不变。当 axis=0 时，两个数组的列数必须相同；如果列数不同，就会报错。

对于 axis 的取值，“3.2 axis 的值”这一节会详细介绍，读者可以提前去看一下，这样理解起来也会更容易一些。

举例：二维数组（axis=1）

```
import numpy as np

arr = np.array([[10, 20, 30, 40], [50, 60, 70, 80]])
result = np.append(arr, [[11, 22], [33, 44]], axis=1)
print(arr)
print(result)
```

输出结果如下：

```
[[10 20 30 40]
 [50 60 70 80]]
[[10 20 30 40 11 22]
 [50 60 70 80 33 44]]
```

◤ 分析

axis=1 表示沿着“横轴”方向进行操作，所以这里改变的是“列”，“行”不变。当 axis=1 时，两个数组的行数必须相同；如果行数不同，就会报错。

◤ 举例：二维数组（axis 为空）

```
import numpy as np

arr = np.array([[10, 20, 30, 40], [50, 60, 70, 80]])
result1 = np.append(arr, [11, 22, 33, 44])
result2 = np.append(arr, [[11, 22, 33, 44]])
result3 = np.append(arr, [[11, 22], [33, 44]])
print(result1)
print(result2)
print(result3)
```

输出结果如下：

```
[10 20 30 40 50 60 70 80 11 22 33 44]
[10 20 30 40 50 60 70 80 11 22 33 44]
[10 20 30 40 50 60 70 80 11 22 33 44]
```

◤ 分析

当 axis 为空时，append() 会直接将两个数组“打平”成一维数组，然后进行合并。axis 为空在实际开发中用得极少，这里简单了解一下即可。

2.4.4 删除元素

在 NumPy 中，可以使用 delete() 来删除元素。delete() 不仅可以删除某一个元素，还可以删除某一行或某一列。

◤ 语法

```
np.delete(arr, m, axis=n)
```

◤ 说明

arr 是一个数组，m 是第 m+1 行或第 m+1 列。对于二维数组来说，当 axis=0 时，表示删除第 m+1 行；当 axis=1 时，表示删除第 m+1 列。

同样地，delete() 并不会修改原数组，而是会返回一个新数组。

◤ 举例：一维数组

```
import numpy as np

arr = np.array([10, 20, 30, 40, 50])
result = np.delete(arr, 2)
print(arr)
print(result)
```

输出结果如下:

```
[10 20 30 40 50]
[10 20 40 50]
```

分析

np.delete(arr, 2) 表示删除 arr 中的第 3 个元素，然后返回一个新数组。

举例：二维数组

```
import numpy as np

arr = np.array([[1, 2, 3], [4, 5, 6], [7, 8, 9]])
# 删除第3行
result1 = np.delete(arr, 2, axis=0)
# 删除第3列
result2 = np.delete(arr, 2, axis=1)

print(arr)
print(result1)
print(result2)
```

输出结果如下:

```
[[1 2 3]
 [4 5 6]
 [7 8 9]]

[[1 2 3]
 [4 5 6]]

[[1 2]
 [4 5]
 [7 8]]
```

分析

在 NumPy 中，对二维数组进行删除操作时，一般是删除一整行或一整列，很少会去删除某一个元素。

2.4.5 切片

在 NumPy 中，可以使用切片的方式来截取数组的某一部分。

举例：一维数组

```
import numpy as np

arr = np.arange(10, 20, 2)
print(arr)
print(arr[1:3])
```

输出结果如下：

```
[10 12 14 16 18]
[12 14]
```

分析

np.arange(10, 20, 2) 得到的结果是 [10 12 14 16 18]。arr[1:3] 表示截取的范围是 [1,3)，也就是包含 1 但不包含 3。

一维数组的切片和一维列表的切片是一样的，接下来看一下二维数组的切片。

举例：二维数组

```
import numpy as np

arr = np.arange(10, 30).reshape(5, 4)
print(arr)
print(arr[0, :])
```

输出结果如下：

```
[[10 11 12 13]
 [14 15 16 17]
 [18 19 20 21]
 [22 23 24 25]
 [26 27 28 29]]

[10 11 12 13]
```

分析

np.arange(10, 30) 用于创建一个包含 20 个元素的一维数组，reshape() 用于改变数组的形状，此处将该数组变成 5×4 的二维数组。对于 reshape()，在下一节中会详细介绍。

对于二维数组，切片的语法依然适用，但是行和列需要分别定义。如果想要获取第 1 行的所有元素，可以像下面这样写：

```
arr[0, :]
```

如果想要获取第 1 列的所有元素，可以像下面这样写：

```
arr[:, 0]
```

如果想要获取第 1 行中的第 2 个和第 3 个元素，可以像下面这样写：

```
arr[0, 1: 3]
```

如果想要获取第 1 行和第 2 行，以及第 1 列和第 2 列的元素，可以像下面这样写：

```
arr[0:2, 0:2]
```

对于切片这种方式，读者可以自行用笔和纸画一下图，其实是非常容易理解的。

举例：多维数组

```
import numpy as np
```

```
arr = np.arange(10, 22).reshape(2, 3, 2)
print(arr)
print(arr[0,...])
print(arr[..., 0])
```

输出结果如下：

```
[[[10 11]
  [12 13]
  [14 15]]
 [[16 17]
  [18 19]
  [20 21]]]

[[10 11]
 [12 13]
 [14 15]]

[[10 12 14]
 [16 18 20]]
```

分析

NumPy 支持使用“...”（3 个点号）来表示剩余的轴。例如上面例子中的 arr 是一个三维数组，那么 arr[1, ...] 等价于 arr[1, :, :]，而 arr[..., 1] 等价于 arr[:, :, 1]。

2.5 数组操作

NumPy 提供了很多用于处理数组的操作，主要包括以下 6 种。

- 修改形状。
- 修改维度。
- 翻转数组。
- 数组去重。
- 合并数组。
- 分割数组。

2.5.1 修改形状

在 NumPy 中，可以使用 reshape() 来修改数组的形状。修改数组的形状，也叫作“数组重塑”。

语法

```
arr.reshape(m, n)
```

说明

reshape(m, n) 表示将数组修改成 m×n（即 m 行 n 列）的新数组，重塑前后两个数组的元素个数必须相同。

举例：一维数组

```
import numpy as np

arr1 = np.arange(10)
arr2 = arr1.reshape(2, 5)
print(arr1)
print(arr2)
```

输出结果如下：

```
[0 1 2 3 4 5 6 7 8 9]

[[0 1 2 3 4]
 [5 6 7 8 9]]
```

分析

arr1 是一个一维数组，该数组包含 10 个元素。使用 reshape() 将 arr1 重塑成了 2×5 的二维数组，如图 2-5 所示。需要注意的是，重塑前后两个数组的元素个数必须相同，否则就会报错。

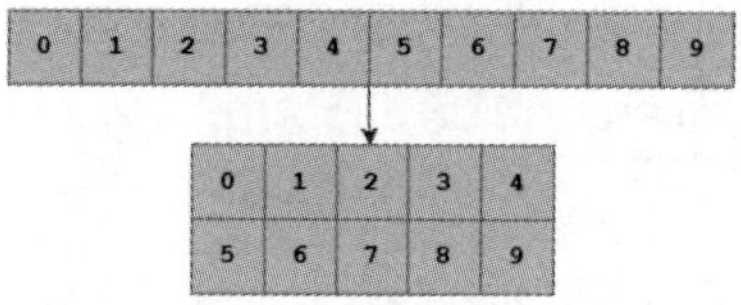

图 2-5

使用上面这种方式可以快速创建一个 m×n 的二维数组，本书会经常用到该方式，读者要重点掌握。

举例：二维数组

```
import numpy as np

arr1 = np.array([[1, 2, 3, 4], [5, 6, 7, 8]])
arr2 = arr1.reshape(4, 2)
print(arr1)
print(arr2)
```

输出结果如下：

```
[[1 2 3 4]
 [5 6 7 8]]

[[1 2]
 [3 4]
 [5 6]
 [7 8]]
```

分析

arr1 是一个 2×4 的二维数组，使用 reshape() 将其重塑成了一个 4×2 的二维数组。

2.5.2 修改维度

在 NumPy 中，可以使用 array() 的 ndmin 参数来修改数组的维度。

语法

```
np.array(arr, ndmin=n)
```

说明

ndmin=n 表示将数组修改为 n 维数组。需要注意的是，ndmin 参数只能将低维度数组转换为高维度数组，而不能将高维度数组转换为低维度数组。

例如，可以将一维数组转换成二维数组，但是不能将二维数组转换为一维数组。

举例：低维转高维

```
import numpy as np

arr = np.array([1, 2])
# 转换为二维数组
result1 = np.array(arr, ndmin=2)
# 转换为三维数组
result2 = np.array(arr, ndmin=3)

print(result1)
print(result2)
```

输出结果如下：

```
[[1 2]]
[[[1 2]]]
```

举例：高维转低维

```
import numpy as np

arr = np.array([[1, 2], [3, 4]])
result = np.array(arr, ndmin=1)
print(result)
```

输出结果如下：

```
[[1 2]
 [3 4]]
```

分析

arr 是一个二维数组，这里尝试用 ndmin=1 将其转换为一维数组。但是从结果可以看出，输出的还是一个二维数组。

ndmin 参数本质上是用于指定数组的最小维度，ndmin=1 表示数组的最小维度为 1（大于或等于 1 都可以）。这里 arr 的维度为 2，本身就已经大于 1 了，所以 ndmin=1 并不会将二维数组转换为一维数组。

2.5.3 翻转数组

在NumPy中，可以使用transpose()来翻转数组。翻转数组指的是将“m×n的数组”转换成“n×m的数组”。

◤ 语法

```
np.transpose(arr)
```

◤ 举例

```
import numpy as np

arr1 = np.arange(10, 25).reshape(5, 3)
arr2 = np.transpose(arr1)
print(arr1)
print(arr2)
```

输出结果如下：

```
[[10 11 12]
 [13 14 15]
 [16 17 18]
 [19 20 21]
 [22 23 24]]

[[10 13 16 19 22]
 [11 14 17 20 23]
 [12 15 18 21 24]]
```

◤ 分析

在这个例子中，使用transponse()将5×3的数组翻转成了3×5的数组。

2.5.4 数组去重

在NumPy中，可以使用unique()来对数组进行去重。

◤ 语法

```
np.unique(arr)
```

◤ 举例：一维数组

```
import numpy as np

arr = np.array([21, 10, 32, 10, 45, 10, 32, 60])
result = np.unique(arr)
print(result)
```

输出结果如下：

```
[10 21 32 45 60]
```

▼ 分析

unique() 会将数组中重复的数字去除，然后将剩余的数字组成一个新的一维数组。

▼ 举例：二维数组

```
import numpy as np

arr = np.array([[21, 10, 32, 10], [45, 10, 32, 60]])
result = np.unique(arr)
print(result)
```

输出结果如下：

```
[10 21 32 45 60]
```

▼ 分析

不管是多少维的数组，unique() 返回的都是一个一维数组。

unique() 其实还可以用于对列表进行去重（这里针对的是一维列表）。

▼ 举例：列表去重

```
import numpy as np

nums = [21, 10, 32, 10, 45, 10, 32, 60]        # 定义一个列表
arr = np.array(nums)                          # 将列表转换成数组
result = list(np.unique(arr))
print(result)
```

输出结果如下：

```
[10, 21, 32, 45, 60]
```

2.5.5 合并数组

在实际开发中，合并数组也是经常用到的操作。在 NumPy 中，合并数组的方法有 4 种，如表 2-4 所示。

表 2-4 合并数组的方法

方法	说明
concatenate()	沿“现有轴”合并
hstack()	沿“现有轴”水平合并
vstack()	沿“现有轴”垂直合并
stack()	沿“新的轴”合并

1. concatenate()

在 NumPy 中，可以使用 concatenate() 沿“现有轴”合并两个数组。

语法

```
np.concatenate((arr1, arr2), axis=n)
```

说明

arr1 和 arr2 是类型相同的数组。所谓类型相同的数组，指的是形状相同、元素类型相同。

举例

```
import numpy as np

arr1 = np.array([[1, 2], [3, 4]])
arr2 = np.array([[5, 6], [7, 8]])
# 沿着“纵轴”合并
result1 = np.concatenate((arr1, arr2), axis=0)
# 沿着“横轴”合并
result2 = np.concatenate((arr1, arr2), axis=1)

print(result1)
print(result2)
```

输出结果如下：

```
[[1 2]
 [3 4]
 [5 6]
 [7 8]]

[[1 2 5 6]
 [3 4 7 8]]
```

分析

对于 concatenate() 来说，当 axis=0 时，表示沿着“纵轴”合并，也就是垂直堆叠，此时等价于 vstack()。以下两种方式是等价的：

```
# 方式1
np.concatenate((arr1, arr2), axis=0)
# 方式2
np.vstack((arr1, arr2))
```

当 axis=1 时，表示沿着“横轴”合并，也就是水平堆叠，此时等价于 hstack()。以下两种方式是等价的：

```
# 方式1
np.concatenate((arr1, arr2), axis=1)
# 方式2
np.hstack((arr1, arr2))
```

axis 的值非常重要，强烈建议读者先去看一下“3.2 axis 的值”这一节，然后再回到本小节认真理解一下。

2. stack()

在 NumPy 中，可以使用 stack() 沿“新的轴”合并两个数组。stack，就是“堆叠”的意思。

语法

```
np.stack((arr1, arr2), axis=n)
```

说明

arr1 和 arr2 是类型相同的数组。axis 用于指定沿着哪一条轴操作，n 是大于或等于 0 的整数。

举例

```
import numpy as np

arr1 = np.array([[1, 2], [3, 4]])
arr2 = np.array([[5, 6], [7, 8]])
result1 = np.stack((arr1, arr2), axis=0)
result2 = np.stack((arr1, arr2), axis=1)

print(result1)
print(result2)
```

输出结果如下：

```
[[[1 2]
  [3 4]]
 [[5 6]
  [7 8]]]

[[[1 2]
  [5 6]]
 [[3 4]
  [7 8]]]
```

分析

沿“现有轴”合并，指的是根据数组原有的轴进行合并，合并前后的两个数组维度相同。沿“新的轴”合并，指的是创建一个新的轴进行合并，合并后的数组维度更大。

换句话说，两个二维数组使用 concatenate() 合并之后，还是一个二维数组；但是两个二维数组使用 stack() 合并之后，就变成了一个三维数组。

2.5.6 分割数组

在 NumPy 中，对一个数组进行分割的方法有 3 种，如表 2-5 所示。

表 2-5 分割数组的方法

方法	说明
split()	分割数组
hsplit()	分割数组（沿着“横轴”）
vsplit()	分割数组（沿着“纵轴”）

语法

```
np.split(arr, section=整数或数组, axis=n)
```

说明

section 的取值可以是一个整数，也可以是一个数组。当 section 是整数时，表示使用该整数进行平均分割；当 section 是一个数组时，表示沿着轴的位置进行分割（左开右闭）。

举例：一维数组

```
import numpy as np

arr = np.arange(6)
result = np.split(arr, 3)
print(arr)
print(result)
print(type(result))
```

输出结果如下：

```
[0 1 2 3 4 5]
[array([0, 1]), array([2, 3]), array([4, 5])]
<class 'list'>
```

分析

np.split(arr, 3) 表示将 arr 平均分割成 3 个数组。split() 会返回一个列表，该列表的每一个元素都是一个数组。

举例：二维数组

```
import numpy as np

arr = np.arange(8).reshape(4, 2)
result1 = np.split(arr, 2, axis=0)
result2 = np.split(arr, 2, axis=1)
print(arr)
print(result1)
print(result2)
```

输出结果如下：

```
[[0 1]
 [2 3]
 [4 5]
 [6 7]]
[array([[0, 1], [2, 3]]), array([[4, 5], [6, 7]])]
[array([[0], [2], [4], [6]]), array([[1], [3], [5], [7]])]
```

分析

当 axis=0 时，表示沿着“纵轴”分割，也就是在垂直方向上分割。以下两种方式是等价的：

```
# 方式1
```

```
np.split(arr, 2, axis=0)
# 方式2
np.vsplit(arr, 2)
```

当 axis=1 时，表示沿着“横轴”分割，也就是在水平方向上分割。以下两种方式是等价的：

```
# 方式1
np.split(arr, 2, axis=1)
# 方式2
np.hsplit(arr, 2)
```

2.6　各种运算

NumPy 本身就是专门用于操作数组的一个库，所以它提供了大量用于数组运算的方式，主要分为以下五大类。

- 基本运算。
- 比较运算。
- 标量运算。
- 数学函数。
- 统计函数。

2.6.1　基本运算

在 NumPy 中，数组也是可以进行加、减、乘、除、求余、求幂等运算的。数组的基本运算有两种方式：一种是使用“运算符”，如表 2-6 所示；另一种是使用“函数”，如表 2-7 所示。

表 2-6　运算符

运算符	说明
+	加
-	减
*	乘
/	除
%	求余
**	求幂

表 2-7　函数

函数	说明
add(a, b)	加，等价于 a+b
subtract(a, b)	减，等价于 a-b
multiply(a, b)	乘，等价于 a*b
divide(a, b)	除，等价于 a/b
mod(a, b)	求余，等价于 a%b
power(a, b)	求幂，等价于 a**b

运算符和函数这两种方式是等价的。对于运算符来说，我们需要注意一点："*"（1个星号）是乘法运算，而"**"（两个星号）是求幂运算。

不管使用哪一种方式，数组的基本运算都是"元素对元素"的运算。

◤ 举例：运算符

```
import numpy as np

arr1 = np.array([1, 2])
arr2 = np.array([3, 4])

# 加
print(arr1 + arr2)
# 减
print(arr1 - arr2)
# 乘
print(arr1 * arr2)
# 除
print(arr1 / arr2)
# 求余
print(arr1 % arr2)
# 求幂
print(arr1 ** arr2)
```

输出结果如下：

```
[4 6]
[-2 -2]
[3 8]
[0.33333333 0.5]
[1 2]
[1 16]
```

◤ 分析

我们要清楚一点，如果想要对两个数组进行基本运算，这两个数组的形状必须是相同的。数组的基本运算比较简单，只需要将两个数组对应相同位置的元素进行操作就可以了。

◤ 举例：函数

```
import numpy as np

arr1 = np.array([1, 2])
arr2 = np.array([3, 4])

# 加
print(np.add(arr1, arr2))
# 减
print(np.subtract(arr1, arr2))
# 乘
print(np.multiply(arr1, arr2))
# 除
print(np.divide(arr1, arr2))
# 求余
```

```
print(np.mod(arr1, arr2))
# 求幂
print(np.power(arr1, arr2))
```

输出结果如下:

```
[4 6]
[-2 -2]
[3 8]
[0.33333333 0.5]
[1 2]
[1 16]
```

分析

在实际开发中，更推荐使用运算符的方式来进行计算，主要是这种方式更加简单方便。最后要知道的是，数组的运算是“元素级”的。所谓“元素级”，指运算是针对每一个元素进行的。

2.6.2 比较运算

在NumPy中，可以使用比较运算符来对两个数组进行大小比较，比较运算符如表2-8所示。

表2-8 比较运算符

运算符	说明
>	大于
<	小于
>=	大于等于
<=	小于等于
==	等于
!=	不等于

需要注意的是，两个数组的形状必须相同，或者符合广播机制。对于广播机制，后文会详细介绍。

举例：一维数组

```
import numpy as np

a = np.array([1, 2])
b = np.array([3, 4])
print(a > b)
print(a < b)
```

输出结果如下:

```
[False False]
[True True]
```

分析

比较两个数组的大小，其实就是对两个数组相同位置的元素进行大小比较，最终比较的结果是

True 或 False。

举例：二维数组

```
import numpy as np

a = np.array([[32, 21], [15, 43]])
b = np.array([[16, 18], [27, 36]])
print(a > b)
print(a < b)
```

输出结果如下：

```
[[ True  True]
 [False  True]]

[[False False]
 [ True False]]
```

2.6.3 标量运算

向量是一组数，标量是一个数。数组的标量运算可以简单理解为将一个数组和一个数进行加、减、乘、除等操作。

举例：一维数组

```
import numpy as np

arr = np.array([10, 20, 30])
print(arr + 10)                # 加
print(arr - 10)                # 减
print(arr * 2)                 # 乘
print(arr / 10)                # 除
```

输出结果如下：

```
[20 30 40]
[ 0 10 20]
[20 40 60]
[1. 2. 3.]
```

分析：

数组的标量运算其实非常简单，例如 arr+10，就是将 arr 中的每一个元素都加上 10。

举例：二维数组

```
import numpy as np

arr = np.array([[10, 20, 30], [40, 50, 60]])
print(arr + 10)
print(arr - 10)
print(arr * 2)
print(arr / 10)
```

输出结果如下：

```
[[20 30 40]
 [50 60 70]]

[[ 0 10 20]
 [30 40 50]]

[[ 20  40  60]
 [ 80 100 120]]

[[1. 2. 3.]
 [4. 5. 6.]]
```

分析

不管是多少维的数组，标量运算都是对数组中每一个元素进行相同的操作。

2.6.4 数学函数

在 NumPy 中，数学函数有很多，常用的数学函数如表 2-9 所示。

表 2-9 常用的数学函数

函数	说明
square()	求平方
abs()	求绝对值
sqrt()	求平方根
around()	求四舍五入值
ceil()、floor()	向上取整、向下取整
reciprocal()	求倒数
sin()、cos()、tan()	求正弦值、求余弦值、求正切值

上面这些函数会对数组中的每一个元素进行操作。例如 square() 会对每一个元素求平方，abs() 会对每一个元素求绝对值。

举例：求平方

```
import numpy as np

arr = np.array([[1, 2], [3, 4]])
print(np.square(arr))
```

输出结果如下：

```
[[1 4]
 [9 16]]
```

举例：求绝对值

```
import numpy as np

arr = np.array([[-1, 2], [3, -4]])
```

```
print(np.abs(arr))
```

输出结果如下:

```
[[1 2]
 [3 4]]
```

▼ 举例：求四舍五入值

```
import numpy as np

arr = np.array([[1.2, 2.7], [3.5, 4.3]])
print(np.around(arr))
```

输出结果如下:

```
[[1. 3.]
 [4. 4.]]
```

▼ 分析

求平方、求绝对值等操作很容易理解，下面重点介绍向上取整和向下取整这两个很多编程语言中十分常见的操作。

▼ 举例：向上取整

```
import numpy as np

arr = np.array([3.0, 0.4, 0.6, -1.1, -1.9])
print(np.ceil(arr))
```

输出结果如下:

```
[ 3.  1.  1. -1. -1.]
```

▼ 分析

ceil() 表示对数组所有元素进行向上取整。所谓向上取整，指的是返回大于或等于指定数的“最近的那个整数”。其中，ceil 是“天花板”的意思，所以叫“向上取整”。

假如数组元素为 x，如果 x 只有整数部分（小数部分为 0），那么直接返回 x；如果 x 小数部分不为 0，那么返回大于 x 最近的那个整数，大家根据图 2-6 自行判断一下就知道了。

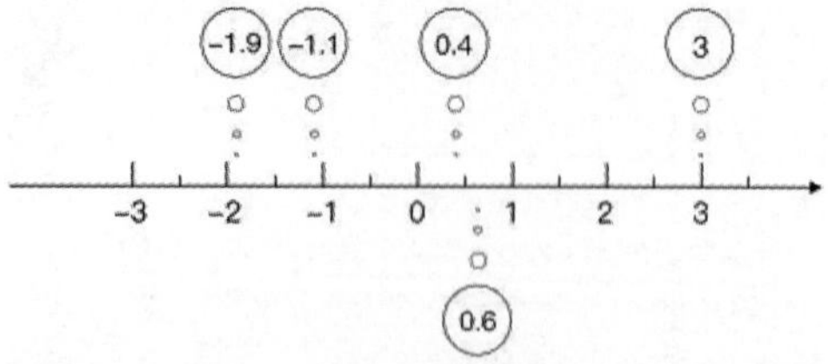

图 2-6

▼ 举例：向下取整

```
import numpy as np
```

```
arr = np.array([3.0, 0.4, 0.6, -1.1, -1.9])
print(np.floor(arr))
```

输出结果如下：

```
[ 3.  0.  0. -2. -2.]
```

▼ 分析：

floor() 表示对所有元素进行向下取整。所谓向下取整，指的是返回小于或等于指定数的“最近的那个整数”。其中，floor 是“地板”的意思，所以叫“向下取整”。

假如数组元素为 *x*，如果 *x* 只有整数部分（小数部分为 0），那么直接返回 *x*；如果 *x* 小数部分不为 0，那么返回小于 *x* 最近的那个整数，大家根据图 2-7 自行判断一下就知道了。

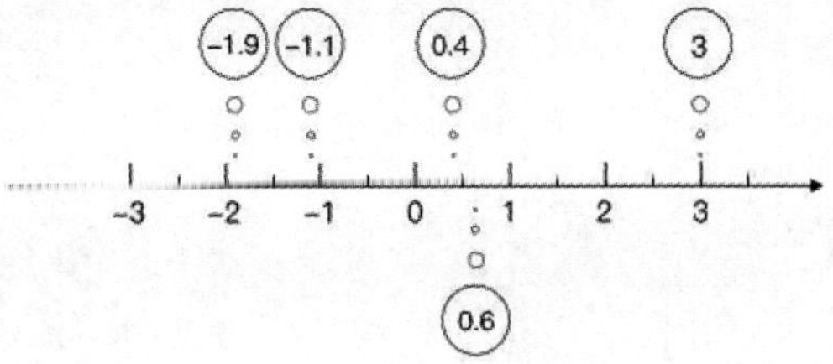

图 2-7

2.6.5 统计函数

在 NumPy 中，统计函数有很多，常用的统计函数如表 2-10 所示。

表 2-10 常用的统计函数

函数	说明
sum()	求和
max()	求最大值
min()	求最小值
median()	求中位数
mean()	求平均数
var()	求方差
std()	求标准差

在统计方面，NumPy 只提供了基本功能，例如求最大值、最小值、均值、方差等。在实际开发中，很少直接使用 NumPy 来操作，更多是使用 Pandas 来操作。

不过由于 Pandas 是基于 NumPy 的，因此对于 NumPy 中常用的统计函数，每一个都需要读者认真理解，这对后面的学习是非常有用的。

1. 求和

在 NumPy 中，可以使用 sum() 来对一个数组进行求和。

▼ **语法**

```
np.sum(arr, axis=n)
```

▼ **说明**

axis=n 表示沿着哪一条轴操作，n 是大于或等于 0 的整数。如果省略 axis 参数，则表示对所有元素进行求和。

▼ **举例：一维数组**

```
import numpy as np

arr = np.array([10, 36, 43, 25, 27])
print("总和:", np.sum(arr))
```

输出结果如下：

```
总和: 141
```

▼ **举例：二维数组**

```
import numpy as np

arr = np.array([[1, 2, 3], [4, 5, 6]])
print("列之和:", np.sum(arr, axis=0))
print("行之和:", np.sum(arr, axis=1))
print("总和:", np.sum(arr))
```

输出结果如下：

```
列之和: [5 7 9]
行之和: [6 15]
总和: 21
```

▼ **分析**

axis=0 表示沿着“纵轴”操作，所以求的是一列的和。axis=1 表示沿着“横轴”操作，所以求的是一行的和。

2. 求最值

在 NumPy 中，可以使用 max() 来求一个数组的最大值，可以使用 min() 来求一个数组的最小值。

▼ **语法**

```
np.max(arr, axis=n)
np.min(arr, axis=n)
```

▼ **说明**

axis=n 表示沿着哪一条轴操作，n 是大于或等于 0 的整数。如果省略 axis 参数，则表示求所有元素的最值。

▼ **举例：一维数组**

```
import numpy as np
```

```
arr = np.array([10, 36, 43, 25, 27])
print("最大值:", np.max(arr))
print("最小值:", np.min(arr))
```

输出结果如下:

```
最大值: 43
最小值: 10
```

◤ 举例:二维数组

```
import numpy as np

arr = np.array([[1, 2, 3], [4, 5, 6]])
print("列的最大值:", np.max(arr, axis=0))
print("列的最小值:", np.min(arr, axis=0))

print("行的最大值:", np.max(arr, axis=1))
print("行的最小值:", np.min(arr, axis=1))

print("所有元素最大值:", np.max(arr))
print("所有元素最小值:", np.min(arr))
```

输出结果如下:

```
列的最大值: [4 5 6]
列的最小值: [1 2 3]
行的最大值: [3 6]
行的最小值: [1 4]
所有元素最大值: 6
所有元素最小值: 1
```

3. 求中位数

中位数又称“中值”，它指的是所有数按顺序排列之后，处于中间位置的数。这里所说的按顺序排列，指的是从小到大排序。

- 如果一组数的个数是奇数，例如有 5 个数: 23、45、35、22、28。那么排序后是 22、23、28、35、45，此时中位数就是 28。
- 如果一组数的个数是偶数，例如有 6 个数: 23、45、35、22、28、32。那么排序后是 22、23、28、32、35、45，此时中位数就是 (28+32)÷2=30。

在 NumPy 中，可以使用 median() 来求一个数组的中位数。

◤ 语法

```
np.median(arr, axis=n)
```

◤ 说明

axis=n 表示沿着哪一条轴操作，n 是大于或等于 0 的整数。如果省略 axis 参数，则表示求所有元素的中位数。

◤ 举例:一维数组

```
import numpy as np
```

```
arr = np.array([10, 36, 43, 25, 27])
print("中位数:", np.median(arr))
```

输出结果如下：

```
中位数: 27.0
```

分析

想要求一组数的中位数，先要对这组数进行排序。对于arr这个数组来说，排序之后为[10 25 27 36 43]，所以中位数为27。

举例：二维数组

```
import numpy as np

arr = np.array([[1, 2, 3], [4, 5, 6]])
print("列的中位数:", np.median(arr, axis=0))
print("行的中位数:", np.median(arr, axis=1))
print("所有元素中位数:", np.median(arr))
```

输出结果如下：

```
列的中位数: [2.5 3.5 4.5]
行的中位数: [2. 5.]
所有元素中位数: 3.5
```

4. 求平均数

在NumPy中，可以使用mean()来求一个数组的平均数。

语法

```
np.mean(arr, axis=n)
```

说明

axis=n表示沿着哪一条轴操作，n是大于或等于0的整数。如果省略axis参数，则表示求所有元素的平均数。

举例：一维数组

```
import numpy as np

arr = np.array([10, 36, 43, 25, 27])
print("平均数:", np.mean(arr))
```

输出结果如下：

```
平均数: 28.2
```

分析

对于arr这个数组来说，它的平均数为(10+36+43+25+27)/5=28.2。

举例：二维数组

```
import numpy as np
```

```
arr = np.array([[1, 2, 3], [4, 5, 6]])
print("列的平均数:", np.mean(arr, axis=0))
print("行的平均数:", np.mean(arr, axis=1))
print("所有元素平均数:", np.mean(arr))
```

输出结果如下:

```
列的平均数:[2.5 3.5 4.5]
行的平均数:[2. 5.]
所有元素平均数:3.5
```

5. 求方差

方差，指的是在一组数据中，各个数据与平均数的差的平方和的平均数。方差主要用于衡量一组数据的离散程度。

在 NumPy 中，可以使用 var() 来求一个数组的方差。

▼ 语法

```
np.var(arr, axis=n)
```

▼ 说明

axis=n 表示沿着哪一条轴操作，n 是大于或等于 0 的整数。如果省略 axis 参数，则表示求所有元素的方差。

▼ 举例：一维数组

```
import numpy as np

arr = np.array([10, 36, 43, 25, 27])
print("方差:", np.var(arr))
```

输出结果如下:

```
方差:124.56000000000002
```

▼ 分析

方差指的是各个数与平均数的差的平方和的平均数，所以首先要求出平均数。

```
(10+36+43+25+27)/5=28.2
```

求出平均数之后，再求方差。

$$(10-28.2)^2+(36-28.2)^2+(43-28.2)^2+(25-28.2)^2+(27-28.2)^2=124.56000000000002$$

▼ 举例：二维数组

```
import numpy as np

arr = np.array([[1, 2, 3], [4, 5, 6]])
print("列的方差:", np.var(arr, axis=0))
print("行的方差:", np.var(arr, axis=1))
print("所有元素方差:", np.var(arr))
```

输出结果如下：

```
列的方差：[2.25 2.25 2.25]
行的方差：[0.66666667 0.66666667]
所有元素方差：2.9166666666666665
```

6. 求标准差

标准差又称“均方差”，它是方差的算术平方根。标准差也用于表示一组数据的离散程度。在 NumPy 中，可以使用 std() 来求一个数组的标准差。

语法

```
np.std(arr, axis=n)
```

说明

axis=n 表示沿着哪一条轴操作，n 是大于或等于 0 的整数。如果省略 axis 参数，则表示求所有元素的标准差。

举例：一维数组

```
import numpy as np

arr = np.array([10, 36, 43, 25, 27])
print("标准差：", np.std(arr))
```

输出结果如下：

```
标准差：11.160645142642965
```

分析

标准差是方差的算术平方根。求出方差之后，对方差求算术平方根就可以得到标准差。

举例：二维数组

```
import numpy as np

arr = np.array([[1, 2, 3], [4, 5, 6]])
print("列的标准差：", np.std(arr, axis=0))
print("行的标准差：", np.std(arr, axis=1))
print("所有元素标准差：", np.std(arr))
```

输出结果如下：

```
列的标准差：[1.5 1.5 1.5]
行的标准差：[0.81649658 0.81649658]
所有元素标准差：1.707825127659933
```

分析

想要求方差，需要先求平均数。想要求标准差，需要先求方差。平均数、方差、标准差之间的关系如图 2-8 所示。

图2-8

7. 求加权平均数

在一组数据中，一个数据出现的次数称为“权”。将所有数据乘以它们对应的出现次数，然后加起来得到一个总和，最后用总和除以这一组数据的个数，得到的结果就是加权平均数。此外，加权平均数也叫作“加权平均值”。

在 NumPy 中，可以使用 average() 来求一个数组的加权平均数。

▼ 语法

```
np.average(arr, axis=n)
```

▼ 说明

axis=n 表示沿着哪一条轴操作，n 是大于或等于 0 的整数。如果省略 axis 参数，则表示求所有元素的加权平均数。

▼ 举例：一维数组

```
import numpy as np

arr = np.array([10, 36, 10, 25, 27, 10, 25])
print("加权平均数:", np.average(arr))
```

输出结果如下：

```
加权平均数: 20.428571428571427
```

▼ 分析

对于 arr 这个数组来说，它的加权平均数计算如下：

```
(10 × 3 + 36 × 1 + 25 × 2 + 27 × 1) / 7
```

▼ 举例：二维数组

```
import numpy as np

arr = np.array([[64, 72, 20, 36], [32, 20, 54, 36], [18, 64, 64, 36]])
print("列:", np.average(arr, axis=0))
print("行:", np.average(arr, axis=1))
print("所有元素:", np.average(arr))
```

输出结果如下：

```
列: [38.  52.  46.  36.]
行: [48.   35.5 45.5]
所有元素: 43.0
```

▼ 分析

加权平均数能够反映一组数据中各个数据的重要程度，它在日常生活中的应用非常广泛，例如考试成绩、股票价格、竞技比赛等。

8. 求百分位数

如果将一组数据从小到大排序，然后计算每一个数据所在的位置，则某一个百分位所对应的数据就称为这个百分位的“百分位数”。例如最小值就是第 0 百分位数，最大值就是第 100 百分位数，中位数就是第 50 百分位数。

在 NumPy 中，可以使用 percentile() 来求百分位数。

◤ 语法

```
np.percentile(arr, q, axis=n)
```

◤ 说明

arr 是一个数组，q 是一个百分比。axis=n 表示沿着哪一条轴操作，n 是大于或等于 0 的整数。

◤ 举例：一维数组

```
import numpy as np

arr = np.array([10, 36, 43, 15, 27])
print(np.percentile(arr, 0))
print(np.percentile(arr, 50))
print(np.percentile(arr, 100))
```

输出结果如下：

```
10.0
27.0
43.0
```

◤ 分析

首先对数组进行从小到大的排序，得到 [10 15 27 36 43]，然后可以得到下面几个结论。

- 最小值是 10，所以它是“第 0 百分位数”，np.percentile(arr, 0) 的值就是 10。
- 中位数是 27，所以它是“第 50 百分位数”，np.percentile(arr, 50) 的值就是 27。
- 最大值是 43，所以它是“第 100 百分位数”，np.percentile(arr, 100) 的值就是 43。

从上述结论可以推断，15 是“第 25 百分位数”，36 是“第 75 百分位数”。

◤ 举例：二维数组

```
import numpy as np

arr = np.array([[1, 2, 3], [4, 5, 6]])
print("列的第50百分位数：", np.percentile(arr, 50, axis=0))
print("行的第50百分位数：", np.percentile(arr, 50, axis=1))
print("所有元素的第50百分位数：", np.percentile(arr, 50))
```

输出结果如下：

```
列的第50百分位数：[2.5 3.5 4.5]
行的第50百分位数：[2. 5.]
```

```
所有元素的第50百分位数：3.5
```

分析

二维数组的百分位数的计算和一维数组的百分位数相似，读者可以自行计算一下。

9. 求众数

众数指的是一组数据中出现次数最多的那个数。众数，代表了数据的一般水平。需要注意的是，众数并不一定是一个数，也可能是多个数。

- 如果有一组数是10、20、30、40、10，那么这组数只有一个众数，那就是10。
- 如果有一组数是10、20、30、40、20、10，那么这组数有两个众数，那就是10、20。

NumPy并没有提供直接求众数的函数，不过我们可以使用bincount()和argmax()来实现。

举例

```
import numpy as np

arr = np.array([24, 32, 16, 24, 32, 24])
count = np.bincount(arr)
mode = np.argmax(count)
print(mode)
```

输出结果如下：

```
24
```

分析

bincount()和argmax()比较复杂，平常极少会使用，这里就不展开介绍了，感兴趣的读者可以自行搜索了解一下。要使用NumPy求众数时，直接使用上面这种方式即可。

【常见问题】

有了方差之后，为什么又搞一个标准差出来呢？而且两者的作用是一样的，这不是多此一举吗？

这是因为方差的单位和数据的单位不一致，一般情况下没法直接使用。但是对方差求算术平方根（也就是将其变成标准差）之后，就可以直接使用了。所以在实用性上，标准差比方差更好。

2.7 遍历数组

在NumPy中，遍历数组和遍历列表一样，也是使用for循环来实现的。

语法

```
for item in arr:
    ...
```

▼ 举例：一维数组

```
import numpy as np

arr = np.array([10, 36, 43, 25, 27])
for item in arr:
    print(item)
```

输出结果如下：

```
10
36
43
25
27
```

▼ 分析

对于一维数组，直接使用 for 循环就可以把每一个元素遍历出来。二维数组或者更多维数组应该怎么遍历呢？

▼ 举例：二维数组

```
import numpy as np

arr = np.array([[1, 2], [3, 4], [5, 6]])
for item in arr:
    print(item)
```

输出结果如下：

```
[1 2]
[3 4]
[5 6]
```

▼ 分析

对于二维数组或更多维数组来说，使用 for 循环遍历时，默认情况下是针对第一个轴（axis=0）来进行的。如果要遍历数组的所有元素，则需要使用数组的 flat 属性。

▼ 举例：flat 属性

```
import numpy as np

arr = np.array([[1, 2], [3, 4], [5, 6]])
for item in arr.flat:
    print(item)
```

输出结果如下：

```
1
2
3
4
5
6
```

分析

arr.flat 会“打平”arr，从而得到一个包含1、2、3、4、5、6 的对象。它并不是一个数组，如果想要将其转换为数组，可以使用 np.array(arr.flat) 来实现。

arr.flat 本身返回的是一个可迭代对象，我们不需要再多此一举将其转换为数组，而是可以直接使用 for 循环来对其进行遍历。

2.8　大小排序

在 NumPy 中，可以使用 sort() 来对数组进行排序。由于数组对象和 NumPy 都有 sort()，所以需要分成以下两种情况来考虑。

- 如果是在“数组对象”上调用 sort()，则会对数组本身进行排序。
- 如果是在“NumPy”上调用 sort()，则会返回该数组对象的排序副本。

语法

```
arr.sort(axis=n)
np.sort(arr, axis=n)
```

说明

axis=n 表示沿着哪一条轴操作，n 是大于或等于 0 的整数。对于二维数组来说，axis=0 表示沿着“纵轴”排序，axis=1 表示沿着“横轴”排序。

举例：数组对象调用 sort()

```
import numpy as np

arr = np.array([22, 40, 36, 15, 10])
arr.sort()
print(arr)
```

输出结果如下：

```
[10 15 22 36 40]
```

分析

默认情况下，sort() 实现的是升序排列，也就是从小到大排序。如果想要实现降序排列（从大到小排序），是不是可以使用 reverse=True 来实现呢？很不幸的是，数组对象的 sort() 并没有提供这样的参数，运行下面这样的代码是会报错的：

```
arr.sort(reverse=True)
```

如果想要实现数组的降序排列，可以使用一种变通的方式，请看下面的例子。

举例：降序排列

```
import numpy as np

arr = np.array([22, 40, 36, 15, 10])
```

```
arr.sort()
result = arr[::-1]
print(result)
```

输出结果如下：

```
[40 36 22 15 10]
```

分析

执行arr.sort()之后，arr变为[10 15 22 36 40]，arr[::-1]表示使用切片的方式对arr进行反转，这是一个非常棒的技巧。

举例：NumPy调用sort()

```
import numpy as np

arr = np.array([22, 40, 36, 15, 10])
result = np.sort(arr)
print(result)
```

输出结果如下：

```
[10 15 22 36 40]
```

分析

arr.sort()会修改原数组，np.sort(arr)不会修改原数组。在实际开发中，更推荐使用np.sort(arr)这种方式。

举例：二维数组

```
import numpy as np

arr = np.array([[22, 40, 36, 15], [16, 52, 32, 40], [64, 12, 25, 33]])
result1 = np.sort(arr, axis=0)
print("纵向排序：", result1, sep="\n")

result2 = np.sort(arr, axis=1)
print("横向排序：", result2, sep="\n")
```

输出结果如下：

```
纵向排序：
[[16 12 25 15]
 [22 40 32 33]
 [64 52 36 40]]
横向排序：
[[15 22 36 40]
 [16 32 40 52]
 [12 25 33 64]]
```

2.9 本章练习

一、单选题

1. 下面有关 NumPy 的说法中，正确的是（ ）。

A. NumPy 中只有一维数组和二维数组

B. 包含同样数据的数组和列表，数组更占内存

C. 可以使用中括号“[]”来创建一个数组

D. 一般要求数组元素的数据类型是相同的

2. 如果想要求一个数组的方差，可以使用（ ）来实现。

A. mean()　　B. median()

C. var()　　D. std()

3. 下方代码的运行结果是（ ）。

```
import numpy as np

arr = np.array([25.0, 14.0, 59.0, 70.0, 35.0])
print(np.percentile(arr, 50))
```

A. 50.0　　B. 35.0

C. 59.0　　D. 70.0

4. 下面有关统计函数的说法中，不正确的是（ ）。

A. 最小值是第 0 百分位数

B. 标准差跟方差是不一样的

C. 众数只能有一个

D. 可以使用 mean() 求平均数

二、问答题

请简单说一下 Python 中的列表和 NumPy 中的数组有什么区别。（面试题）

三、编程题

1. 请使用 NumPy 提供的方法创建一个包含 10 个元素，并且值在 100~900（包含 900）的一维随机列表。注意是列表，而不是数组。

2. 请创建一个 5×4 的二维随机数组，要求数组中的每一个元素都是 0~100（包含 100）的整数。

第 3 章 NumPy 进阶

3.1 浅拷贝和深拷贝

在大多数编程语言中，浅拷贝和深拷贝是两个非常重要的概念。在 Python 相关工作的面试中，它们也是经常考到的一个知识点。这一节将介绍 NumPy 中数组的浅拷贝和深拷贝。

3.1.1 浅拷贝

浅拷贝，指的是对一个数组对象拷贝之后，虽然前后两个数组对象是不同的对象，但是它们的数据是共享的。也就是说，浅拷贝之后，前后两个数组还存在“藕断丝连”的关系。

在 NumPy 中，可以使用 view() 来对一个数组进行浅拷贝。

语法

```
arr.view()
```

说明

view() 会返回 arr 的一个浅拷贝副本。

举例

```
import numpy as np

arr1 = np.array([1, 2, 3, 4, 5])
arr2 = arr1.view()
arr2[0] = 6

print(arr1)
print(arr2)
print(arr2 is arr1)
```

输出结果如下：

```
[6 2 3 4 5]
[6 2 3 4 5]
False
```

分析

arr1 和 arr2 是两个不同的数组对象，但是它们的数据是共享的。当修改 arr2 的数据时，arr1 也会跟着改变。同样地，当修改 arr1 的数据时，arr2 也会跟着改变。

3.1.2 深拷贝

深拷贝，指的是对一个数组进行拷贝之后，前后两个数组对象是不同的对象，数据也不是共享的。也就是说，深拷贝之后，前后两个数组是“老死不相往来”的关系。

在 NumPy 中，可以使用 copy() 来对一个数组进行深拷贝。

语法

```
arr.copy()
```

说明

copy() 会返回 arr 的一个深拷贝副本。

举例

```
import numpy as np

arr1 = np.array([1, 2, 3, 4, 5])
arr2 = arr1.copy()
arr2[0] = 6

print(arr1)
print(arr2)
print(arr2 is arr1)
```

输出结果如下：

```
[1 2 3 4 5]
[6 2 3 4 5]
False
```

分析

从输出结果可以看出，对一个数组进行深拷贝之后，修改其中一个数组的数据，并不会改变另一个数组的数据。

很多时候我们并不希望原数组被修改，深拷贝这种方式就非常有用。在实际开发中，较少使用浅拷贝，更多是使用深拷贝这种方式。

3.2 axis 的值

对于 axis 这个参数，我们在之前已经有所接触。在 NumPy 中，很多操作都是和 axis 这个参数联系在一起的，这一节将带读者深入了解。

为什么要设置 axis 这个参数呢？这是因为在 NumPy 中，操作多维数组时需要指定对哪一维操作，而 axis 就是用来指定需要操作哪一维。axis 为大于或等于 0 的整数，axis=0 表示对第 1 维进行操作，axis=1 表示对第 2 维进行操作，以此类推。

axis 在一维数组、二维数组下的取值及对应的方向如图 3-1 所示。二维数组、三维数组甚至多维数组是相似的，axis=0 表示沿着“列方向”（纵轴）操作，axis=1 表示沿着“行方向”（横轴）操作。一维数组比较特殊，它不像二维数组从上到下地操作，而是在水平方向上操作。

总而言之，我们只需要记住一维数组是特殊的，其他维度的数组是相似的即可。图 3-1 非常重要，读者要认真理解。

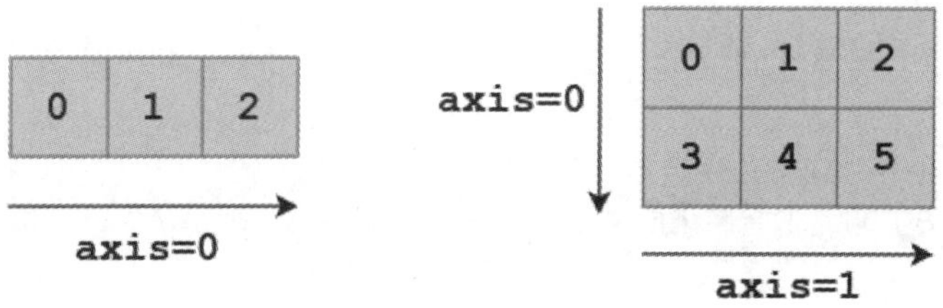

图 3-1

给 axis 参数设置不同的值，NumPy 会沿着不同的方向进行操作。对于二维数组来说，存在以下 3 种情况。

- 不设置 axis，表示对“所有元素”进行操作。
- axis=0，表示沿着“纵轴”进行操作。
- axis=1，表示沿着“横轴”进行操作。

上面是二维数组的情况，那么多维数组又是怎样的呢？我们可以用一句话来总结：对于多维数组，当 axis=n 时，表示沿着“第 n 个下标”变化的方向进行操作。

举例：二维数组

```
[[A00 A01]
 [A10 A11]]
```

分析

这个二维数组如图 3-2 所示，axis 的取值有 0 和 1，分析如下。

- 当 axis=0 时，表示沿着“第 0 个下标”变化的方向进行操作，也就是沿着“纵坐标”的方向进行操作，例如 A00 → A10、A01 → A11。
- 当 axis=1 时，表示沿着“第 1 个下标”变化的方向进行操作，也就是沿着“横坐标”的方向进行操作，例如 A00 → A01、A10 → A11。

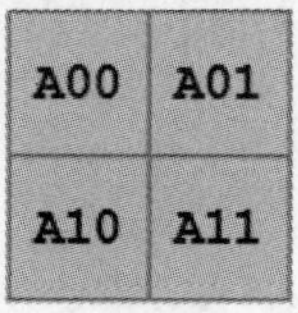

图3-2

◤ 举例：三维数组

```
[[[A000 A001]
  [A010 A011]]
  [[A100 A101]
  [A110 A111]]]
```

◤ 分析

上面是一个三维数组，axis 的取值有 0、1、2，分析如下。

- 当 axis=0 时，表示沿着“第 0 个下标”变化的方向进行操作，例如 A000 → A100、A001 → A101。
- 当 axis=1 时，表示沿着“第 1 个下标”变化的方向进行操作，例如 A000 → A010、A100 → A110。
- 当 axis=2 时，表示沿着“第 2 个下标”变化的方向进行操作，例如 A000 → A001、A100 → A101。

在实际开发中，数组大多数是二维数组，所以我们只需要记住这么一句话就可以了：当 axis=0 时，表示沿着“纵轴”操作；当 axis=1 时，表示沿着“横轴”操作。

3.3 广播机制

从之前的学习可以知道，我们可以对两个“形状相同”的数组进行加、减、乘、除等运算。那么“形状不同”的数组是否也能进行运算？答案是肯定的，但是需要满足一定的条件才行。

在 NumPy 中，如果两个数组的形状不同，但是它们符合下面两种情况中的任意一种，就可以进行加、减、乘、除运算。

- 维数不同时，两个数组的“后缘维度”相同。
- 维数相同时，有一个数组的某个轴长度为 1。

3.3.1 维数不同

在 NumPy 中，如果两个数组的维数不同，但是它们的“后缘维度”相同，那么这两个数组可以进行运算。

◤ 举例

```
import numpy as np
```

```
a = np.array([[1, 2, 3], [4, 5, 6]])
b = np.array([10, 10, 10])
print(a + b)
```

输出结果如下：

```
[[11 12 13]
 [14 15 16]]
```

分析

a是二维数组，b是一维数组，所以a和b的维数不同。a的形状是(2, 3)，b的形状是(3)，所以它们的后缘维度是相同的，都是(3)。要判断后缘维度是否相同，方法很简单：先求出两个数组的形状，然后从右往左进行对比，如果后面部分相同，那么这两个数组的后缘维度相同。

a和b的形状不同，但是它们的后缘维度相同，所以可以进行相加，而相加这种操作是通过广播机制实现的。怎么广播呢？对于上面这个例子来说，就是将b沿着axis=0这条轴进行“重复扩展”，直到b的形状和a的形状完全相同，然后再按对应位置将元素相加，如图3-3所示。

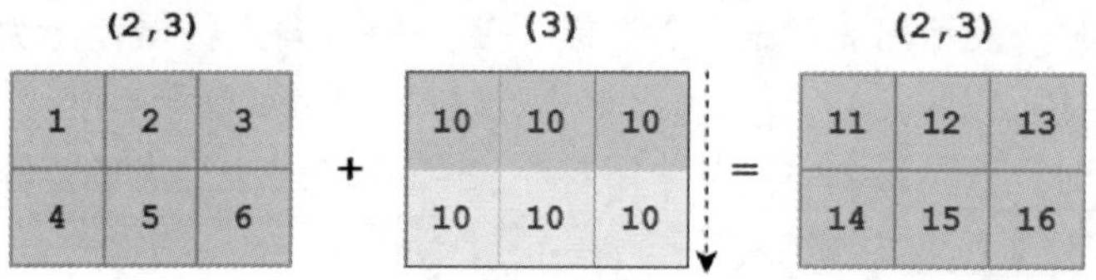

图3-3

可能有些读者对广播机制理解得还是不够透彻，接下来再看一个例子。

举例

```
import numpy as np

a = np.array([[[1, 2, 3], [5, 6, 7]], [[1, 2, 3], [4, 5, 6]]])
b = np.array([[10, 20, 30], [40, 50, 60]])
print(a + b)
```

输出结果如下：

```
[[[11 22 33]
  [45 56 67]]
 [[11 22 33]
  [44 55 66]]]
```

分析

a是三维数组，它的形状是(2, 2, 3)。b是二维数组，它的形状为(2, 3)。对比这两个数组的形状，发现后面部分是相同的，都是(2, 3)。所以这两个数组的后缘维度相同。可以进行相加。

接下来，NumPy会对“形状较小的数组”进行广播扩展，直到和“形状较大的数组”形状一样，再进行相加操作。

有读者可能会问：如果一个数组的形状为 (2, 2, 3)，另一个数组的形状为 (3) 而不是 (2, 3)，那么这两个数组能否进行相加呢？其实也是可以的，举例如下。

举例

```
import numpy as np

a = np.array([[[1, 2, 3], [5, 6, 7]], [[1, 2, 3], [4, 5, 6]]])
b = np.array([10, 20, 30])
print(a + b)
```

输出结果如下：

```
[[[11 22 33]
  [15 26 37]]
 [[11 22 33]
  [14 25 36]]]
```

分析

a 的形状为 (2, 2, 3)，b 的形状为 (3)，它们形状的后面部分是相同的，都是 (3)。所以这两个数组的后缘维度相同，可以进行相加。

3.3.2 维数相同

在 NumPy 中，如果两个数组的维数相同，但是存在一个数组某条轴的长度为 1，那么这两个数组可以进行运算。

举例：数组某条轴的长度为 1

```
import numpy as np

a = np.array([[1, 1, 1], [2, 2, 2], [3, 3, 3], [4, 4, 4]])
b = np.array([[10], [20], [30], [40]])
print(a + b)
```

输出结果如下：

```
[[11 11 11]
 [22 22 22]
 [33 33 33]
 [44 44 44]]
```

分析

a 和 b 都是二维数组，所以它们的维数相同。a 的形状为 (4, 3)，b 的形状为 (4, 1)。从形状可以看出，b 存在一条轴的长度为 1，因此这两个数组可以进行相加。

NumPy 会对“形状较小的数组”进行广播扩展，直到和“形状较大的数组”形状一样，然后进行相加操作，如图 3-4 所示。

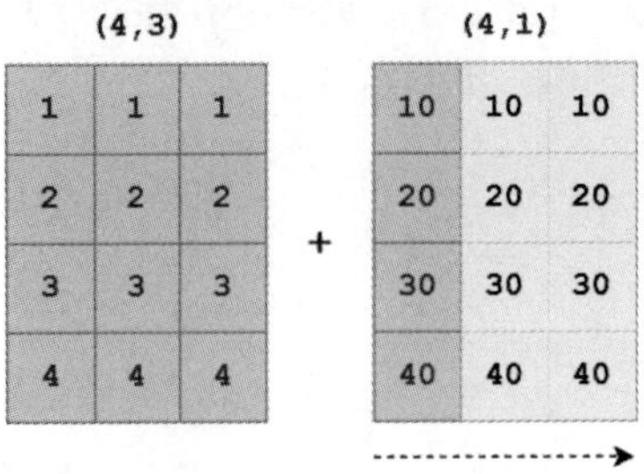

图 3-4

一个数组存在一条轴的长度为 1，此时两个数组可以相加。那么一个数组存在多条轴的长度为 1，是否也可以相加呢？这个肯定也是可以的。

◤ 举例：数组多条轴的长度为 1

```
import numpy as np

a = np.array([[1, 1, 1], [2, 2, 2], [3, 3, 3], [4, 4, 4]])
b = np.array([[10]])
print(a + b)
```

输出结果如下：

```
[[11 11 11]
 [12 12 12]
 [13 13 13]
 [14 14 14]]
```

◤ 分析

同样地，NumPy 会对“形状较小的数组”进行广播扩展，直到和“形状较大的数组”形状一样，然后进行相加操作，如图 3-5 所示。

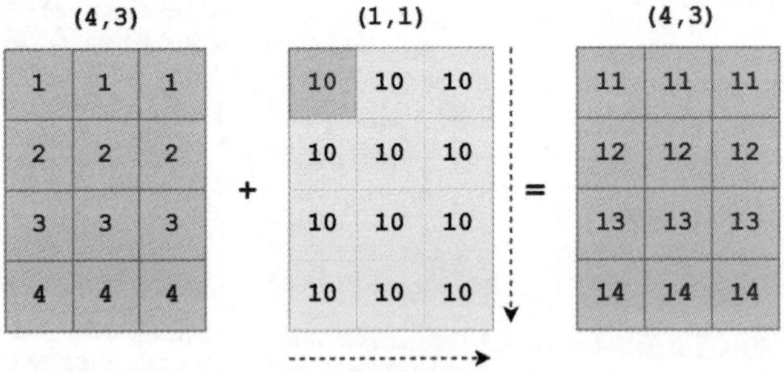

图 3-5

3.3.3 标量运算

实际上，之前在“2.6 各种运算”这一节中介绍的数组标量运算，本质上也使用了广播机制。

举例：一维数组

```
import numpy as np

arr = np.array([1, 2, 3])
print(arr + 10)
```

输出结果如下：

```
[11 12 13]
```

分析

arr 是一个一维数组，当将 arr 加上 10 时，NumPy 会将 10 扩展为和 arr 形状相同的数组，然后进行相加操作。

举例：二维数组

```
import numpy as np

arr = np.array([[1, 2, 3], [4, 5, 6]])
print(arr + 10)
```

输出结果如下：

```
[[11 12 13]
 [14 15 16]]
```

分析

实际上，不管是多少维数组的标量运算，它们的广播规则都是相似的。

3.4 读写文件

在实际开发中，有时我们需要从一个文件中读取一个数组，或者把一个数组写入一个文件中。对于 NumPy 的文件读写，一般使用 CSV 这种文件格式。

CSV 是一种非常重要的文件格式，它可以和 Excel 文件进行互相转换。至于如何使用 Python 操作 CSV 文件或 Excel 文件，这些就属于 Python 基础知识了，读者可以阅读与本书同系列的《从 0 到 1——Python 快速上手》。

3.4.1 读取文件

在 NumPy 中，可以使用 loadtxt() 从一个文件中读取一个数组。

语法

```
np.loadtxt(path, delimiter="分隔符")
```

说明

path 是一个必选参数，它表示文件的路径。delimiter 是一个可选参数，表示使用什么符号进行分隔。

接下来，在当前项目下创建一个名为data的文件夹，然后在该文件夹中新建一个test.csv文件，整个项目结构如图3-6所示。其中，test.csv文件的内容如图3-7所示。

图3-6

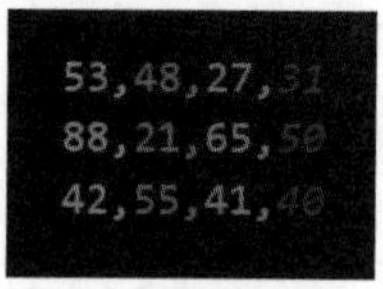

图3-7

◤ 举例

```
import numpy as np

arr = np.loadtxt(r"data/test.csv", delimiter=",")
print(arr)
```

输出结果如下：

```
[[53. 48. 27. 31.]
 [88. 21. 65. 50.]
 [42. 55. 41. 40.]]
```

◤ 分析

需要注意的是，CSV文件使用“,”作为分隔符，所以在使用loadtxt()读取数组时，要加上delimiter=","，不然会报错。

从结果可以看出，读取出来的数据是浮点型数据。如果想要使得数据是整型数据，可以使用dtype=int来实现，代码如下：

```
arr = np.loadtxt(r"data/test.csv", delimiter=",", dtype=int)
```

3.4.2 写入文件

在NumPy中，可以使用savetxt()来将一个数组写入一个文件中。

◤ 语法

```
np.savetxt(path, arr, delimiter="分隔符")
```

◤ 说明

path和arr都是必选参数，path表示文件的路径，arr表示一个数组。delimiter是一个可选参数，表示使用什么符号进行分隔。清空data文件夹后整个项目结构如图3-8所示。

图3-8

◤ 举例

```
import numpy as np

arr = np.arange(9).reshape(3, 3)
np.savetxt(r"data/arr.csv", arr, delimiter=",")
```

运行之后，系统会在data文件夹中生成一个arr.csv文件，如图3-9所示。打开arr.csv文件，其内容如图3-10所示。

图3-9

```
0.000000000000000000e+00,1.000000000000000000e+00,2.000000000000000000e+00
3.000000000000000000e+00,4.000000000000000000e+00,5.000000000000000000e+00
6.000000000000000000e+00,7.000000000000000000e+00,8.000000000000000000e+00
```

图3-10

◤ 分析

图3-10所示的文件内容并不是预期的效果，可以使用 fmt="%d" 使得数据都是整型数据，修改后的代码为：`np.savetxt(r"data/arr.csv", arr, delimiter=",", fmt="%d")`。再次运行之后，arr.csv 文件的内容如图3-11所示。

```
0,1,2
3,4,5
6,7,8
```

图3-11

3.5 矩阵简介

在NumPy中，矩阵和数组是两种不同的数据类型。虽然它们很相似，但是有着本质上的区别。数组是一个 ndarray 对象，矩阵是一个 matrix 对象。之前介绍的各种方法和函数，适用于 ndarray 对象，但并不一定适用于 matrix 对象。

矩阵都是二维的，可以把它看成一种特殊的二维数组。NumPy 官方建议，如果在某种情况下矩阵和数组都适用，那就选择数组。因为数组更加灵活，速度更快。对于矩阵，读者只需要了解一下基本创建方式就可以了，其他的不用过多了解，因为大多数情况下使用二维数组就可以完成工作。

在 NumPy 中，不管是哪一种矩阵，都是使用 matlib 模块的方法来创建的，如表3-1所示。

表 3-1 创建矩阵的方法

方法	说明
zeros()	全 0 矩阵
ones()	全 1 矩阵
identity()	单位矩阵
rand()	随机矩阵

3.5.1 全 0 矩阵

在 NumPy 中，可以使用 matlib 模块的 zeros() 来创建一个全 0 矩阵。

语法

```
np.matlib.zeros((m, n))
```

说明

zeros() 接收一个元组作为参数，m 表示行数，n 表示列数。np.matlib.zeros((m, n)) 表示创建一个 m×n 的全 0 矩阵。

需要说明的是，矩阵只能是二维的，不存在一维或三维及以上的情况。所以这里的元组只能包含两个元素，而不能是一个元素或者 3 个元素等。

举例：浮点型

```
import numpy as np
import numpy.matlib

result = np.matlib.zeros((3, 4))
print(result)
print(type(result))
```

输出结果如下：

```
[[0. 0. 0. 0.]
 [0. 0. 0. 0.]
 [0. 0. 0. 0.]]
<class 'numpy.matrix'>
```

分析

矩阵是一个 matrix 对象，而数组是一个 ndarray 对象，它们是完全不同的。此外，默认情况下，矩阵元素类型是浮点型，可以使用 dtype=int 将其类型定义成整型。

举例：整型

```
import numpy as np
import numpy.matlib

result = np.matlib.zeros((3, 4), dtype=int)
print(result)
```

输出结果如下：

```
[[0 0 0 0]
 [0 0 0 0]
 [0 0 0 0]]
```

3.5.2 全1矩阵

在 NumPy 中，可以使用 matlib 模块的 ones() 来创建一个全 1 矩阵。

▼ 语法

```
np.matlib.ones((m, n))
```

▼ 说明

ones() 接收一个元组作为参数，m 表示行数，n 表示列数。np.matlib.ones((m, n)) 表示创建一个 m×n 的全 1 矩阵。

▼ 举例

```
import numpy as np
import numpy.matlib

result = np.matlib.ones((3, 4))
print(result)
```

输出结果如下：

```
[[1. 1. 1. 1.]
 [1. 1. 1. 1.]
 [1. 1. 1. 1.]]
```

3.5.3 单位矩阵

在 NumPy 中，可以使用 matlib 模块的 identity() 来创建一个单位矩阵。所谓的单位矩阵，指的是行数和列数相同，且左上角到右下角对角线上的元素都是1，其他元素都是0，如图3-12所示。

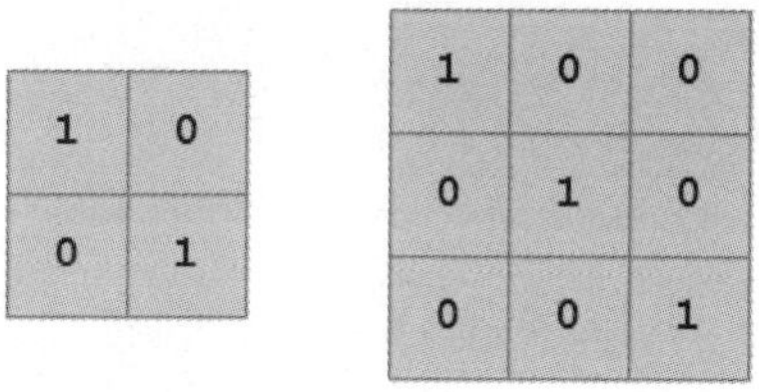

图 3-12

▼ 语法

```
np.matlib.identity(m)
```

说明

identity() 接收一个整数作为参数，表示行数和列数都是 m。需要注意的是，identity() 只能创建单位矩阵。

举例

```
import numpy as np
import numpy.matlib

print(np.matlib.identity(2))
print(np.matlib.identity(3))
print(np.matlib.identity(4))
```

输出结果如下:

```
[[1. 0.]
 [0. 1.]]

[[1. 0. 0.]
 [0. 1. 0.]
 [0. 0. 1.]]

[[1. 0. 0. 0.]
 [0. 1. 0. 0.]
 [0. 0. 1. 0.]
 [0. 0. 0. 1.]]
```

3.5.4 随机矩阵

在 NumPy 中，可以使用 matlib 模块的 rand() 来创建一个随机矩阵。

语法

```
np.matlib.rand(m, n)
```

说明

m 是行数，n 是列数。np.matlib.rand(m, n) 表示创建一个 m×n 的随机矩阵，每一个元素的值都在 0~1 内。

举例

```
import numpy as np
import numpy.matlib

print(np.matlib.rand(3, 3))
```

输出结果如下:

```
[[0.91309821 0.47778536 0.70601746]
 [0.41080154 0.45170997 0.50749111]
 [0.9772415  0.47330062 0.65429104]]
```

3.6　本章练习

单选题

1. 如果想要使用 NumPy 读取一个 CSV 文件，可以使用（　　）来实现。

A. loadtxt()　　B. loadcsv()

C. readtxt()　　D. readcsv()

2. 对于二维数组，下面说法中不正确的是（　　）。

A. 不设置 axis，表示对所有元素进行操作

B. axis=0，表示沿着“纵轴”进行操作

C. axis=1，表示沿着“横轴”进行操作

D. axis=2，表示沿着“横轴”进行操作

3. 下面代码的运行结果是（　　）。

```
import numpy as np

arr = np.array([10, 20, 30, 40, 50])
print(arr - 10)
```

A. [0, 20, 30, 40, 50]　　B. [0, 10, 20, 30, 40]

C. [10, 20, 30, 40, 40]　　D. 报错

4. 下面代码的运行结果是（　　）。

```
import numpy as np

a = np.array([[1, 2, 3], [4, 5, 6], [7, 8, 9]])
b = np.array([[10], [20], [30]])
print(a + b)
```

A.

[[11 12 13]
[24 25 26]
[37 38 39]]

B.

[[31 32 33]
[24 25 26]
[17 18 19]]

C.

[[11 14 17]
[22 25 28]
[33 36 39]]

D.

[[31 34 37]
[22 25 28]
[13 16 19]]

5. 下面有关矩阵的说法中，正确的是（　　）。

A. 矩阵和数组是一样的

B. 数组的方法都适用于矩阵

C. 所有矩阵都是二维的

D. 矩阵也是 ndarray 对象

第二部分
Pandas 篇

第 4 章 Pandas 简介

4.1 Pandas 是什么?

Python 数据分析“三剑客”指的是 NumPy、Pandas、Matplotlib，前面我们已经学习了“第一个剑客”: NumPy。从这一章开始介绍“第二个剑客”: Pandas（见图 4-1）。实际上，Pandas 是这“三剑客”中最重要的一个，读者要重点掌握。

图 4-1

Pandas 是基于 NumPy 实现的一个非常重要的数据分析库。在实际的工作中，我们更多是使用 Pandas 来进行数据分析，而不是使用 NumPy。原因在于 NumPy 的数组元素要求是同一种数据类型，但是实际工作中的数组元素非常复杂，可能会包含数字、文本、日期等，例如图 4-2 所示的学生信息表。

	学号	姓名	性别	年龄	分数
s1	202201	小杰	男	20	650
s2	202202	小红	女	19	645
s3	202203	小明	男	21	590
s4	202204	小华	男	20	640
s5	202205	小莉	女	19	635

图 4-2

实际上，Excel 是使用“软件”的方式来操作一张数据表，而 Pandas 是使用“编程”的方式来操作一张数据表。对于 Pandas，可以把它看成编程版的 Excel。如果有些读者已经掌握了 Excel，那么在学习 Pandas 的过程中，应该和 Excel 多多对比一下，这样学起来会更加轻松，如图 4-3 所示。

图 4-3

对于 Pandas，可以用一句话来概括它：Pandas 就是用于操作一张二维数据表的工具。这句话非常重要，读者先简单记一下。

Pandas 提供的方法非常多，但是本书只介绍最有用的，这样也是为了让读者更快地学习，以免增加记忆负担。Pandas 只是比较杂，它本身并不难。需要说明的是，读者一定要把书中的每一个例子都动手实现一遍，这样才能加深理解和记忆。

读者在学习的过程中，应该多去查阅 Pandas 官方文档，这对技术提升是非常有用的。

4.2　Series

Pandas 提供了两种数据结构：Series（系列）和 DataFrame（数据帧）。Series 可以看成一种特殊的一维数组，而 DataFrame 可以看成一种特殊的二维数组。

这一节先介绍 Series，下一节再介绍 DataFrame。

4.2.1　创建 Series

在 Pandas 中，可以使用 Series() 来创建一个“系列”。注意，Series() 的首字母一定要大写。

▼ 语法

```
pd.Series(data, index=列表)
```

▼ 说明

data 是一个必选参数，它用于定义 Series 的数据部分。data 可以是一个列表，也可以是一个元组，还可以是一个字典。

index 是一个可选参数，它用于显式地指定 Series 的行名，它的值是一个列表。需要特别强调一点：对于 Series 来说，行名也叫作“索引”。

1. data 是一个列表

当 data 是一个列表时，如果不指定 index 的值，那么行名就是从 0 开始的连续整数。

举例：不指定 index 的值

```
import pandas as pd
se = pd.Series(["红", "绿", "蓝"])
print(se)
```

输出结果如下：

```
0    红
1    绿
2    蓝
dtype: object
```

分析

从结果可以看出，Series 由 3 个部分组成：数据、行名、类型。由于这里没有显式地指定行名，因此行名就是从 0 开始的连续整数（类似于数组的下标）。

对于 Series 的类型（dtype），常见的值如表 4-1 所示。

表 4-1 dtype 的值

值	说明
int64	整型
float64	浮点型
object	字符串型

举例：指定 index 的值

```
import pandas as pd
se = pd.Series(["红", "绿", "蓝"], index=["red", "green", "blue"])
print(se)
```

输出结果如下：

```
red      红
green    绿
blue     蓝
dtype: object
```

分析

`index=["red", "green", "blue"]` 用于显式地指定行名，此时 Series 的行名就不再是从 0 开始的整数了。从上面的例子也可以看出，Series 比数组更加强大和灵活。

2. data 是一个字典

当 data 是一个字典时，如果不指定 index 的值，那么字典的键（key）就会作为 Series 的行名部分，而字典的值（value）就会作为 Series 的数据部分。

▼ 举例

```
import pandas as pd
se = pd.Series({"小杰": 1001, "小红": 1002, "小明": 1003})
print(se)
```

输出结果如下:

```
小杰    1001
小红    1002
小明    1003
dtype: int64
```

▼ 分析

在这个例子中，行名部分是“小杰、小红、小明”，而数据部分是“1001、1002、1003”。

4.2.2 Series 的属性

Series 的常用属性有两个，如表 4-2 所示。

表 4-2 Series 的常用属性

属性	说明
index	行名（索引）
values	数据（值）

▼ 举例

```
import pandas as pd

se = pd.Series(["红", "绿", "蓝"], index=["red", "green", "blue"])
print("行名: ", se.index)
print("数据: ", se.values)
```

输出结果如下:

```
行名: Index(['red', 'green', 'blue'], dtype='object')
数据: ['红' '绿' '蓝']
```

4.2.3 获取某行的值

在 Pandas 中，可以使用 loc[] 来获取 Series 某一行的值。

▼ 语法

```
se.loc[行名]
```

▼ 举例

```
import pandas as pd

se = pd.Series({"小杰": 1001, "小红": 1002, "小明": 1003})
result = se.loc["小杰"]
```

```
print(result)
```

输出结果如下：

```
1001
```

4.2.4 深入了解

从前文可以知道，Series 和字典非常相似。Series 的 index 对应字典中的 key，Series 的 data 对应字典中的 value。因此，Series 也可以由现有的字典直接转换而成。

不过，如果 Series 和字典完全一样，那么 Series 就没有存在的必要了。实际上，Series 和字典还是有着本质上的区别的，主要有以下 3 点。

- 字典是无序的，而 Series 是有序的。
- 字典的 key 是不可变的，而 Series 的 index 是可变的。
- Series 提供了大量的统计方法，但是字典没有。

在实际开发中，更多的是使用下一节将介绍的 DataFrame，而不是使用 Series。主要是因为 Series 是一维的，而实际开发中的数据更多是二维的。

4.3 DataFrame

DataFrame 是 Pandas 中最重要的一种数据结构。对于 DataFrame，可以把它看成一种特殊的二维数组。

4.3.1 创建 DataFrame

在 Pandas 中，可以使用 DataFrame() 来创建一个“数据帧”。读者需要注意 DataFrame() 的大小写。

语法

```
pd.DataFrame(data, index=列表, columns=列表)
```

说明

data 是一个必选参数，它用于定义 DataFrame 的数据部分。data 可以是一个列表或元组，也可以是一个字典，还可以是一个 Series。

index 是一个可选参数，它的值是一个列表，用于显式地指定 DataFrame 的行名，如图 4-4 所示。index 本身就是“索引”的意思，对于 DataFrame 来说，它的“索引”其实指的就是它的“行名”。

columns 是一个可选参数，它的值是一个列表，用于显式地指定 DataFrame 的“列名”，如图 4-4 所示。

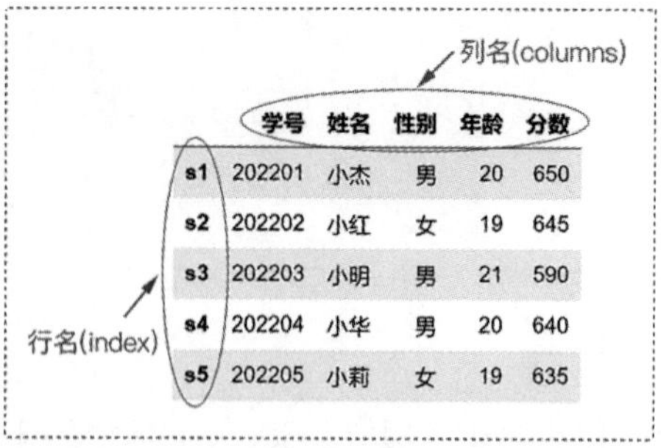

图 4-4

此外，在很多书中会有这 3 种叫法：索引、行索引和列索引。它们之间的区别如下。

- 索引：行名。
- 行索引：行名。
- 列索引：列名。

这 3 种叫法非常重要，读者一定要能清楚区分。

1. data 是一个列表

当 data 是一个列表时，列表只能是这两种形式：每一个元素都是一个列表；每一个元素都是一个字典。

举例：data 的元素是列表

```
import pandas as pd

data = [
    ["小杰", "男", 20],
    ["小红", "女", 19],
    ["小明", "男", 21]
]
df = pd.DataFrame(data)
print(df)
```

输出结果如下：

```
     0  1   2
0  小杰  男  20
1  小红  女  19
2  小明  男  21
```

分析

从结果可以看出，DataFrame 由 3 个部分组成：数据、行名、列名。当 data 的每一个元素都是一个列表时，如果没有使用 index 和 columns 来显式指定行名和列名，那么行名和列名都是从 0 开始的连续整数。

举例：指定行名和列名

```
import pandas as pd

data = [
```

```
    ["小杰", "男", 20],
    ["小红", "女", 19],
    ["小明", "男", 21]
]
df = pd.DataFrame(data, index=["s1", "s2", "s3"], columns=["name", "gender", "age"])
print(df)
```

输出结果如下：

```
   name gender  age
s1  小杰      男   20
s2  小红      女   19
s3  小明      男   21
```

分析

index 参数用于指定行名，columns 参数用于指定列名，这两个参数的值都是列表。可能有些读者会问：对于行名和列名，能不能使用中文呢？答案是可以的，请看下面的例子。

举例：行名和列名为中文

```
import pandas as pd

data = [
    ["小杰", "男", 20],
    ["小红", "女", 19],
    ["小明", "男", 21]
]
df = pd.DataFrame(data, index=["学生1", "学生2", "学生3"], columns=["姓名", "性别", "年龄"])
print(df)
```

输出结果如下：

```
      姓名  性别  年龄
学生1  小杰   男   20
学生2  小红   女   19
学生3  小明   男   21
```

分析

在实际开发中，对于行名和列名，使用中文或英文都是可以的。这里有些读者就会问了：数据库的字段一般要求是英文，把中文行名和列名的数据存放到数据库会报错吗？

其实这个问题很好解决，在存入数据库之前，使用 Pandas 提供的方法把行名和列名改为英文就可以了。至于如何修改行名和列名，后面“7.2 操作行名和列名”这一节会详细介绍。

举例：data 的元素是字典

```
import pandas as pd

data = [
    {"name": "小杰", "gender": "男", "age": 20},
    {"name": "小红", "gender": "女", "age": 19},
    {"name": "小明", "ender": "男", "age": 21}
]
```

```
df = pd.DataFrame(data)
print(df)
```

输出结果如下：

```
   name gender  age
0  小杰     男   20
1  小红     女   19
2  小明     男   21
```

分析

当 data 的元素都是字典时，就相当于自带了列名，也就是 name、gender、age 这 3 个。由于这里没有显式地指定行名，因此行名是从 0 开始的连续整数。

举例：指定行名

```
import pandas as pd

data = [
    {"name": "小杰", "gender": "男", "age": 20},
    {"name": "小红", "gender": "女", "age": 19},
    {"name": "小明", "gender": "男", "age": 21}
]
df = pd.DataFrame(data, index=["s1", "s2", "s3"])
print(df)
```

输出结果如下：

```
    name gender  age
s1  小杰     男   20
s2  小红     女   19
s3  小明     男   21
```

分析

index=["s1", "s2", "s3"] 用于显式地指定行名。此时 DataFrame 的行名就不再是 0、1、2 了，而是 s1、s2、s3。

2. data 是一个字典

当 data 是一个字典时，字典的 key 会作为 DataFrame 的列名，字典的 value 会作为 DataFrame 的数据。需要注意的是，字典的每一个 value 都要求是一个列表或者一个值。

举例：value 是一个列表

```
import pandas as pd

data = {
    "name": ["小杰", "小红", "小明"],
    "gender": ["男", "女", "男"],
    "age": [20, 19, 21]
}
df = pd.DataFrame(data, index=["s1", "s2", "s3"])
```

```
print(df)
```

输出结果如下:

```
    name gender  age
s1  小杰      男   20
s2  小红      女   19
s3  小明      男   21
```

举例: value 是一个值

```
import pandas as pd

data = {
    "name": ["小杰", "小红", "小明"],
    "gender": ["男", "女", "男"],
    "age": [20, 19, 21],
    "class": "一班"
}
df = pd.DataFrame(data, index=["s1", "s2", "s3"])
print(df)
```

输出结果如下:

```
    name gender  age class
s1  小杰      男   20   一班
s2  小红      女   19   一班
s3  小明      男   21   一班
```

分析

如果字典的某一个 value 是一个值，那么这个值就会映射到每一行中。
对于 data 是一个字典这种情况，在实际开发中用得比较少，读者简单了解一下就可以了。

4.3.2 DataFrame 的属性

DataFrame 有非常多的属性，常用的属性如表 4-3 所示。

表 4-3 DataFrame 的常用属性

属性	说明
dtypes	DataFrame 的类型
values	DataFrame 的数据（值）
index	行名（索引）
columns	列名
shape	形状，也就是行数和列数。shape[0] 表示获取行数，shape[1] 表示获取列数
size	元素的个数

DataFrame 本质上是由 index、columns、values 这 3 个部分组成的，如图 4-5 所示。了解这一点对于理解 DataFrame 是非常重要的。

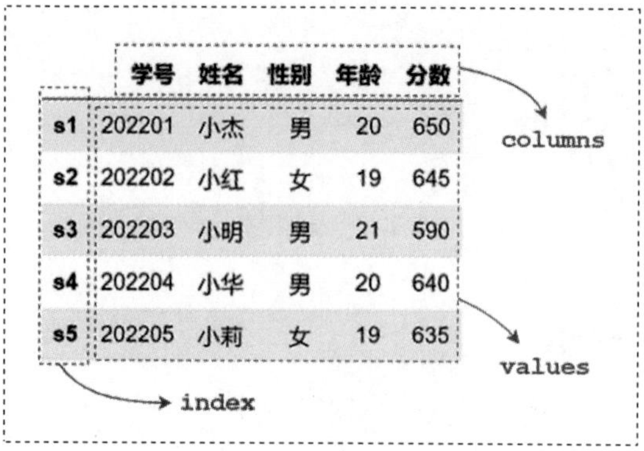

图4-5

◤ 举例

```
import pandas as pd

data = [
    ["小杰", "男", 20],
    ["小红", "女", 19],
    ["小明", "男", 21]
]
df = pd.DataFrame(data, index=["s1", "s2", "s3"], columns=["name", "gender", "age"])

print(df)
print("类型:\n", df.dtypes)
print("数据:\n", df.values)
```

输出结果如下：

```
    name gender  age
s1  小杰      男   20
s2  小红      女   19
s3  小明      男   21
类型:
name      object
gender    object
age        int64
数据:
[['小杰' '男' 20]
['小红' '女' 19]
['小明' '男' 21]]
```

◤ 分析

系统会把DataFrame每一列的类型分别列举出来。这里可以看出DataFrame非常重要的一个特点：不同列的数据类型可以不一样，但是同一列的数据类型一般要求相同。

DataFrame的值会以数组的形式返回。

举例：获取行名和列名

```
import pandas as pd

data = [
    ["小杰", "男", 20],
    ["小红", "女", 19],
    ["小明", "男", 21]
]
df = pd.DataFrame(data, index=["s1", "s2", "s3"], columns=["name", "gender", "age"])

print("行名：", df.index)
print("列名：", df.columns)
```

输出结果如下：

```
行名：Index(['s1', 's2', 's3'], dtype='object')
列名：Index(['name', 'gender', 'age'], dtype='object')
```

举例：获取行数和列数

```
import pandas as pd

data = [
    ["小杰", "男", 20],
    ["小红", "女", 19],
    ["小明", "男", 21]
]
df = pd.DataFrame(data, index=["s1", "s2", "s3"], columns=["name", "gender", "age"])

print("形状：", df.shape)
print("行数：", df.shape[0])
print("列数：", df.shape[1])
```

输出结果如下：

```
形状：(3, 3)
行数：3
列数：3
```

分析

df.shape 返回的是一个元组，第 1 个元素是行数，第 2 个元素是列数。查看行名和列名，以及查看行数和列数等操作在实际工作中会经常用到。

举例：元素的个数

```
import pandas as pd

data = [
    ["小杰", "男", 20],
    ["小红", "女", 19],
    ["小明", "男", 21]
]
df = pd.DataFrame(data, index=["s1", "s2", "s3"], columns=["name", "gender", "age"])
print("个数：", df.size)
```

输出结果如下：

```
个数: 9
```

▼ 分析

DataFrame 元素的个数等于“行数 × 列数”。

4.3.3 深入了解

1. 文件格式

在使用 DataFrame() 创建 DataFrame 时，如果 data 是一个列表，那么它的元素可以是一个列表，也可以是一个字典。列表和字典是非常重要的，它们对应两种格式的文件。

当 data 是一个列表时，如果想将 DataFrame 保存到文件中，一般是保存到 CSV 文件中：

```
# 元素是一个列表
[
    ["小杰", "男", 20],
    ["小红", "女", 19],
    ["小明", "男", 21]
]
```

当 data 是一个字典时，如果想将 DataFrame 保存到文件中，一般是保存到 JSON 文件中：

```
# 元素是一个字典
[
    {"name": "小杰", "gender": "男", "age": 20},
    {"name": "小红", "gender": "女", "age": 19},
    {"name": "小明", "gender": "男", "age": 21}
]
```

在实际工作中，当创建一个 DataFrame 时，上面两种方式是用得最多的，并且本书后文也大多使用这两种方式。

2. 对齐输出

默认情况下，如果使用 print() 输出一个 DataFrame，列名和数据可能会存在不对齐的情况，请看下面这个例子。

▼ 举例：默认情况

```
import pandas as pd

data = [
    ["小杰", "男", 20],
    ["小红", "女", 19],
    ["小明", "男", 21]
]
df = pd.DataFrame(data, index=["s1", "s2", "s3"], columns=["name", "gender", "age"])
```

```
print(df)
```

输出效果如图 4-6 所示。

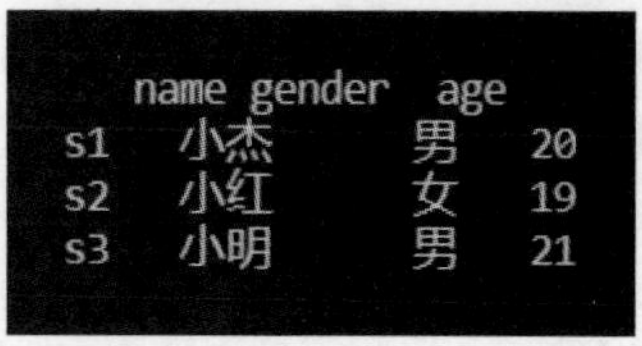

图 4-6

分析

想要解决这种输出内容不对齐的问题，可以在 print() 语句的前一行加上下面这句代码：

```
pd.set_option("display.unicode.east_asian_width", True)
```

举例：使输出内容对齐

```
import pandas as pd

data = [
    ["小杰", "男", 20],
    ["小红", "女", 19],
    ["小明", "男", 21]
]
df = pd.DataFrame(data, index=["s1", "s2", "s3"], columns=["name", "gender", "age"])

pd.set_option("display.unicode.east_asian_width", True)
print(df)
```

输出效果如图 4-7 所示。

图 4-7

3. 不需要指定行名

在实际工作中，创建 DataFrame 时，一般需要指定列名，但不需要指定行名。如果不显式指定行名，那么它就是从 0 开始的连续整数。

为什么不需要指定行名呢？原因很简单，实际工作中的数据量是非常大的，如果每一条数据都指定一个行名，那么 100 万条数据就要指定 100 万个行名，这肯定不是一个明智的做法。但是列名就不一样了，一列代表一个字段，一个数据表一般最多也就几十列。

了解这一点是非常重要的，本书后面的例子一般不显式地指定行名。

4. 实际数据

实际工作中用到的数据，和我们平常学习时用到的数据是不一样的，所以这里有两点要跟读者特别说明一下。

（1）真实数据的量一般是巨大的，并不像平常学习时的数据那么简单。本书之所以使用简单的数据，主要是为了让读者更快、更好地掌握 Pandas。不过不用担心，不管数据量是大还是小，处理方法都是一样的。

（2）在实际工作中，数据往往都是存放在独立文件中或者存放在数据库中的，很少会创建到一个列表或者字典中。但是上面介绍的方式需要读者认真去理解，因为后文大部分例子都是使用这些方式来创建数据的。

【常见问题】

Pandas 共有多少种数据结构呢？

Pandas 只提供了两种数据结构：Series 和 DataFrame。其中，Series 是一维数据，DataFrame 是二维数据。

以前的 Pandas 还有一种名为 Panel（面板）的数据结构。如果读者在其他书上看到，可以直接忽略。Pandas 的数据结构及说明如表 4-4 所示。

表 4-4 Pandas 数据结构及说明

数据结构	说明
Series	1 维，类似于一维数组
DataFrame	2 维，类似于二维数组
Panel（已抛弃）	3 维，类似于三维数组

在实际工作中，对于三维或更多维的数据结构，Pandas 现在是使用“层次化索引”来实现的。不过层次化索引属于高级技术，“10.3 层次化索引”这一节会详细介绍。

4.4 DataFrame 的数据操作

这一节介绍一下 DataFrame 的数据操作，包括以下 4 种。

- 访问数据（查）。
- 修改数据（改）。
- 添加数据（增）。
- 删除数据（删）。

4.4.1 访问数据

在 Pandas 中，如果想要访问 DataFrame 中的数据，有两种方式：loc[] 或 iloc[]；df[]。

1. loc[] 或 iloc[]

在 Pandas 中，可以使用 loc[] 或 iloc[] 来获取某些行或某些列的数据。loc 是 “location”（定位）的缩写，而 iloc 是 “index location”（下标定位）的缩写。

语法

```
df.loc[行名, 列名]
df.iloc[行下标, 列下标]
```

说明

不管是 loc[]，还是 iloc[]，它们都可以接收两个参数。如果想要获取某一行的数据，可以省略第 2 个参数。

```
# 获取行数据
df.loc[行名]                    # 等价于df.loc[行名, :]
df.iloc[行下标]                  # 等价于df.iloc[行下标, :]
```

但是如果想要获取某一列的数据，需要把两个参数都写上，并且将第一个参数设置为 “:”。其中，“:” 是切片的方式，表示取出所有的数据。

```
# 获取列数据
df.loc[:, 列名]
df.iloc[:, 列下标]
```

举例：获取行数据

```
import pandas as pd

data = [
    ["小杰", "男", 20],
    ["小红", "女", 19],
    ["小明", "男", 21]
]
df = pd.DataFrame(data, index=["s1", "s2", "s3"], columns=["name", "gender", "age"])
result = df.loc["s1"]

pd.set_option("display.unicode.east_asian_width", True)
print(result)
```

输出结果如下：

```
name      小杰
gender      男
age        20
Name: s1, dtype: object
```

分析

在这个例子中，如果想要获取第 1 行的数据，可以使用 df.loc["s1"] 或 df.iloc[0] 来实现；如果想要获取第 2 行的数据，可以使用 df.loc["s2"] 或 df.iloc[1] 来实现，以此类推。

上面使用 index=["s1", "s2", "s3"] 显式指定了行名，如果不显式指定行名，loc[] 和 iloc[] 又该怎么写呢？

举例：不显式指定行名

```
import pandas as pd

data = [
    ["小杰", "男", 20],
    ["小红", "女", 19],
    ["小明", "男", 21]
]
df = pd.DataFrame(data, columns=["name", "gender", "age"])
result = df.loc[0]

pd.set_option("display.unicode.east_asian_width", True)
print(result)
```

输出结果如下：

```
name      小杰
gender      男
age        20
Name: 0, dtype: object
```

分析

如果不显式指定行名，那么行名就是从 0 开始的连续整数。此时，如果想要获取第 1 行的数据，可以使用 df.loc[0] 或 df.iloc[0] 来实现，如果想要获取第 2 行的数据，可以使用 df.loc[1] 或 df.iloc[1] 来实现，以此类推。

举例：获取列数据

```
import pandas as pd

data = [
    ["小杰", "男", 20],
    ["小红", "女", 19],
    ["小明", "男", 21]
]
df = pd.DataFrame(data, index=["s1", "s2", "s3"], columns=["name", "gender", "age"])
result = df.loc[:, "name"]

pd.set_option("display.unicode.east_asian_width", True)
print(result)
```

输出结果如下：

```
s1    小杰
s2    小红
s3    小明
Name: name, dtype: object
```

分析

在这个例子中，如果想要获取第 1 列的数据，可以使用 df.loc[:, "name"] 或 df.iloc[:, 0] 来实现；如果想要获取第 2 列的数据，可以使用 df.loc[:, "gender"] 或 df.iloc[:, 1] 来实现，以此类推。

▼ 举例：获取多行数据

```
import pandas as pd

data = [
    ["小杰", "男", 20],
    ["小红", "女", 19],
    ["小明", "男", 21]
]
df = pd.DataFrame(data, index=["s1", "s2", "s3"], columns=["name", "gender", "age"])
result = df.loc[["s1", "s3"]]

pd.set_option("display.unicode.east_asian_width", True)
print(result)
```

输出结果如下：

```
    name gender  age
s1  小杰      男   20
s3  小明      男   21
```

▼ 分析

如果想要获取多行数据，loc[] 和 iloc[] 的参数应为一个列表，要特别注意其写法：

```
# 正确
df.loc[["s1", "s3"]]
df.iloc[[0, 2]]

# 错误
df.loc["s1", "s3"]
df.iloc[0, 2]
```

实际上，参数为列表这种方式也可以用于获取某一行的数据，例如想要获取“s1”这一行的数据时，可以使用 df.loc[["s1"]] 来实现。

▼ 举例：获取多列数据

```
import pandas as pd

data = [
    ["小杰", "男", 20],
    ["小红", "女", 19],
    ["小明", "男", 21]
]
df = pd.DataFrame(data, index=["s1", "s2", "s3"], columns=["name", "gender", "age"])
result = df.loc[:, ["name", "age"]]

pd.set_option("display.unicode.east_asian_width", True)
print(result)
```

输出结果如下：

```
    name  age
s1  小杰   20
```

```
s2  小红   19
s3  小明   21
```

分析

如果想要获取多列数据，loc[] 和 iloc[] 的第 2 个参数应为一个列表，同样要特别注意其写法：

```
# 正确
df.loc[:, ["name", "age"]]
df.iloc[:, [1, 2]]

# 错误
df.loc[:, "name", "age"]
df.iloc[:, 1, 2]
```

2. df[]

在 Pandas 中，如果想要获取某些行或某些列的数据，除了 loc[] 和 iloc[]，还可以使用 df[]。

语法

```
# 获取行数据
df[m:n]

# 获取列数据
df[列名或列表]
```

说明

如果想要获取行数据，只能通过切片这种方式来实现。m 和 n 可以是整数，例如 df[0: 1]；也可以是行名，例如 df["s1":"s2"]。

如果想要获取列数据，“df[列名]” 表示获取某一列的数据，“df[列表]” 表示获取某几列的数据。

举例：获取某一行的数据

```
import pandas as pd

data = [
    ["小杰", "男", 20],
    ["小红", "女", 19],
    ["小明", "男", 21]
]
df = pd.DataFrame(data, index=["s1", "s2", "s3"], columns=["name", "gender", "age"])
result = df[0:1]

pd.set_option("display.unicode.east_asian_width", True)
print(result)
```

输出结果如下：

```
    name gender  age
s1  小杰     男   20
```

分析

对于这个例子，以下两种方式是等价的：

```
# 方式1
result = df[0:1]

# 方式2
result = df[:"s1"]
```

对于 df[m:n]，如果 m 和 n 都是整数，那么获取的范围为 [m,n)，也就是包含 m 但不包含 n；如果 m 和 n 都是行名，那么获取的范围为 [m, n]，也就是既包含 m 又包含 n。

举例：获取某几行的数据

```
import pandas as pd

data = [
    ["小杰", "男", 20],
    ["小红", "女", 19],
    ["小明", "男", 21]
]
df = pd.DataFrame(data, index=["s1", "s2", "s3"], columns=["name", "gender", "age"])
result = df[0:2]

pd.set_option("display.unicode.east_asian_width", True)
print(result)
```

输出结果如下：

```
    name gender  age
s1  小杰     男   20
s2  小红     女   19
```

分析

对于这个例子，下面两种方式是等价的。df[] 的局限性比较大，它只能获取连续几行的数据：

```
# 方式1
result = df[0:2]

# 方式2
result = df["s1":"s2"]
```

在实际开发中，如果想要获取某一行或某几行的数据，很少使用 df[]，更多是使用 loc[]。

举例：获取某一列的数据

```
import pandas as pd

data = [
    ["小杰", "男", 20],
    ["小红", "女", 19],
    ["小明", "男", 21]
]
df = pd.DataFrame(data, index=["s1", "s2", "s3"], columns=["name", "gender", "age"])
result = df["name"]

pd.set_option("display.unicode.east_asian_width", True)
```

```
print(result)
```

输出结果如下:

```
s1    小杰
s2    小红
s3    小明
Name: name, dtype: object
```

分析

对于这个例子，以下两种方式是等价的:

```
# 方式1
result = df["name"]

# 方式2
result = df[["name"]]
```

举例：获取某几列的数据

```
import pandas as pd

data = [
    ["小杰", "男", 20],
    ["小红", "女", 19],
    ["小明", "男", 21]
]
df = pd.DataFrame(data, index=["s1", "s2", "s3"], columns=["name", "gender", "age"])
result = df[["name", "gender"]]

pd.set_option("display.unicode.east_asian_width", True)
print(result)
```

输出结果如下:

```
    name gender
s1  小杰     男
s2  小红     女
s3  小明     男
```

分析

如果想要获取某几列的数据，df[] 的参数必须是一个列表，否则就会报错，要特别注意其写法:

```
# 正确
result = df[["name", "gender"]]

# 错误
result = df["name", "gender"]
```

举例：改变列的顺序

```
import pandas as pd

data = [
    ["小杰", "男", 20],
```

```
    ["小红", "女", 19],
    ["小明", "男", 21]
]
df = pd.DataFrame(data, index=["s1", "s2", "s3"], columns=["name", "gender", "age"])
df = df[["name", "age", "gender"]]

pd.set_option("display.unicode.east_asian_width", True)
print(df)
```

输出结果如下：

```
   name  age gender
s1 小杰   20     男
s2 小红   19     女
s3 小明   21     男
```

分析

如果想要改变 DataFrame 列的顺序，可以使用 df[] 这种方式来实现。

最后需要说明的是，loc[]、iloc[] 和 df[] 在实际开发中用得非常多，这也是花这么多篇幅介绍它们的原因。

4.4.2 修改数据

在 Pandas 中，如果想要修改某一行或某一列的数据，同样可以使用 loc[]、iloc[] 或 df[] 来实现。

语法

```
# 修改行数据
df.loc[行名] = 新值                          # 推荐使用
df.iloc[行下标] = 新值

# 修改列数据
df.loc[:, 列名] = 新值
df.iloc[:, 列下标] = 新值
df[列名] = 新值                              # 推荐使用
```

说明

注意，这里的修改是对一行或一列数据进行整体替换，不能只替换一行或一列中的某个数据。

举例：修改行数据

```
import pandas as pd

data = [
    ["小杰", "男", 20],
    ["小红", "女", 19],
    ["小明", "男", 21]
]
df = pd.DataFrame(data, index=["s1", "s2", "s3"], columns=["name", "gender", "age"])
df.loc["s1"] = ["小杰", "男", 24]
```

```
pd.set_option("display.unicode.east_asian_width", True)
print(df)
```

输出结果如下:

```
    name gender  age
s1  小杰     男   24
s2  小红     女   19
s3  小明     男   21
```

举例：修改列数据

```
import pandas as pd

data = [
    ["小杰", "男", 20],
    ["小红", "女", 19],
    ["小明", "男", 21]
]
df = pd.DataFrame(data, index=["s1", "s2", "s3"], columns=["name", "gender", "age"])
df.loc[:, "age"] = [24, 24, 24]

pd.set_option("display.unicode.east_asian_width", True)
print(df)
```

输出结果如下:

```
    name gender  age
s1  小杰     男   24
s2  小红     女   24
s3  小明     男   24
```

分析

修改列数据时也可以使用 df[]。对于这个例子来说，下面两种方式是等价的，实际开发中更推荐使用 df[] :

```
# 方式1
df.loc[:, "age"] = [24, 24, 24]

# 方式2
df["age"] = [24, 24, 24]
```

4.4.3 添加数据

在 Pandas 中，如果想要往 DataFrame 中添加一行或一列数据，同样也可以使用 loc[]、iloc[] 和 df[] 来实现。

语法

```
# 添加行数据
df.loc[行名] = 值                          # 推荐使用
df.iloc[行下标] = 值
```

```
# 添加列数据
df.loc[:, 列名] = 值
df.iloc[:, 列下标] = 值
df[列名] = 值                          # 推荐使用
```

举例：添加行数据

```
import pandas as pd

data = [
    ["小杰", "男", 20],
    ["小红", "女", 19],
    ["小明", "男", 21]
]
df = pd.DataFrame(data, index=["s1", "s2", "s3"], columns=["name", "gender", "age"])
df.loc["s4"] = ["小华", "男", 20]

pd.set_option("display.unicode.east_asian_width", True)
print(df)
```

输出结果如下：

```
    name gender  age
s1  小杰     男   20
s2  小红     女   19
s3  小明     男   21
s4  小华     男   20
```

分析

如果想要添加一行数据，除了可以使用 loc[] 或 iloc[] 之外，还可以使用 append()。下面两种方式是等价的：

```
# 方式1
df.loc["s4"] = ["小华", "男", 20]

# 方式2
df1 = pd.DataFrame({"name": "小华", "gender": "男", "age": 20}, index=["s4"])
df = df.append(df1)
```

举例：添加列数据

```
import pandas as pd

data = [
    ["小杰", "男", 20],
    ["小红", "女", 19],
    ["小明", "男", 21]
]
df = pd.DataFrame(data, index=["s1", "s2", "s3"], columns=["name", "gender", "age"])
df.loc[:, "height"] = [172, 160, 180]

pd.set_option("display.unicode.east_asian_width", True)
print(df)
```

输出结果如下：

```
    name gender  age  height
s1  小杰      男   20     172
s2  小红      女   19     160
s3  小明      男   21     180
```

分析

同样可以使用 df[] 来添加列数据，下面两种方式是等价的，实际开发中更推荐使用 df[]：

```
# 方式1
df.loc[:, "height"] = [172, 160, 180]

# 方式2
df["height"] = [172, 160, 180]
```

4.4.4 删除数据

在 Pandas 中，如果想要删除某一行或某一列的数据，可以使用 drop() 来实现。

语法

```
# 删除行数据
df.drop(行名或列表, axis=0)

# 删除列数据
df.drop(列名或列表, axis=1)
```

说明

drop() 是通过 axis 这个参数的值来判断是删除行数据还是删除列数据的。当 axis=0 时，表示沿着"纵轴"操作，也就是删除某一行的数据；当 axis=1 时，表示沿着"横轴"操作，也就是删除某一列的数据。

drop() 并不会修改原来的 DataFrame，而是会返回一个新的 DataFrame。

举例：删除某一行的数据

```
import pandas as pd

data = [
    ["小杰", "男", 20],
    ["小红", "女", 19],
    ["小明", "男", 21]
]
df = pd.DataFrame(data, index=["s1", "s2", "s3"], columns=["name", "gender", "age"])
result = df.drop("s3", axis=0)

pd.set_option("display.unicode.east_asian_width", True)
print(df)
print(result)
```

输出结果如下：

```
    name gender  age
s1  小杰      男   20
s2  小红      女   19
s3  小明      男   21
    name gender  age
s1  小杰      男   20
s2  小红      女   19
```

分析

从结果可以看出，drop() 并不会修改原来的 DataFrame，而是会返回一个新的 DataFrame。有些时候需要对原来的 DataFrame 进行修改，那么应该怎么办呢？请看下面的例子。

举例：修改原来的 DataFrame

```
import pandas as pd

data = [
    ["小杰", "男", 20],
    ["小红", "女", 19],
    ["小明", "男", 21]
]
df = pd.DataFrame(data, index=["s1", "s2", "s3"], columns=["name", "gender", "age"])
df = df.drop("s3", axis=0)

pd.set_option("display.unicode.east_asian_width", True)
print(df)
```

输出结果如下：

```
    name gender  age
s1  小杰      男   20
s2  小红      女   19
```

分析

想要修改原来的 DataFrame，直接把 drop() 返回的结果覆盖原来的 DataFrame 就可以了。

举例：删除多行数据

```
import pandas as pd

data = [
    ["小杰", "男", 20],
    ["小红", "女", 19],
    ["小明", "男", 21]
]
df = pd.DataFrame(data, index=["s1", "s2", "s3"], columns=["name", "gender", "age"])
result = df.drop(["s1", "s3"], axis=0)

pd.set_option("display.unicode.east_asian_width", True)
print(result)
```

输出结果如下:

```
    name gender  age
s2  小红     女   19
```

举例：删除某一列的数据

```
import pandas as pd

data = [
    ["小杰", "男", 20],
    ["小红", "女", 19],
    ["小明", "男", 21]
]
df = pd.DataFrame(data, index=["s1", "s2", "s3"], columns=["name", "gender", "age"])
df = df.drop("gender", axis=1)

pd.set_option("display.unicode.east_asian_width", True)
print(df)
```

输出结果如下:

```
    name  age
s1  小杰   20
s2  小红   19
s3  小明   21
```

举例：删除多列数据

```
import pandas as pd

data = [
    ["小杰", "男", 20],
    ["小红", "女", 19],
    ["小明", "男", 21]
]
df = pd.DataFrame(data, index=["s1", "s2", "s3"], columns=["name", "gender", "age"])
df = df.drop(["gender", "age"], axis=1)

pd.set_option("display.unicode.east_asian_width", True)
print(df)
```

输出结果如下:

```
    name
s1  小杰
s2  小红
s3  小明
```

【常见问题】

1. 除了 loc[]、iloc[] 和 df[] 之外，不是还有 ix[] 方式吗？为什么这里不介绍一下？

Pandas 从 v0.20 版本开始，就已经不再支持 ix[] 了，所以如果读者在其他图书或教程上看到它，直接忽略即可。

2. 想要获取某一列的数据，例如有一列的名称是“price”，除了使用 df["price"] 方式之外，是不是还可以使用 df.price 这种方式？

df["price"] 其实等价于 df.price，不过在实际工作中，更推荐使用 df["price"] 这种方式。

3. 想要删除某一行或某一列的数据，是不是也可以使用 del 关键字来实现？

使用 del 关键字同样可以删除 DataFrame 中某一行或某一列的数据，但是它会直接对原来的 DataFrame 进行修改，有时这并不是我们想要的结果。在实际工作中，更推荐使用 drop()。

4.5 遍历行列

在实际开发中，有时需要对 DataFrame 进行遍历。DataFrame 的遍历主要分为两种，一种是“遍历行”，另一种是“遍历列”。

4.5.1 遍历行

在 Pandas 中，可以使用 iterrows() 来遍历 DataFrame 的所有行。

语法

```
for key, value in df.iterrows():
    ...
```

举例

```
import pandas as pd

data = [
    ["小杰", "男", 20],
    ["小红", "女", 19],
    ["小明", "男", 21]
]
df = pd.DataFrame(data, columns=["name", "gender", "age"])
for key, value in df.iterrows():
    print(key)
    print(value)
    print("-"*20)
```

输出结果如下：

```
0
name      小杰
gender     男
age       20
Name: 0, dtype: object
--------------------
1
```

```
name       小红
gender      女
age        19
Name: 1, dtype: object
--------------------
2
name       小明
gender      男
age        21
Name: 2, dtype: object
--------------------
```

4.5.2 遍历列

在Pandas中，可以使用iteritems()来遍历DataFrame的所有列。

语法

```
for key, value in df.iteritems():
    ...
```

举例

```
import pandas as pd

data = [
    ["小杰", "男", 20],
    ["小红", "女", 19],
    ["小明", "男", 21]
]
df = pd.DataFrame(data, columns=["name", "gender", "age"])
for key, value in df.iteritems():
    print(key)
    print(value)
    print("-"*20)
```

输出结果如下：

```
name
0    小杰
1    小红
2    小明
Name: name, dtype: object
--------------------
gender
0    男
1    女
2    男
Name: gender, dtype: object
--------------------
age
0    20
```

```
1    19
2    21
Name: age, dtype: int64
--------------------
```

4.6 深入了解

这一节将带领读者深入学习 DataFrame。了解了本节内容，对于后面的学习是非常有帮助的。对于 DataFrame，以下 4 点需要特别注意。

- DataFrame 的一行或一列，本质上是一个 Series。
- DataFrame 的多行或多列，本质上是一个 DataFrame。
- 使用 loc[]、iloc[] 或 df[] 获取数据的结果是一个 Series 或 DataFrame。
- DataFrame 不同列的数据类型可以不同，但是同一列数据的类型要求相同。

举例：获取某一行或某一列

```
import pandas as pd

data = [
    ["小杰", "男", 20],
    ["小红", "女", 19],
    ["小明", "男", 21]
]
df = pd.DataFrame(data, index=["s1", "s2", "s3"], columns=["name", "gender", "age"])
result1 = df.loc["s1"]                      # 获取一行
result2 = df["name"]                        # 获取一列

print(type(result1))
print(type(result2))
```

输出结果如下：

```
<class 'pandas.core.series.Series'>
<class 'pandas.core.series.Series'>
```

分析

当使用 loc[]、iloc[] 或 df[] 获取某一行或某一列时，返回的结果其实是一个 Series。读者要记住：DataFrame 的一行或一列就是一个 Series。

举例：获取多行或多列

```
import pandas as pd

data = [
    ["小杰", "男", 20],
    ["小红", "女", 19],
    ["小明", "男", 21]
]
df = pd.DataFrame(data, index=["s1", "s2", "s3"], columns=["name", "gender", "age"])
result1 = df.loc[["s1", "s2"]]                  # 获取多行
result2 = df[["name", "gender"]]                # 获取多列
```

```
print(type(result1))
print(type(result2))
```

输出结果如下：

```
<class 'pandas.core.frame.DataFrame'>
<class 'pandas.core.frame.DataFrame'>
```

◤ 分析

当使用 loc[]、iloc[] 或 df[] 获取多行或多列时，返回的结果其实是一个 DataFrame。

不过需要注意的是，参数为列表时同样可以获取某一行或某一列，此时返回的结果就不是一个 Series 了，而是一个 DataFrame。

```
df.loc["s1"]                    # 返回一个Series
df.loc[["s1"]]                  # 返回一个DataFrame

df["name"]                      # 返回一个Series
df[["name"]]                    # 返回一个DataFrame
```

◤ 举例：获取某一行或某一列

```
import pandas as pd

data = [
    ["小杰", "男", 20],
    ["小红", "女", 19],
    ["小明", "男", 21]
]
df = pd.DataFrame(data, index=["s1", "s2", "s3"], columns=["name", "gender", "age"])
result1 = df.loc[["s1"]]                 # 获取一行
result2 = df[["name"]]                   # 获取一列

print(type(result1))
print(type(result2))
```

输出结果如下：

```
<class 'pandas.core.frame.DataFrame'>
<class 'pandas.core.frame.DataFrame'>
```

◤ 分析

对于 Series 和 DataFrame 的关系，可以用一句话来总结：DataFrame 是一个二维数据集，而 Series 是 DataFrame 的一行或一列。也可以把 DataFrame 看作由一个个 Series 组成的字典或集合。

最后需要说明的是，我们经常所说的 Series 指的是“Series 对象”，DataFrame 指的是“DataFrame 对象”。

4.7 本章练习

一、单选题

1. 下面无法获取 DataFrame 的某一行数据的是（ ）。

A. loc[]　　B. iloc[]

C. df[]　　D. append()

2. 下面有关 DataFrame 的说法中，不正确的是（ ）。

A. DataFrame 的每一行本质上是一个 Series

B. DataFrame 的每一列本质上是一个 Series

C. DataFrame 的行名或列名只能是英文，不能是中文

D. df[] 获取数据返回的是一个 Series 或 DataFrame

3. 阅读下面代码，df[["fruit"]] 的结果是一个（ ）。

```
import pandas as pd
data = [
    ["苹果", 6.4, "秋季"],
    ["西瓜", 2.5, "夏季"],
    ["香蕉", 7.8, "四季"],
]
df = pd.DataFrame(data, columns=["fruit", "price", "season"])
```

A. Series　　B. DataFrame

C. pandas　　D. 以上都不是

4. 下面有关 DataFrame 的说法中，正确的是（ ）。

A. DataFrame 的多行或多列，本质上也是一个 DataFrame

B. 使用 loc[]、iloc[] 或 df[] 获取数据的结果都是一个 Series

C. DataFrame 不同列的数据类型必须相同

D. df[] 只能获取列数据，而不能获取行数据

二、问答题

1. 下面有一个 DataFrame，请使用 3 种方式来获取“fruit”这一列的数据。

```
data = [
    ["苹果", 6.4, "秋季"],
    ["西瓜", 2.5, "夏季"],
    ["香蕉", 7.8, "四季"],
    ["李子", 12.4, "夏秋"],
    ["芒果", 3.5, "夏季"]
]
df = pd.DataFrame(data, columns=["fruit", "price", "season"])
```

2. 下面有一个 DataFrame，请使用代码来回答下列问题。

```
data = [
    ["苹果", 6.4, "秋季"],
    ["西瓜", 2.5, "夏季"],
```

```
    ["香蕉", 7.8, "四季"],
    ["李子", 12.4, "夏秋"],
    ["芒果", 3.5, "夏季"]
]
df = pd.DataFrame(data, columns=["fruit", "price", "season"])
```

（1）如何获取行数和列数？

（2）所有行名和列名分别是什么？

（3）每一列的类型分别是什么？

第 5 章 获取数据

5.1 数据分析流程

不仅初学者，甚至部分已经工作了的工程师，都会觉得 Pandas 非常复杂且难以操作，因为它涉及的概念及提供的方法实在是太多了。之所以会有这样的感觉，根本原因还是在于大家并没有深刻地理解数据分析的工作流程。在实际工作中，数据分析的一般工作流程如图 5-1 所示。

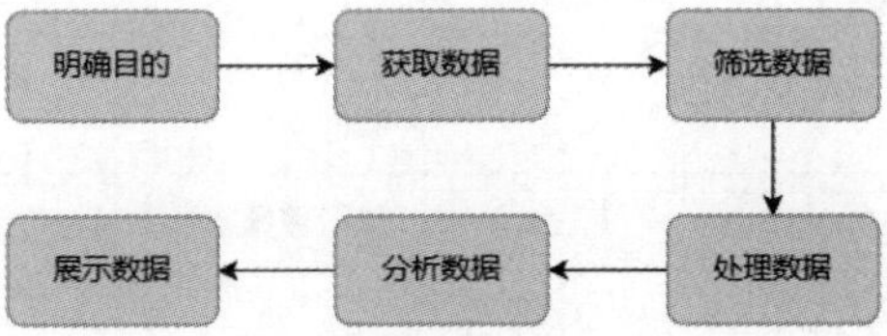

图 5-1

Pandas 本身非常复杂，涉及的概念（见图 5-2）和方法也非常多。但是读者也不用担心，本书后文严格按照图 5-1 所示的工作流程进行介绍，让读者有一个清晰的学习思路，并构建一个完整的知识结构。

图 5-2

对于初学者来说，并不一定要在一开始就把所有的方法都记住，但是至少都要认真学一遍才行。另外，在学习每一章的过程中，要经常严格对比图 5-1 所示的工作流程，这样可以让我们的学习思路变得非常清晰。

5.2 读写数据简介

在实际工作中，大多数数据都是从外部文件导入的。如果数据都采用手动输入，那么工作量将是巨大的，这样的数据分析也没太大意义。

在 Pandas 中，读写数据主要分为以下 5 种。对于读写数据，Pandas 提供了非常多的方法，常用的如表 5-1 和表 5-2 所示。

- 读写 JSON。
- 读写 CSV。
- 读写 Excel。
- 读写 HTML。
- 读写数据库。

表 5-1 读取数据的方法

方法	说明
read_json()	读取 JSON 文件
read_csv()	读取 CSV 文件
read_excel()	读取 Excel 文件
read_html()	读取网页
read_sql	读取数据库

表 5-2 写入数据的方法

方法	说明
to_json()	写入 JSON 文件
to_csv()	写入 CSV 文件
to_excel()	写入 Excel 文件
to_html()	写入网页
to_sql	写入数据库

利用 Pandas 读取文件，本质上就是将文件中的数据转换成一个 DataFrame，然后再对这个 DataFrame 进行操作；利用 Pandas 写入文件，本质上就是将一个 DataFrame 存放到一个文件中，如图 5-3 所示。

在实际工作中，除了可以从文件或数据库获取数据之外，还有一种很常见的方式：使用网络爬虫来获取数据。不过网络爬虫并不是数据分析的一部分，而是独立的一门技术。对爬虫技术感兴趣的读者，可以阅读本系列的相关图书。

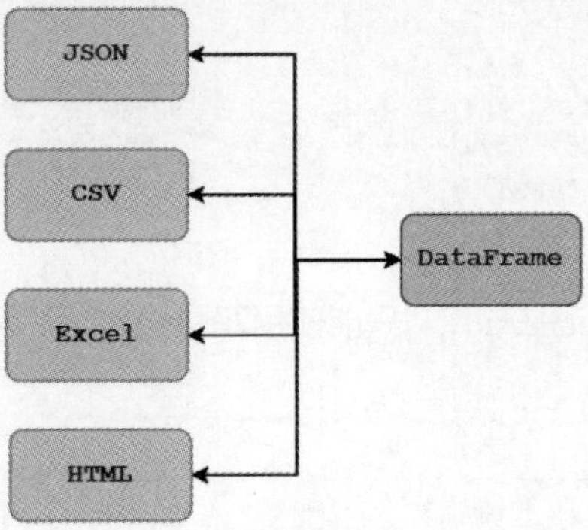

图 5-3

5.3 读写 JSON

这一节将介绍如何使用 Pandas 来读写 JSON 文件。

5.3.1 JSON 简介

JSON 的全称为 JavaScript Object Notation，即 JavaScript 对象表示法，它起源于 JavaScript 语言。JSON 是 JavaScript 用来处理数据的一种格式，如图 5-4 所示。由于这种数据格式非常简单、易用，因此 Python 也支持这种格式。

图 5-4

JSON 有两种表示方式：一种是使用“字典”表示，另一种是使用“列表”表示。如果使用“字典”来表示 JSON，那么它本质上和字典没什么区别，例如：

```
{
    "book": "从0到1",
    "author": "Jack",
    "price": 59
}
```

如果使用“列表”来表示 JSON，那么列表的每一个元素一般要求是一个字典，例如：

```
[
    {"name": "小杰", "age": 20},
    {"name": "小红", "age": 19},
    {"name": "小明", "age": 21}
]
```

对于 JSON 格式，一定要记住一点：只能使用双引号，而不能使用单引号。如果使用单引号，可能会报错。

5.3.2 读取 JSON

在 Pandas 中，可以使用 read_json() 来读取 JSON 文件，read_json() 是 Pandas 的一个方法。

语法

```
pd.read_json(path)
```

说明

path 是必选参数，表示文件的路径。read_json() 会返回一个 DataFrame，也就是会将 JSON 文件的数据转换成一个 DataFrame 对象。

在当前项目下有一个名为"data"的文件夹，往该文件夹放入一个 student.json 文件，整个项目结构如图 5-5 所示。

图 5-5

其中，student.json 文件的内容如下：

```
[
    {"学号": 1001, "姓名": "小杰", "性别": "男", "成绩": 650, "班级": "一班"},
    {"学号": 1002, "姓名": "小红", "性别": "女", "成绩": 645, "班级": "一班"},
    {"学号": 1003, "姓名": "小明", "性别": "男", "成绩": 590, "班级": "二班"},
    {"学号": 1004, "姓名": "小华", "性别": "男", "成绩": 640, "班级": "二班"},
    {"学号": 1005, "姓名": "小莉", "性别": "女", "成绩": 635, "班级": "二班"}
]
```

本书所有的数据文件都可以在配套资源中找到。

举例

```
import pandas as pd

df = pd.read_json(r"data/student.json")
pd.set_option("display.unicode.east_asian_width", True)
```

```
print(df)
print(type(df))
```

输出结果如下:

```
   学号  姓名 性别  成绩  班级
0  1001  小杰  男   650  一班
1  1002  小红  女   645  一班
2  1003  小明  男   590  二班
3  1004  小华  男   640  二班
4  1005  小莉  女   635  二班
<class 'pandas.core.frame.DataFrame'>
```

分析

从结果可以看出，df 是一个 DataFrame 对象。read_json() 本质上就是将一个文件的数据转换成一个 DataFrame 对象。

5.3.3 写入 JSON

在 Pandas 中，可以使用 to_json() 将数据写入 JSON 文件，to_json() 是 DataFrame 的一个方法。

语法

```
df.to_json(df, index=布尔值, header=布尔值, force_ascii=布尔值)
```

说明

index 是可选参数，表示是否输出行名，默认值为 True（也就是输出行名）。header 是可选参数，表示是否输出列名，默认值为 True（也就是输出列名）。

force_ascii 也是一个可选参数，如果 JSON 数据包含中文，就必须加上 force_ascii=False，否则可能会出现乱码。

需要特别说明一点: read_json() 是 Pandas 的一个方法，而 to_json() 是 DataFrame 的一个方法。接下来清空 data 文件夹，清空后的项目结构如图 5-6 所示。

图 5-6

举例

```
import pandas as pd

data = [
    {"学号": 1001, "姓名": "小杰", "性别": "男", "成绩": 650, "班级": "一班"},
    {"学号": 1002, "姓名": "小红", "性别": "女", "成绩": 645, "班级": "一班"},
```

```
    {"学号": 1003, "姓名": "小明", "性别": "男", "成绩": 590, "班级": "二班"},
    {"学号": 1004, "姓名": "小华", "性别": "男", "成绩": 640, "班级": "二班"},
    {"学号": 1005, "姓名": "小莉", "性别": "女", "成绩": 635, "班级": "二班"}
]
df = pd.DataFrame(data)
df.to_json(r"data/student.json", force_ascii=False)
```

运行代码之后，可以发现 data 文件夹中多了一个 student.json 文件，如图 5-7 所示。

图 5-7

student.json 文件的内容如下：

```
{
    "学号":{"0":1001,"1":1002,"2":1003,"3":1004,"4":1005},
    "姓名":{"0":"小杰","1":"小红","2":"小明","3":"小华","4":"小莉"},
    "性别":{"0":"男","1":"女","2":"男","3":"男","4":"女"},
    "成绩":{"0":650,"1":645,"2":590,"3":640,"4":635},
    "班级":{"0":"一班","1":"一班","2":"二班","3":"二班","4":"二班"}
}
```

从上面的文件内容可以看出，行名也写进来了。很多时候我们并不希望文件内容中有这种连续整数的行名，此时可以使用 index=False，代码修改如下：

```
df.to_json(r"data/student.json", index=False, force_ascii=False)
```

再次运行代码之后，却发现报错了，控制台输出的报错信息指出，如果想要设置 index=False，还要设置 orient="split" 或 orient="table" 才行：

```
（报错）ValueError: 'index=False' is only valid when 'orient' is 'split' or 'table'
```

▶ 举例：orient="split"

```
import pandas as pd

data = [
    {"学号": 1001, "姓名": "小杰", "性别": "男", "成绩": 650, "班级": "一班"},
    {"学号": 1002, "姓名": "小红", "性别": "女", "成绩": 645, "班级": "一班"},
    {"学号": 1003, "姓名": "小明", "性别": "男", "成绩": 590, "班级": "二班"},
    {"学号": 1004, "姓名": "小华", "性别": "男", "成绩": 640, "班级": "二班"},
    {"学号": 1005, "姓名": "小莉", "性别": "女", "成绩": 635, "班级": "二班"}
]
df = pd.DataFrame(data)
df.to_json(r"data/student.json", index=False, orient="split", force_ascii=False)
```

运行代码之后，没有报错，student.json 文件的内容如下：

```
{
    "columns":["学号","姓名","性别","成绩","班级"],
    "data":[
        [1001,"小杰","男",650,"一班"],
        [1002,"小红","女",645,"一班"],
        [1003,"小明","男",590,"二班"],
        [1004,"小华","男",640,"二班"],
        [1005,"小莉","女",635,"二班"]
    ]
}
```

5.4 读写 CSV

5.4.1 CSV 简介

CSV 的全称为 Comma-Separated Values，即逗号分隔的值，如图 5-8 所示。CSV 这种格式很常见，CSV 文件既可以用文本的方式查看，也可以使用电子表格的方式查看。

需要注意的是，CSV 是一种纯文本格式，而不是 Excel 这种二进制文件格式。

图 5-8

CSV 文件中的每行代表电子表格中的一行，逗号分隔了该行中的单元格。图 5-9 所示就是一个 CSV 文件，第一行是列名，其他行是数据。

```
fruit,price,season
苹果,6.4,秋季
西瓜,2.5,夏季
香蕉,7.8,四季
李子,12.4,夏秋
芒果, 3.5,夏季
```

图 5-9

相较于 Excel 文件，CSV 文件少了很多功能，例如以下这些方面。

- 所有值都是字符串。
- 没有字体大小或颜色的设置。

- 没有多个工作表。
- 不能合并单元格。
- 不能嵌入图像或图表。
- 不能指定单元格的宽度和高度。

不过 CSV 文件的优势就是简单、易用，可以把它看成“简化的 Excel 文件”。实际上，也可以使用 Excel 软件来打开 CSV 文件，读者可以自己去尝试一下。

5.4.2 读取 CSV

在 Pandas 中，可以使用 read_csv() 来读取 CSV 文件，read_csv() 是 Pandas 的一个方法。

语法

```
pd.read_csv(path, index_col=m)
```

说明

path 是必选参数，表示文件的路径。index_col 是可选参数，用于将某一列指定为行名，例如 index_col=0 表示指定第一列为行名。

read_csv() 会返回一个 DataFrame 对象，也就是会将 CSV 文件的数据转换成一个 DataFrame 对象。

接下来，在当前项目下的 data 文件夹中新建一个 student.csv 文件，如图 5-10 所示。student.csv 文件的内容如图 5-11 所示。

图 5-10

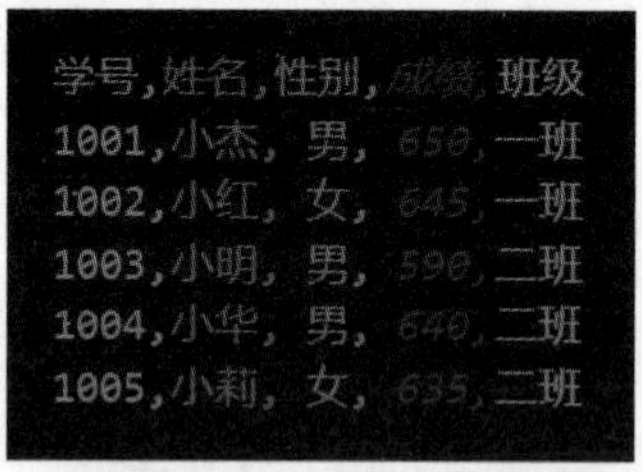

图 5-11

举例

```
import pandas as pd

df = pd.read_csv(r"data/student.csv")
pd.set_option("display.unicode.east_asian_width", True)
print(df)
print(type(df))
```

输出结果如下：

```
     学号  姓名 性别  成绩   班级
0  1001  小杰   男   650  一班
1  1002  小红   女   645  一班
2  1003  小明   男   590  二班
3  1004  小华   男   640  二班
4  1005  小莉   女   635  二班
<class 'pandas.core.frame.DataFrame'>
```

分析

默认情况下，当使用 read_csv() 读取 CSV 文件时，会使用递增的数字（0、1、2、……、*n*）来当作行名。如果想要指定“学号”这一列作为新的行名，可以使用 index_col=0 来实现，请看下面的例子。

举例：指定行名

```
import pandas as pd

df = pd.read_csv(r"data/student.csv", index_col=0)
pd.set_option("display.unicode.east_asian_width", True)
print(df)
```

输出结果如下：

```
      姓名 性别  成绩   班级
学号
1001  小杰   男   650  一班
1002  小红   女   645  一班
1003  小明   男   590  二班
1004  小华   男   640  二班
1005  小莉   女   635  二班
```

分析

使用 index_col=0 之后，“学号”这一列会作为 DataFrame 的行名。细心的读者可能发现了，“学号”这个列名也被放在了行名中，如图 5-12 所示。

图 5-12

那么是不是意味着“学号”二字所处的行的数据是空的呢？执行 print(df.iloc[0]) 后的输出结果如下：

```
姓名    小杰
性别      男
成绩     650
```

```
班级      一班
Name: 1001, dtype: object
```

从结果可以看出，“学号”二字仅仅占了一个位置，DataFrame 并没有把它当作第 1 行数据来处理。DataFrame 的第 1 行数据依然是 1001 所在的这一行。

指定某一列作为行名，还可以使用 set_index() 来实现。set_index() 在“7.2 操作行名和列名”这一节中会详细介绍。

5.4.3 写入 CSV

在 Pandas 中，可以使用 to_csv() 将数据写入 CSV 文件，to_csv() 是 DataFrame 的一个方法。

语法

```
df.to_csv(df, index=布尔值, header=布尔值)
```

说明

index 是可选参数，表示是否输出行名，默认值为 True（也就是输出行名）。header 是可选参数，表示是否输出列名，默认值为 True（也就是输出列名）。

需要特别说明一点：read_csv() 是 Pandas 的一个方法，而 to_csv() 是 DataFrame 的一个方法。接下来清空 data 这个文件夹，清空后的项目结构如图 5-13 所示。

图 5-13

举例

```
import pandas as pd

data = [
    [1001, "小杰", "男", 650, "一班"],
    [1002, "小红", "女", 645, "一班"],
    [1003, "小明", "男", 590, "二班"],
    [1004, "小华", "男", 640, "二班"],
    [1005, "小莉", "女", 635, "二班"],
]
df = pd.DataFrame(data, columns=["学号", "姓名", "性别", "成绩", "班级"])
df.to_csv(r"data/student.csv")
```

运行代码之后，可以发现 data 文件夹中多了一个 student.csv 文件，如图 5-14 所示。student.csv 文件的内容如图 5-15 所示。

图5-14

```
,学号,姓名,性别,成绩,班级
0,1001,小杰,男,650,一班
1,1002,小红,女,645,一班
2,1003,小明,男,590,二班
3,1004,小华,男,640,二班
4,1005,小莉,女,635,二班
```

图5-15

从图5-15所示的文件内容可以看出，行名也写进来了。很多时候我们并不希望文件内容中有这种连续整数的行名，此时可以使用index=False，代码修改如下：

```
df.to_csv(r"data/student.csv", index=False)
```

再次运行代码之后，打开student.csv文件，可以发现行名不见了，如图5-16所示。

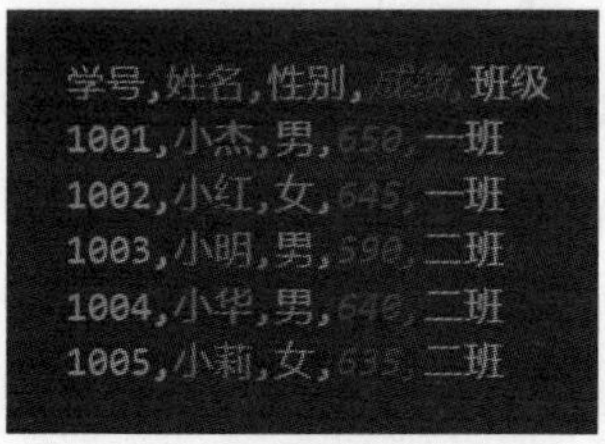

```
学号,姓名,性别,成绩,班级
1001,小杰,男,650,一班
1002,小红,女,645,一班
1003,小明,男,590,二班
1004,小华,男,640,二班
1005,小莉,女,635,二班
```

图5-16

【常见问题】

用于读取CSV文件的read_csv()和read_table()的区别是什么?

read_csv()和read_table()这两个方法的功能是一样的，唯一的区别在于：read_csv()使用“英文逗号”(,)作为分隔符，而read_table()使用“制表符”(\t)作为分隔符。

为了避免增加记忆负担，对于读取CSV文件，掌握read_csv()就可以了。

5.5 读写Excel

5.5.1 Excel简介

Excel是一款强大的电子表格应用软件，如图5-17所示。在实际工作中，很多时候都会将数据保存到 Excel 文件中。

图 5-17

对于如何使用 Excel 来进行数据分析，本书就不介绍了，因为本书关注的是使用 Pandas 来进行数据分析。

5.5.2 读取 Excel

在 Pandas 中，可以使用 read_excel() 来读取 Excel 文件，read_excel() 是 Pandas 的一个方法。

语法

```
pd.read_excel(path, index_col=m, sheet_name=n)
```

说明

path 是必选参数，表示文件的路径。index_col 是可选参数，用于将某一列指定为行名。sheet_name 是可选参数，表示选中哪一个表单（Excel 通常包含多个表单），默认值为 0（选中第 1 个表单）。

read_excel() 会返回一个 DataFrame 对象，也就是会将 Excel 文件的数据转换成一个 DataFrame 对象。

接下来，在 data 文件夹中新建一个 Excel 文件：student.xlsx。整个项目结构如图 5-18 所示。student.xlsx 文件的内容如图 5-19 所示。

图 5-18

	A	B	C	D	E
1	学号	姓名	性别	成绩	班级
2	1001	小杰	男	650	一班
3	1002	小红	女	645	一班
4	1003	小明	男	590	二班
5	1004	小华	男	640	二班
6	1005	小莉	女	635	二班

图 5-19

▼ 举例

```
import pandas as pd

df = pd.read_excel(r"data/student.xlsx")
pd.set_option("display.unicode.east_asian_width", True)
print(df)
```

输出结果如下:

```
   学号  姓名 性别  成绩  班级
0  1001  小杰   男   650  一班
1  1002  小红   女   645  一班
2  1003  小明   男   590  二班
3  1004  小华   男   640  二班
4  1005  小莉   女   635  二班
```

5.5.3 写入 Excel

在 Pandas 中，可以使用 to_excel() 将数据导入 Excel 文件，to_excel() 是 DataFrame 的一个方法。

▼ 语法

```
df.to_excel(df, index=布尔值, header=布尔值)
```

▼ 说明

index 是可选参数，表示是否输出行名，默认值为 True（输出行名）。header 是可选参数，表示是否输出列名，默认值为 True（输出列名）。

需要特别说明一点：read_excel() 是 Pandas 的一个方法，而 to_excel() 是 DataFrame 的一个方法。接下来清空 data 文件夹，清空后的项目结构如图 5-20 所示。

图 5-20

▼ 举例

```
import pandas as pd

data = [
    [1001, "小杰", "男", 650, "一班"],
    [1002, "小红", "女", 645, "一班"],
    [1003, "小明", "男", 590, "二班"],
    [1004, "小华", "男", 640, "二班"],
    [1005, "小莉", "女", 635, "二班"],
]
```

```
df = pd.DataFrame(data, columns=["学号", "姓名", "性别", "成绩", "班级"])
df.to_excel(r"data/student.xlsx")
```

运行代码之后，可以发现 data 文件夹中多了一个 student.xlsx 文件，如图 5-21 所示。student.xlsx 文件的内容如图 5-22 所示。

图 5-21

	A	B	C	D	E	F
1		学号	姓名	性别	成绩	班级
2	0	1001	小杰	男	650	一班
3	1	1002	小红	女	645	一班
4	2	1003	小明	男	590	二班
5	3	1004	小华	男	640	二班
6	4	1005	小莉	女	635	二班

图 5-22

默认情况下，to_excel() 会把列名和行名写入 Excel 文件中。如果不希望把行名写入，可以使用 index=False，代码如下：

```
df.to_excel(r"data/student.xlsx", index=False)
```

再次运行代码之后，打开 student.xlsx 文件，可以发现行名不见了，如图 5-23 所示。

	A	B	C	D	E
1	学号	姓名	性别	成绩	班级
2	1001	小杰	男	650	一班
3	1002	小红	女	645	一班
4	1003	小明	男	590	二班
5	1004	小华	男	640	二班
6	1005	小莉	女	635	二班

图 5-23

5.6 读写 HTML

前面几节介绍的都是从文件中读取数据，如果想要从一个网页中读取数据，应该怎么做呢？对于这种情况，其实网络爬虫是最好的方式。但很多初学者爬虫技术不到家，此时又该怎么办呢？

在 Pandas 中，可以使用 read_html() 来读取一个网页中表格（即 table 标签）的数据。

语法

```
pd.read_html(url, index_col=m, encoding="utf-8")
```

说明

url 是必选参数，表示网页的地址。index_col 是可选参数，用于将某一列指定为行名。encoding="utf-8" 也是可选的，如果表格中包含中文，就必须加上它，否则会发生乱码的情况。

需要注意的是，read_html() 并不是返回一个 DataFrame 对象，而是返回一个列表。该列表的每一个元素都是一个 DataFrame 对象。原因很简单，一个网页并不一定只有一个表格，而可能有很多表格。

想要使用 read_html()，还需要安装 lxml 这个第三方模块，否则可能会出现问题。打开 VS Code 终端窗口，然后执行下面的命令即可安装 lxml 模块：

```
pip install lxml
```

接下来访问绿叶学习网（本书配套网站）的一个页面，该页面包含了一个表格，如图 5-24 所示。

方法	说明
translate()	平移
scale()	缩放
skew()	倾斜
rotate()	旋转

图 5-24

举例

```
import pandas as pd

url = r"http://www.lvyestudy.com/css3/css3-transform"
tables = pd.read_html(url, encoding="utf-8")

pd.set_option("display.unicode.east_asian_width", True)
print(type(tables))
print(tables[0])
```

输出结果如下：

```
<class 'list'>
          方法  说明
0  translate()  平移
1      scale()  缩放
2       skew()  倾斜
3     rotate()  旋转
```

分析

想要从一个网页中读取数据，当前计算机必须处于联网状态才行。read_html() 返回的是一个列表，虽然这个页面只有一个表格，但我们依然需要通过下标的方式 tables[0] 来获取它。

从上面的例子可以知道，read_html() 本身存在很大的局限性，因为它只能获取包含 table 标签的数据，无法获取其他标签内的数据。如果想要随心所欲地爬取网页中的任何数据，还得借助网络爬虫技术才能够实现，如图 5-25 所示。

图 5-25

如果想要往一个网页中写入数据，应该怎么做呢？可以使用 Pandas 中的 to_html() 来实现。但是这种方式操作起来比较麻烦，这里并不是特别推荐。对于往网页中写入数据，更推荐使用前端的相关技术来实现，这就涉及另外一门非常复杂的技术——前端开发了，如图 5-26 所示。

图 5-26

5.7 深入文件读取

read_csv()、read_json() 和 read_excel() 这 3 个方法对文件的读取是非常灵活的，并且还提供了一些非常强大的功能。例如当文件比较大时，可以跳过文件的若干行，或者只读取若干行等。

5.7.1 分块读取

计算机的处理能力是有限的，当读取超过 1GB 的文件时，就显得“力不从心”了。如果此时对数据进行处理，还会报内存错误。要解决这个问题，只需要按照一定的顺序对文件进行“分块读取”就可以了。

在 Pandas 中，可以使用 chunksize 这个参数来定义每次读取的行数。需要注意的是，只有 read_csv()、read_json() 和 read_excel() 这 3 个方法才可以使用 chunksize 这个参数，其他方法是没有这个参数的。

接下来，在当前项目的 data 文件夹中新建一个 student.csv 文件，项目结构如图 5-27 所示。student.csv 文件的内容如图 5-28 所示。

图 5-27

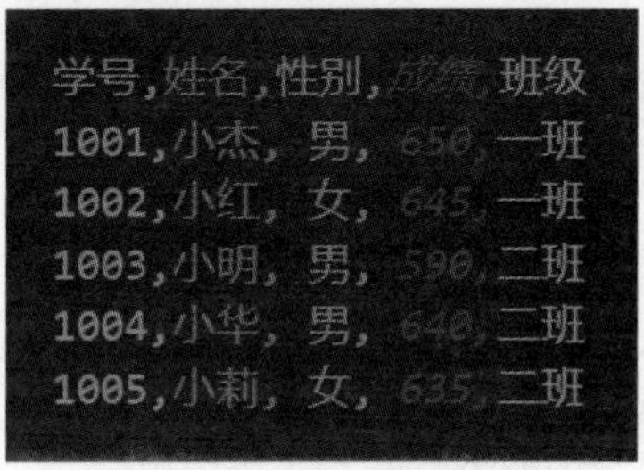

图 5-28

举例

```
import pandas as pd

chunks = pd.read_csv(r"data/student.csv", chunksize=2)
pd.set_option("display.unicode.east_asian_width", True)
for item in chunks:
    print(item)
    print("-" * 30)
```

输出结果如下：

```
   学号  姓名 性别  成绩  班级
0  1001  小杰   男   650  一班
1  1002  小红   女   645  一班
------------------------------
   学号  姓名 性别  成绩  班级
2  1003  小明   男   590  二班
3  1004  小华   男   640  二班
------------------------------
   学号  姓名 性别  成绩  班级
4  1005  小莉   女   635  二班
------------------------------
```

分析

使用 chunksize 参数之后，Pandas 就会分块读取文件。chunksize=2 表示每一块的行数最多为 2。对于数据比较少的文件，没太大必要用到 chunksize 参数进行分块读取。但是对于数据量非常大的文件，分块读取这种方式就非常有用了。

5.7.2 只读取一部分

除了分块读取之外，还可以只读取文件的某一部分数据。在 Pandas 中，可以使用 nrows 参数来只读取前 *n* 行数据，也可以使用 skiprows 参数来跳过前 *n* 行数据。

同样地，只有 read_csv()、read_json 和 read_excel() 这 3 个方法才可以使用 nrows 和 skiprows 这两个参数，其他方法是没有这两个参数的。

举例：只读取前 *n* 行

```
import pandas as pd

df = pd.read_csv(r"data/student.csv", nrows=3)
pd.set_option("display.unicode.east_asian_width", True)
print(df)
```

输出结果如下：

```
   学号  姓名 性别  成绩  班级
0  1001  小杰   男   650  一班
1  1002  小红   女   645  一班
2  1003  小明   男   590  二班
```

分析

在这个例子中，nrows=3 表示只读取前 3 行数据。

举例：跳过前 *n* 行

```
import pandas as pd

df = pd.read_csv(r"data/student.csv", skiprows=3)
pd.set_option("display.unicode.east_asian_width", True)
print(df)
```

输出结果如下：

```
   1003  小明  男  590  二班
0  1004  小华  男  640  二班
1  1005  小莉  女  635  二班
```

分析

skiprows=3 表示跳过前 3 行数据，其中列名属于第一行。skiprows 参数是存在一定问题的，但是如果只是想粗略看一下数据，这种方式是可行的。

5.8　读取数据库

在实际工作中，数据大多数情况下都是存放在数据库中的。这一节将介绍如何使用 Pandas 读取 MySQL 数据库。

MySQL 是一款开源的数据库软件，也是目前使用最多的数据库之一，如图 5-29 所示。很多编程语言都将 MySQL 作为主要的数据库，例如 PHP、Python、Go 等。

图 5-29

5.8.1　安装 MySQL

在 Windows 系统中下载和安装 MySQL，只需要以下简单的几步就可以完成。

① 下载 MySQL。首先打开 MySQL 官方下载页面，单击【MySQL Installer for Windows】，如图 5-30 所示。

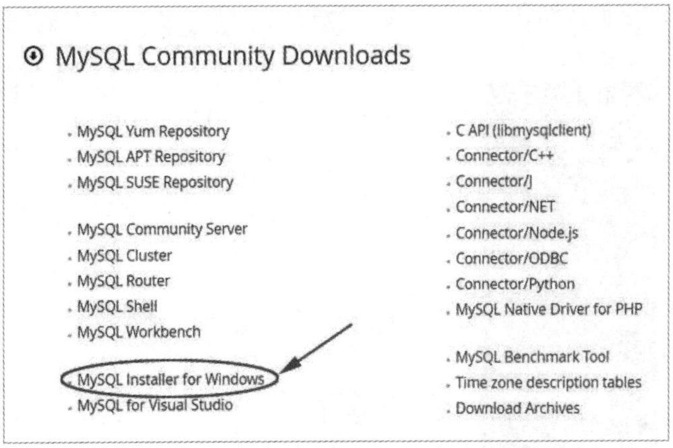

图 5-30

在图 5-31 所示的下载页面中，选择文件较大的安装文件，单击【Download】按钮。

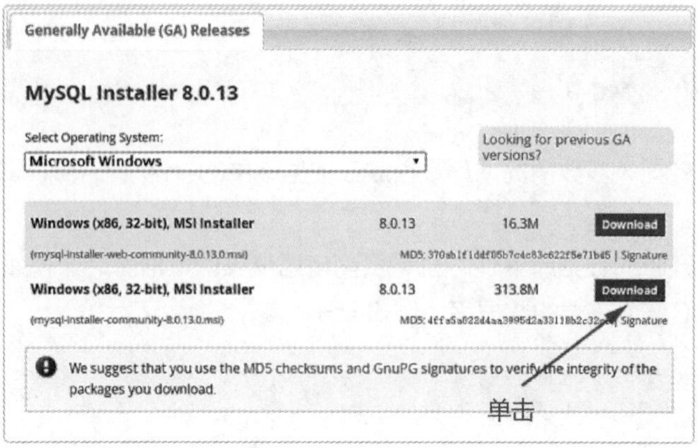

图 5-31

接下来会弹出一个登录页面，如图 5-32 所示，单击最下方的【No thanks, just start my download.】，就可以开始下载 MySQL 了。

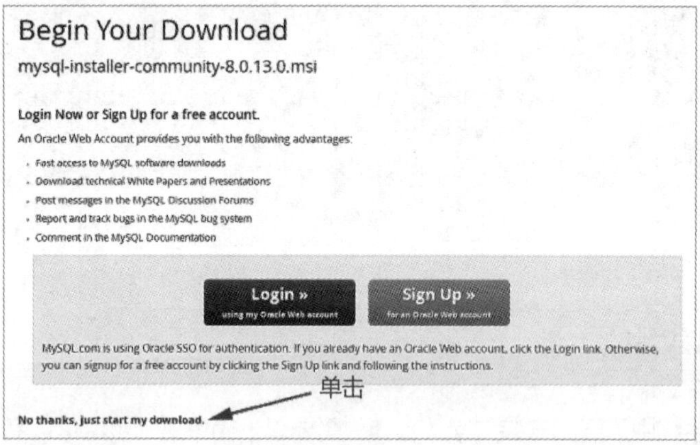

图 5-32

② 安装 MySQL。下载完成后，双击打开安装文件，界面如图 5-33 所示。勾选【I accept the license terms】复选框，然后单击【Next】按钮。

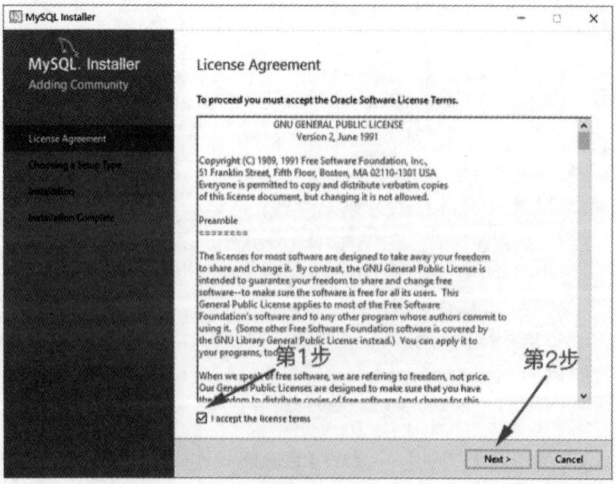

图 5-33

在图 5-34 所示的界面中，选择【Server only】单选项，然后再单击【Next】按钮。

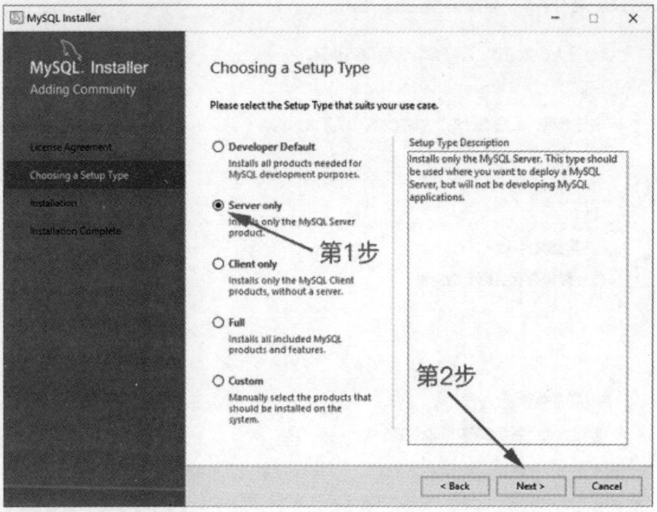

图 5-34

接下来，依次单击【Next】按钮，直到出现图 5-35 所示的界面。在这个界面中，上半部分区域用于填写 root 用户的密码，长度最低为 4 位；下半部分区域用于添加普通用户，一般情况下不需要再添加其他用户，直接使用 root 用户就可以了。填写密码之后，单击【Next】按钮。

然后，依次单击【Next】按钮，直至 MySQL 软件安装成功。

③ 配置环境变量。安装完成后，还需要配置环境变量。这是为了可以在任意目录下使用 MySQL 命令。

右击【计算机】，选择【属性】，打开【控制面板】，选择【高级系统设置】，打开图 5-36 所示的界面，单击【环境变量】按钮。

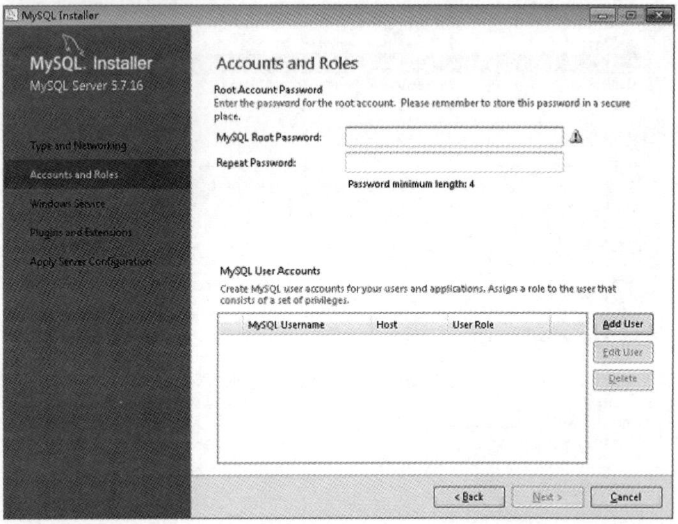

图 5-35

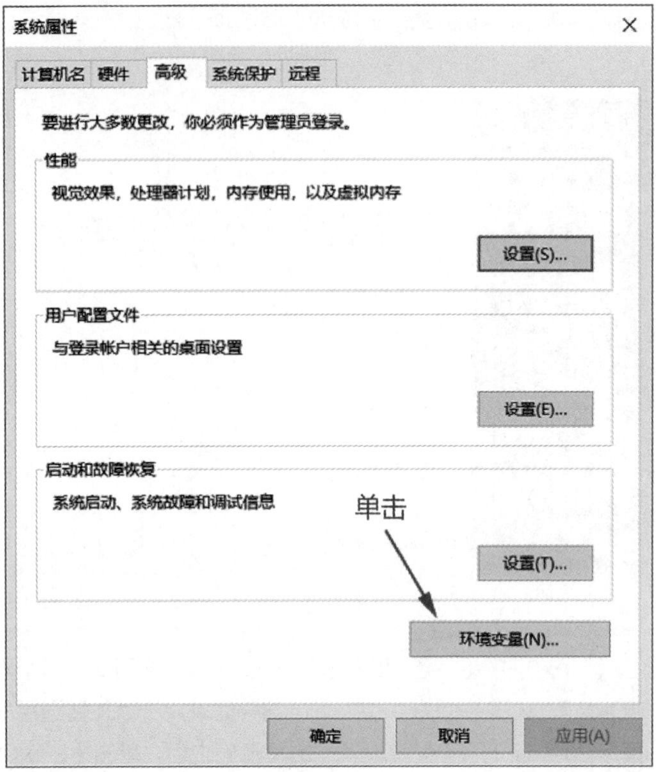

图5-36

在图5-37所示的界面中，选中【Path】这个变量，然后单击【编辑】按钮。

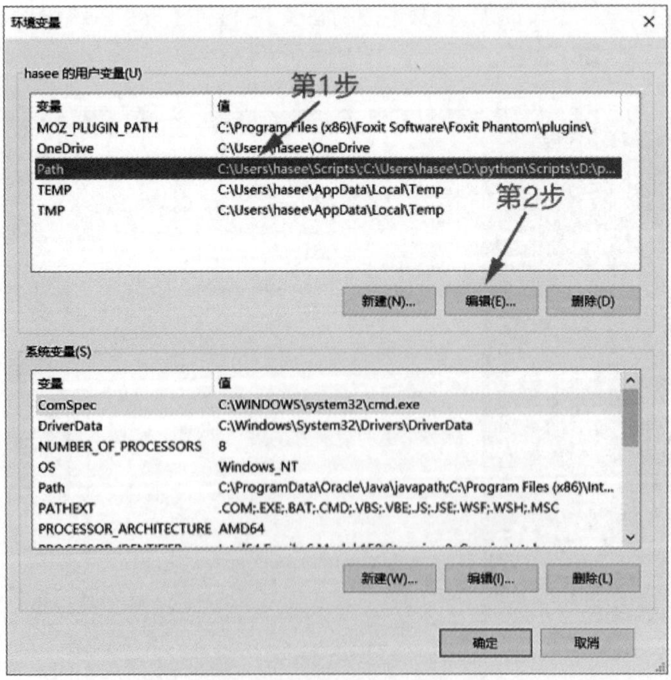

图5-37

MySQL 安装完成之后，默认的安装路径是“C:\Program Files\MySQL\MySQL Server 8.0\bin”（有可能不一样，读者可自行确认）。接下来，在编辑环境变量的界面中，单击【新建】按钮，把安装路径写在变量值中，如图 5-38 所示。

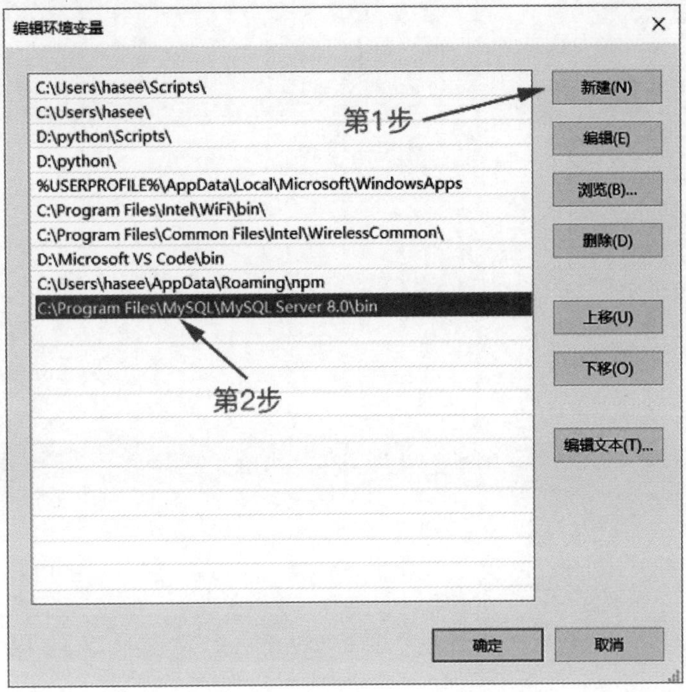

图 5-38

最后还要说明一点，如果想要重装 MySQL，必须先把它卸载干净再重装，不然无法重装成功。至于如何卸载干净，读者可在网上自行搜索。

5.8.2 安装 Navicat for MySQL

安装 MySQL 之后，还需要安装 Navicat for MySQL，如图 5-39 所示。Navicat for MySQL 主要是为 MySQL 提供图形化的操作界面，使得用户在使用 MySQL 时更加方便、直观。如果不借助 Navicat for MySQL，就得使用命令行。

图 5-39

下载并安装完成后，需要进行以下几步操作来使用它。

① 连接MySQL。打开Navicat for MySQL，在上方工具栏中选择【连接】→【MySQL】选项，如图5-40所示。

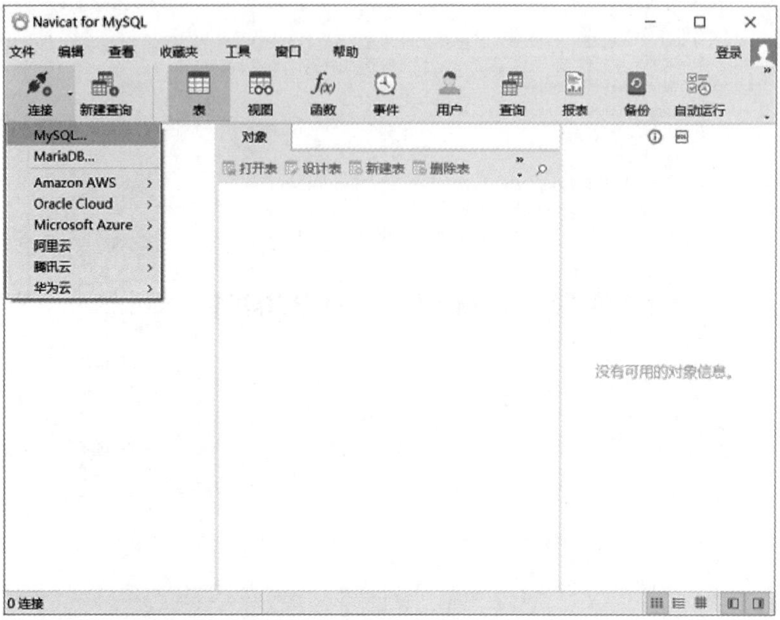

图5-40

② 填写连接信息。在【连接名】中填写合适的名称，在【密码】中输入root用户的密码，填写完成后单击【测试连接】按钮以确认是否能成功连接MySQL，如图5-41所示。确认后单击【确定】按钮。

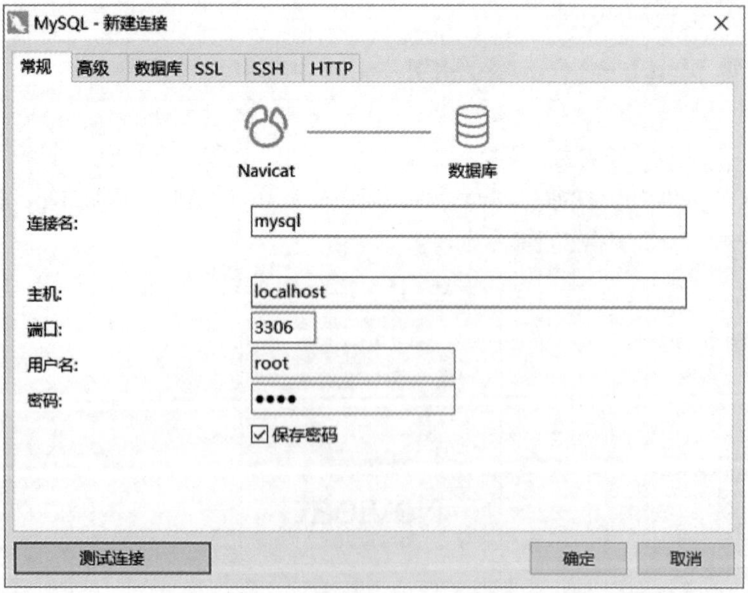

图5-41

③ 打开数据库连接。右击左侧工具栏中的【mysql】选项后选择【打开连接】选项，或者双击【mysql】选项来连接 MySQL 数据库，如图 5-42 所示。

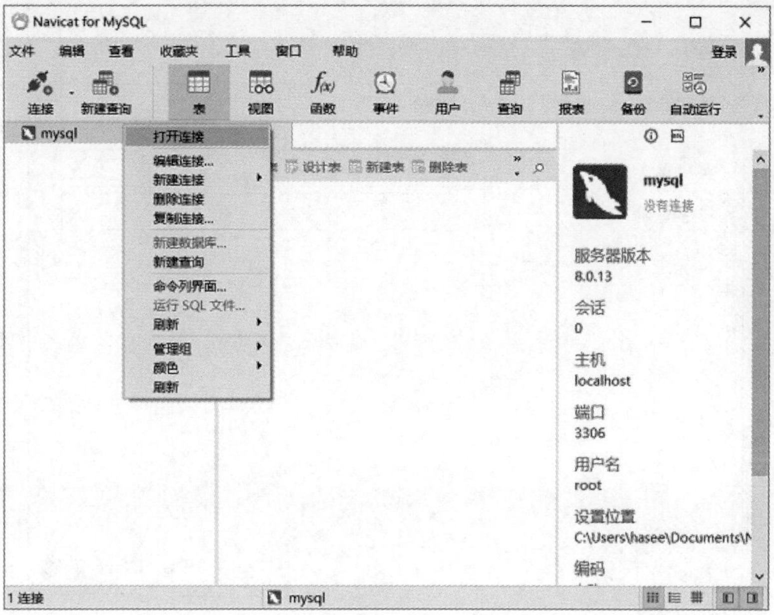

图 5-42

④ 新建数据库。右击左侧工具栏中的【mysql】选项，选择【新建数据库 ...】选项来创建一个数据库，如图 5-43 所示。

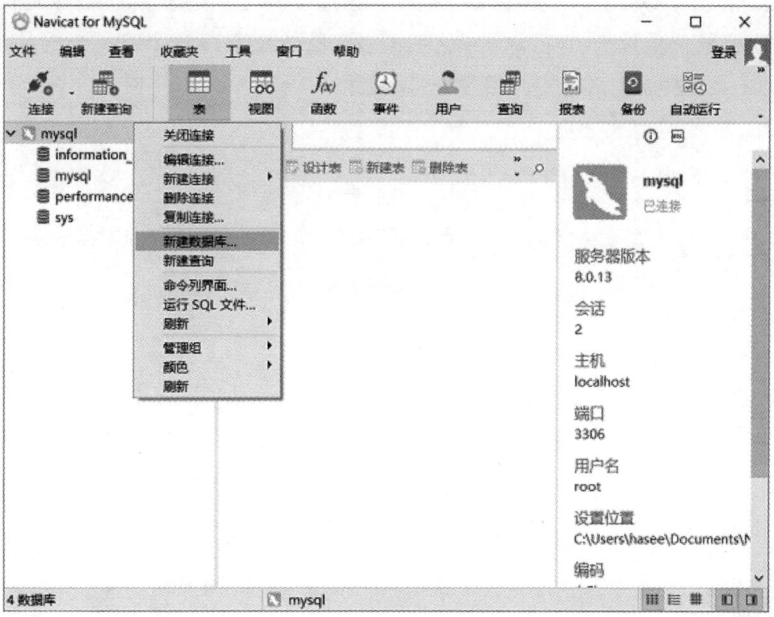

图 5-43

⑤ 填写数据库信息。在弹出的窗口中填写数据库的基本信息，这里只填写数据库的名字就可以

了，然后单击【确定】按钮，如图 5-44 所示。

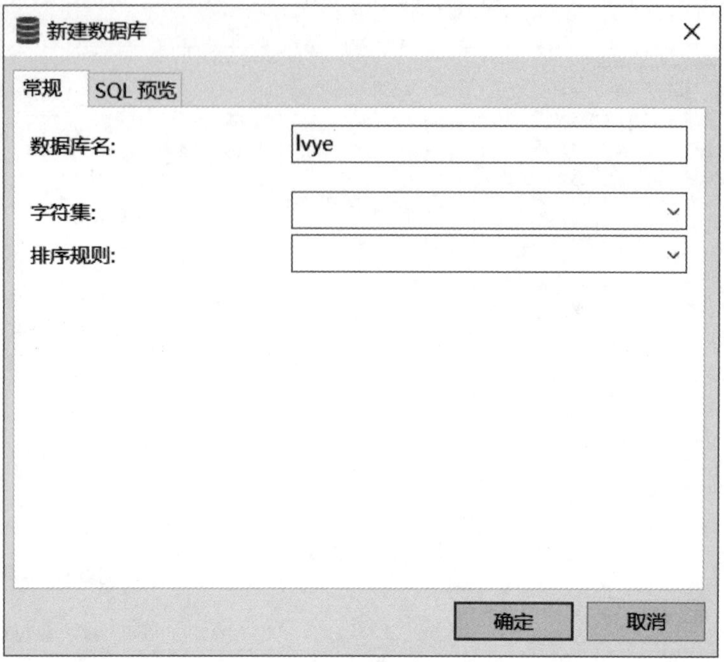

图 5-44

⑥打开数据库。双击左侧工具栏中的【lvye】数据库，或者右击【lvye】后选择【打开数据库】选项，如图 5-45 所示。

⑦新建表。右击【lvye】这个数据库内部的【表】，选择【新建表】选项，如图 5-46 所示。

⑧ 填写表信息。新建一个名为“student”的表，该表有 5 个字段，分别为 id、name、gender、grade、class，主键是 id，如图 5-47 所示。

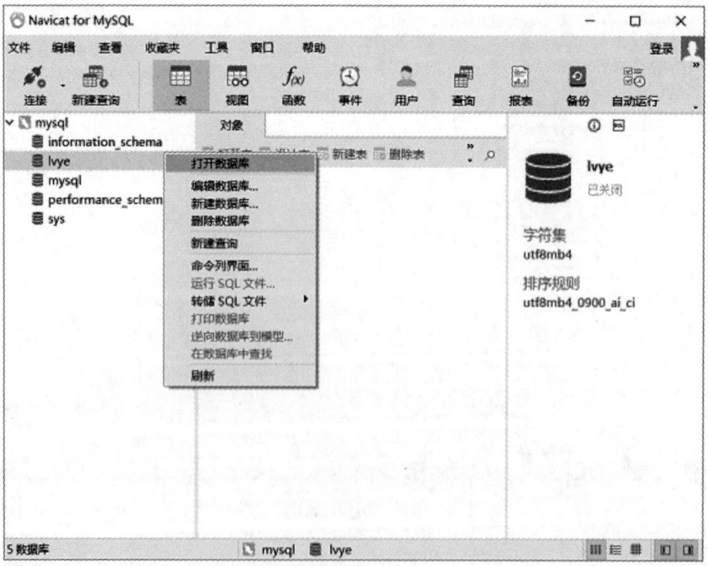

图 5-45

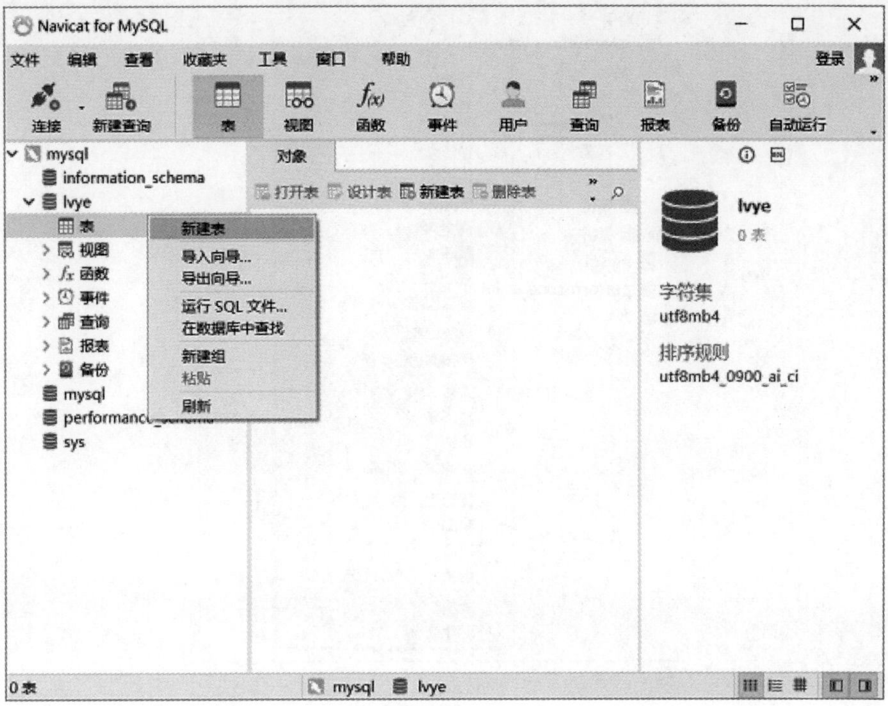

图 5-46

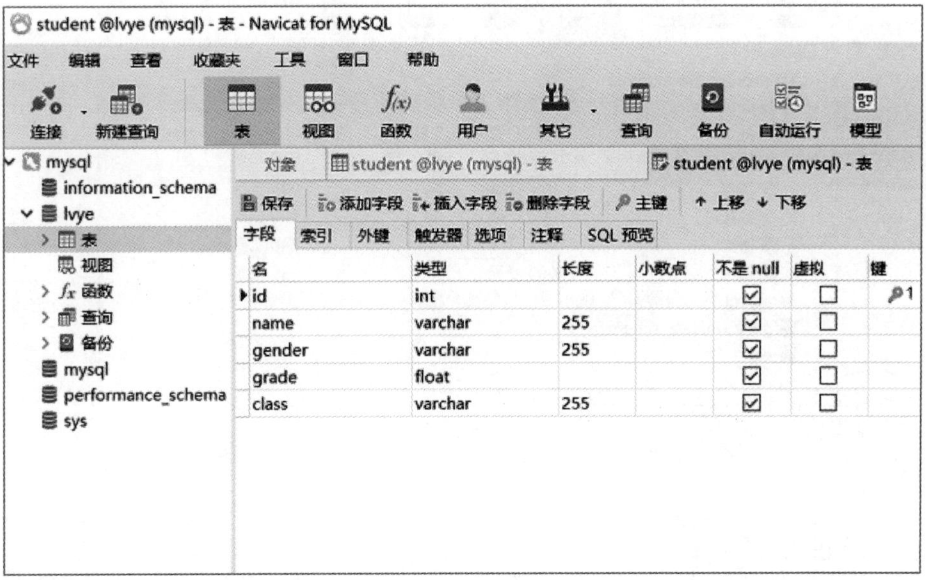

图 5-47

⑨ 添加数据。选择【student】表，单击鼠标右键并选择【打开表】选项，如图 5-48 所示。打开表之后，可以通过单击左下角的【+】来添加一行，在其中输入数据，单击【√】即可完成添加。添加的 5 行数据如图 5-49 所示。

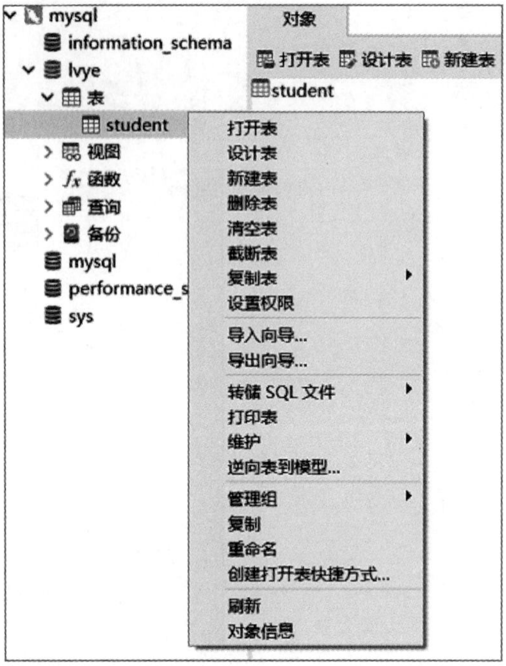

图 5-48

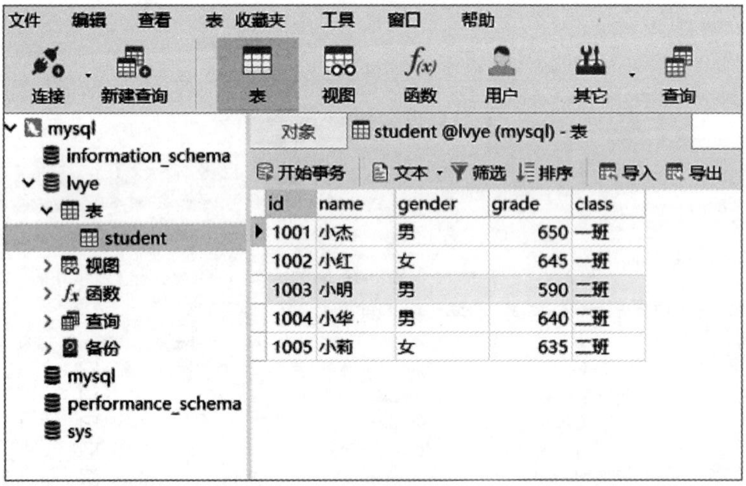

图 5-49

5.8.3 读取 MySQL

如果想要对 MySQL 进行操作，需要借助 pymysql 这个第三方模块。在终端窗口执行以下命令可以安装 pymysql 模块：

```
pip install pymysql
```

在 Pandas 中，读取 MySQL 只需要 3 步：①连接数据库；②读取数据；③关闭数据库。

▼ 举例

```
import pymysql
import pandas as pd

# 第1步：连接数据库
conn = pymysql.connect(host="localhost",
                       port=3306,
                       user="root",
                       password="1234",
                       db="lvye",
                       charset="utf8")
# 第2步：读取数据
df = pd.read_sql("select * from student", conn)
# 第3步：关闭数据库
conn.close()

pd.set_option("display.unicode.east_asian_width", True)
print(df)
```

输出结果如下：

```
     id  name gender  grade class
0  1001  小杰      男  650.0  一班
1  1002  小红      女  645.0  一班
2  1003  小明      男  590.0  二班
3  1004  小华      男  640.0  二班
4  1005  小莉      女  635.0  二班
```

▼ 分析

```
# 第1步：连接数据库
conn = pymysql.connect(host="localhost",
                       port=3306,
                       user="root",
                       password="1234",
                       db="lvye",
                       charset="utf8")
```

在上面这一段代码中，host 是主机地址，port 是端口号，user 是用户名，password 是密码，db 是数据库名，charset 是字符编码。需要注意的是，charset 的值不能写成 utf-8，而应该写成 utf8。

```
# 第2步：读取数据
df = pd.read_sql("select * from student", conn)
```

在 Pandas 中，使用 read_sql() 来执行 SQL 的查询语句。实际上除了 read_sql() 之外，还可以使用 read_sql_table() 和 read_sql_query() 两个方法，不过我们只需要掌握 read_sql() 这一个方法就可以了。

```
# 第3步：关闭数据库
conn.close()
```

对数据库操作完毕之后，需要使用 close() 来关闭数据库。最后需要说明一点：一般情况下我们只会使用 Pandas 读取数据库，而不会使用它来把数据写入数据库。

5.9　本章练习

一、单选题

1. 如果想要对 CSV 文件进行分块读取，可以使用 read_csv() 的（　　）参数来实现。

A. chunksize　　B. index_col

C. nrows　　D. skiprows

2. 下面有关读写文件的说法中，正确的是（　　）。

A. Pandas 只能对 JSON、CSV 和 Excel 这 3 种文件进行读写

B. read_html() 可以读取一个网页中任意标签的数据

C. read_html() 返回的是一个 DataFrame 对象

D. read_csv() 返回的是一个 DataFrame 对象

二、问答题

深刻理解数据分析的工作流程，对于学习 Pandas 是非常重要的。数据分析的工作流程是什么？请默写出来。

第 6 章 筛选数据

6.1 筛选数据简介

在实际工作中，数据的量往往是非常庞大的。获取数据之后，很多时候我们并不需要对所有数据进行处理，而是选取一些必要的数据，这就涉及筛选数据。这一点我们从数据分析的工作流程也可以看出来，如图 6-1 所示。

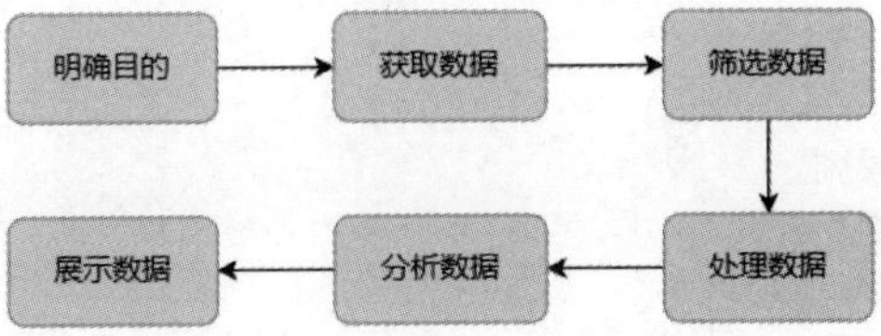

图 6-1

筛选数据，也就是从一堆数据中选择自己需要的数据。在 Pandas 中，如果想要选取需要的数据，常用的方式有以下 7 种。

- 获取行、列：loc[]、iloc[] 和 df[]。
- 重新索引：reindex()。
- 获取首尾数据：head() 和 tail()。
- 随机抽样：sample()。
- 逻辑比较。
- 过滤操作。
- 模式匹配。

筛选数据是数据处理的上一步，也是进行数据分析的基础。这 7 种方式非常重要，读者需要熟练掌握。

6.2 获取行、列：loc[]、iloc[] 和 df[]

loc[]、iloc[] 和 df[] 之前已经介绍过，这一节再来简单梳理一下，以便让读者的知识体系更加清晰、完善。

6.2.1 获取行

在 Pandas 中，如果想要获取某一行或某几行，可以使用 loc[]、iloc[] 或 df[] 来实现。

语法

```
# 获取某一行
df.loc[行名]
df.iloc[行索引]
df[m:n]                    # 不推荐使用

# 获取某几行
df.loc[列表]
df.iloc[列表]
df[m:n]                    # 不推荐使用
```

举例：获取一行

```
import pandas as pd

data = [
    ["苹果", 6.4, "秋季"],
    ["西瓜", 2.5, "夏季"],
    ["香蕉", 7.8, "四季"],
    ["李子", 12.4, "夏秋"],
    ["芒果", 3.5, "夏季"]
]
df = pd.DataFrame(data, columns=["fruit", "price", "season"])
result = df.loc[0]
print(result)
```

输出结果如下：

```
fruit       苹果
price      6.4
season      秋季
Name: 0, dtype: object
```

分析

读者一定要清楚，由于这里没有使用 index 来显式指定行名，因此行名就是从 0 开始的连续整数。对于这个例子，以下 3 种方式是等价的：

```
# 方式1
result = df.loc[0]
```

```
# 方式2
result = df.iloc[0]

# 方式3（不推荐）
result = df[:0]
```

举例：获取多行

```
import pandas as pd

data = [
    ["苹果", 6.4, "秋季"],
    ["西瓜", 2.5, "夏季"],
    ["香蕉", 7.8, "四季"],
    ["李子", 12.4, "夏秋"],
    ["芒果", 3.5, "夏季"]
]
df = pd.DataFrame(data, columns=["fruit", "price", "season"])
result = df.loc[[2, 3]]

pd.set_option("display.unicode.east_asian_width", True)
print(result)
```

输出结果如下：

```
  fruit  price season
2  香蕉    7.8   四季
3  李子   12.4   夏秋
```

分析

如果想要获取某几行，loc[] 和 iloc[] 的参数必须是一个列表。对于这个例子，以下 3 种方式是等价的：

```
# 方式1
result = df.loc[[2, 3]]

# 方式2
result = df.iloc[[2, 3]]

# 方式3（不推荐）
result = df[2:4]
```

6.2.2 获取列

在 Pandas 中，如果想要获取某一列或某几列，可以使用 loc[]、iloc[] 或 df[] 来实现。

语法

```
# 获取某一列
df.loc[:, 列名]
df.iloc[:, 列索引]
df[列名]                    # 推荐使用
```

```
# 获取某几列
df.loc[:, 列表]
df.iloc[:, 列表]
df[列表]                    # 推荐使用
```

◤ 举例：获取一列

```
import pandas as pd

data = [
    ["苹果", 6.4, "秋季"],
    ["西瓜", 2.5, "夏季"],
    ["香蕉", 7.8, "四季"],
    ["李子", 12.4, "夏秋"],
    ["芒果", 3.5, "夏季"]
]
df = pd.DataFrame(data, columns=["fruit", "price", "season"])
result = df.loc[:, "fruit"]
print(result)
```

输出结果如下：

```
0    苹果
1    西瓜
2    香蕉
3    李子
4    芒果
Name: fruit, dtype: object
```

◤ 分析

对于这个例子，以下两种方式是等价的：

```
# 方式1
result = df.loc[:, "fruit"]

# 方式2
result = df.iloc[:, 0]
```

◤ 举例：获取多列

```
import pandas as pd

data = [
    ["苹果", 6.4, "秋季"],
    ["西瓜", 2.5, "夏季"],
    ["香蕉", 7.8, "四季"],
    ["李子", 12.4, "夏秋"],
    ["芒果", 3.5, "夏季"]
]
df = pd.DataFrame(data, columns=["fruit", "price", "season"])
result = df.loc[:, ["fruit", "season"]]

pd.set_option("display.unicode.east_asian_width", True)
print(result)
```

输出结果如下：

```
  fruit season
0  苹果    秋季
1  西瓜    夏季
2  香蕉    四季
3  李子    夏秋
4  芒果    夏季
```

分析

对于这个例子，以下两种方式是等价的。

```
# 方式1
result = df.loc[:, ["fruit", "season"]]
# 方式2
result = df.iloc[:, [0, 2]]
```

最后需要说明的是，loc[]、iloc[] 和 df[] 在实际开发中用得非常多，读者要重点掌握。

6.3 重新索引：reindex()

6.3.1 语法简介

在实际开发中，很多时候需要提取某几条数据，然后组成一个新的 DataFrame 对象。这种方式叫作“组合数据”，也叫作“重新索引”。

在 Pandas 中，可以使用 reindex() 来实现重新索引。

语法

```
df.reindex(index=列表, columns=列表)
```

说明

reindex() 接收两个参数，这两个参数都是可选的。index 用于指定选取哪些行，columns 用于指定选取哪些列。

需要注意的是，reindex() 并不会修改原来的 DataFrame，而是返回一个新的 DataFrame。

举例：选取某几行

```
import pandas as pd

data = [
    ["苹果", 6.4, "秋季"],
    ["西瓜", 2.5, "夏季"],
    ["香蕉", 7.8, "四季"],
    ["李子", 12.4, "夏秋"],
    ["芒果", 3.5, "夏季"]
```

```
]
df = pd.DataFrame(data, columns=["fruit", "price", "season"])
result = df.reindex(index=[2, 3, 4])

pd.set_option("display.unicode.east_asian_width", True)
print(result)
```

输出结果如下:

```
  fruit  price season
2  香蕉    7.8   四季
3  李子   12.4   夏秋
4  芒果    3.5   夏季
```

分析

如果想要获取某几列，除了 reindex() 之外，还可以使用 loc[] 和 iloc[]。对于这个例子，以下 3 种方式是等价的:

```
# 方式1
result = df.reindex(index=[2, 3, 4])

# 方式2
result = df.loc[[2, 3, 4]]

# 方式3
result = df.iloc[[2, 3, 4]]
```

实际上，也可以使用 reindex() 来获取某一行的数据，只需要限定 index 的值是包含一个元素的列表即可。如果想要获取第 1 行的数据，可以这样写:

```
result = df.reindex(index=[0])
```

举例：选取某几列

```
import pandas as pd

data = [
    ["苹果", 6.4, "秋季"],
    ["西瓜", 2.5, "夏季"],
    ["香蕉", 7.8, "四季"],
    ["李子", 12.4, "夏秋"],
    ["芒果", 3.5, "夏季"]
]
df = pd.DataFrame(data, columns=["fruit", "price", "season"])
result = df.reindex(columns=["fruit", "season"])

pd.set_option("display.unicode.east_asian_width", True)
print(result)
```

输出结果如下:

```
  fruit season
0  苹果   秋季
1  西瓜   夏季
```

```
2  香蕉   四季
3  李子   夏秋
4  芒果   夏季
```

分析

如果想要获取某几列，除了 reindex() 之外，还可以使用 loc[]、iloc[] 或 df[]。对于这个例子，以下 4 种方式是等价的。

```
# 方式1
result = df.reindex(columns=["fruit", "season"])

# 方式2
result = df.loc[:, ["fruit", "season"]]

# 方式3
result = df.iloc[:, [0, 2]]

# 方式4
result = df[["fruit", "season"]]
```

实际上，也可以使用 reindex() 来获取某一列的数据，只需要限定 columns 的值是包含一个元素的列表即可。如果想要获取第 1 列的数据，可以这样写：

```
result = df.reindex(columns=["fruit"])
```

6.3.2 深入了解

1. 两种方式比较

虽然 reindex() 能实现的效果 loc[]、iloc[] 和 df[] 也可以实现，但是它们之间还是有着一定区别的。

- 当行名或列表不存在时，如果使用 reindex()，那么数据的值是 NaN。
- 当行名或列表不存在时，如果使用 loc[]、iloc[] 或 df[]，那么程序会报错。

举例：reindex()

```
import pandas as pd

data = [
    ["苹果", 6.4, "秋季"],
    ["西瓜", 2.5, "夏季"],
    ["香蕉", 7.8, "四季"],
    ["李子", 12.4, "夏秋"],
    ["芒果", 3.5, "夏季"]
]
df = pd.DataFrame(data, columns=["fruit", "price", "season"])
result = df.reindex(index=[0, 1, 5])

pd.set_option("display.unicode.east_asian_width", True)
print(result)
```

输出结果如下：

```
  fruit  price  season
0  苹果    6.4    秋季
1  西瓜    2.5    夏季
5   NaN    NaN    NaN
```

分析

如果使用 reindex() 来获取数据，当行名或列名不存在时，系统并不会报错，而是将值填充为 NaN（缺失值）。对于缺失值的处理，“7.9 数据清洗”这一节会详细介绍。

举例：loc[]

```
import pandas as pd

data = [
    ["苹果", 6.4, "秋季"],
    ["西瓜", 2.5, "夏季"],
    ["香蕉", 7.8, "四季"],
    ["李子", 12.4, "夏秋"],
    ["芒果", 3.5, "夏季"]
]
df = pd.DataFrame(data, columns=["fruit", "price", "season"])
result = df.loc[[0, 1, 5]]

pd.set_option("display.unicode.east_asian_width", True)
print(result)
```

输出结果如下：

```
KeyError:'[s]not in index'
```

2. 填充为其他值

如果使用 reindex() 获取数据，当行名或列名不存在时，默认情况下缺失的数据会被填充为 NaN。但有时并不希望缺失的数据被填充为 NaN，而是希望被填充为其他值，应该怎么做呢？

在 Pandas 中，可以使用 fill_value 这个参数来将“缺失的数据”填充为“指定值”。

语法

```
df.reindex(index=列表, columns=列表, fill_value=n)
```

说明

如果 reindex() 设置了 fill_value=n，那么所有缺失的数据都会被填充为 n。

举例

```
import pandas as pd

data = [
    ["苹果", 6.4, "秋季"],
    ["西瓜", 2.5, "夏季"],
    ["香蕉", 7.8, "四季"],
    ["李子", 12.4, "夏秋"],
    ["芒果", 3.5, "夏季"]
```

```
]
df = pd.DataFrame(data, columns=["fruit", "price", "season"])
result = df.reindex(columns=["fruit", "season", "is_sold"], fill_value=1)

pd.set_option("display.unicode.east_asian_width", True)
print(result)
```

输出结果如下：

```
  fruit  season  is_sold
0  苹果    秋季        1
1  西瓜    夏季        1
2  香蕉    四季        1
3  李子    夏秋        1
4  芒果    夏季        1
```

◤ 分析

从结果可以看出，is_sold 这个列名一开始是不存在的，默认情况下这一列的值会被填充为 NaN，但是这里使用了 fill_value=1 将其值填充为 1。

6.4 获取首尾数据：head() 和 tail()

在实际工作中，需要处理的数据量往往是非常庞大的，而很多时候只需要获取最开始的一部分或者最后面的一部分。

在 Python 中，可以使用 head() 来获取前几条数据，可以使用 tail() 来获取后几条数据。

◤ 语法

```
df.head(n)
df.tail(n)
```

◤ 说明

n 是一个整数，表示获取 n 条数据。如果省略 n，就表示获取 5 条数据。从英文意思的角度，也很容易理解 head() 和 tail() 的作用。

◤ 举例：head()

```
import pandas as pd

data = [
    ["苹果", 6.4, "秋季"],
    ["西瓜", 2.5, "夏季"],
    ["香蕉", 7.8, "四季"],
    ["李子", 12.4, "夏秋"],
    ["芒果", 3.5, "夏季"],
    ["荔枝", 6.7, "夏季"],
    ["龙眼", 20.6, "夏季"],
    ["桃子", 10.2, "夏秋"],
    ["菠萝", 4.8, "四季"],
    ["柿子", 13.0, "秋季"]
```

```
]
df = pd.DataFrame(data, columns=["fruit", "price", "season"])
result = df.head(3)

pd.set_option("display.unicode.east_asian_width", True)
print(result)
```

输出结果如下:

```
  fruit  price season
0  苹果    6.4   秋季
1  西瓜    2.5   夏季
2  香蕉    7.8   四季
```

分析

df.head(3) 表示获取前 3 条数据，也就是前 3 行。

举例: tail()

```
import pandas as pd

data = [
    ["苹果", 6.4, "秋季"],
    ["西瓜", 2.5, "夏季"],
    ["香蕉", 7.8, "四季"],
    ["李子", 12.4, "夏秋"],
    ["芒果", 3.5, "夏季"],
    ["荔枝", 6.7, "夏季"],
    ["龙眼", 20.6, "夏季"],
    ["桃子", 10.2, "夏秋"],
    ["菠萝", 4.8, "四季"],
    ["柿子", 13.0, "秋季"]
]
df = pd.DataFrame(data, columns=["fruit", "price", "season"])
result = df.tail(3)

pd.set_option("display.unicode.east_asian_width", True)
print(result)
```

输出结果如下:

```
  fruit  price season
7  桃子   10.2   夏秋
8  菠萝    4.8   四季
9  柿子   13.0   秋季
```

分析

df.tail(3) 表示获取最后 3 条数据，也就是最后 3 行。

举例

```
import pandas as pd

data = [
```

```
    ["苹果", 6.4, "秋季"],
    ["西瓜", 2.5, "夏季"],
    ["香蕉", 7.8, "四季"],
    ["李子", 12.4, "夏秋"],
    ["芒果", 3.5, "夏季"],
    ["荔枝", 6.7, "夏季"],
    ["龙眼", 20.6, "夏季"],
    ["桃子", 10.2, "夏秋"],
    ["菠萝", 4.8, "四季"],
    ["柿子", 13.0, "秋季"]
]
df = pd.DataFrame(data, columns=["fruit", "price", "season"])
result = df["fruit"].head(3)

pd.set_option("display.unicode.east_asian_width", True)
print(result)
```

输出结果如下：

```
0    苹果
1    西瓜
2    香蕉
Name: fruit, dtype: object
```

分析

df["fruit"] 表示获取 fruit 这一列，它返回的是一个 Series。df["fruit"].head(3) 表示获取 fruit 这一列的前 3 行数据。

DataFrame 的很多方法 Series 也可以使用，具体请查阅官方文档。

6.5 随机抽样：sample()

在实际工作中，如果一个表的数据量非常庞大，而我们希望从中随机地选取一部分数据来进行分析，此时应该怎么办呢？

在 Pandas 中，可以使用 sample() 来随机选取一部分数据。

语法

```
df.sample(n=整数)
df.sample(frac=小数)
```

说明

sample() 有两种使用方式：df.sample(n=10) 表示随机选取 10 条数据；df.sample(frac=0.3) 表示随机选取 30% 的数据。

举例：随机选取 5 条数据

```
import pandas as pd

data = [
```

```
    ["苹果", 6.4, "秋季"],
    ["西瓜", 2.5, "夏季"],
    ["香蕉", 7.8, "四季"],
    ["李子", 12.4, "夏秋"],
    ["芒果", 3.5, "夏季"],
    ["荔枝", 6.7, "夏季"],
    ["龙眼", 20.6, "夏季"],
    ["桃子", 10.2, "夏秋"],
    ["菠萝", 4.8, "四季"],
    ["柿子", 13.0, "秋季"]
]
df = pd.DataFrame(data, columns=["fruit", "price", "season"])
result = df.sample(n=5)

pd.set_option("display.unicode.east_asian_width", True)
print(result)
```

输出结果如下:

```
  fruit  price season
2  香蕉    7.8   四季
8  菠萝    4.8   四季
6  龙眼   20.6   夏季
0  苹果    6.4   秋季
7  桃子   10.2   夏秋
```

分析

df.sample(n=5) 可以简写为 df.sample(5)。需要注意的是，随机抽样得到的结果并不一定是按照数据原先的顺序排列的。如果希望保留数据原先的顺序，可以使用“7.5 大小排序：sort_values()”这一节介绍的 sort_index()。

举例：随机选取 30% 的数据

```
import pandas as pd

data = [
    ["苹果", 6.4, "秋季"],
    ["西瓜", 2.5, "夏季"],
    ["香蕉", 7.8, "四季"],
    ["李子", 12.4, "夏秋"],
    ["芒果", 3.5, "夏季"],
    ["荔枝", 6.7, "夏季"],
    ["龙眼", 20.6, "夏季"],
    ["桃子", 10.2, "夏秋"],
    ["菠萝", 4.8, "四季"],
    ["柿子", 13.0, "秋季"]
]
df = pd.DataFrame(data, columns=["fruit", "price", "season"])
result = df.sample(frac=0.3)

pd.set_option("display.unicode.east_asian_width", True)
print(result)
```

输出结果如下：

```
  fruit  price season
2  香蕉    7.8    四季
9  柿子   13.0    秋季
1  西瓜    2.5    夏季
```

分析

df.sample(frac=0.3) 表示随机选取 30% 的数据。由于这里共有 10 条数据，因此表示随机选取其中的 3 条数据。需要注意的是，df.sample(frac=0.3) 不能简写成 df.sample(0.3)。

6.6 逻辑比较

6.6.1 语法简介

在 Pandas 中，可以使用“逻辑比较”的方式来选取所需要的数据。所谓“逻辑比较”，也就是使用“逻辑运算符”或“比较运算符”来实现的比较运算。

比较运算符是指 >、>=、<、<=、== 和 !=。但是对于逻辑运算符，就需要特别注意：Python 中的逻辑运算符（见表 6-1）和 Pandas 中的逻辑运算符（见表 6-2）是不一样的。

表 6-1 Python 中的逻辑运算符

运算符	说明
and	与
or	或
not	非

表 6-2 Pandas 中的逻辑运算符

运算符	说明
&	与
|	或
~	非

语法

```
df[条件]
```

说明

df[] 的条件可以是一个，也可以是多个。df[条件] 选取的结果并不是列数据，而是行数据。

举例：单个条件

```
import pandas as pd
```

```
data = [
    ["苹果", 6.4, "秋季"],
    ["西瓜", 2.5, "夏季"],
    ["香蕉", 7.8, "四季"],
    ["李子", 12.4, "夏秋"],
    ["芒果", 3.5, "夏季"]
]
df = pd.DataFrame(data, columns=["fruit", "price", "season"])
result = df[df["price"]>5]

pd.set_option("display.unicode.east_asian_width", True)
print(result)
```

输出结果如下：

```
  fruit  price  season
0  苹果    6.4    秋季
2  香蕉    7.8    四季
3  李子   12.4    夏秋
```

分析

df[df["price"]>5] 表示把所有 price 大于 5 的行选取出来。

举例：多个条件

```
import pandas as pd

data = [
    ["苹果", 6.4, "秋季"],
    ["西瓜", 2.5, "夏季"],
    ["香蕉", 7.8, "四季"],
    ["李子", 12.4, "夏秋"],
    ["芒果", 3.5, "夏季"]
]
df = pd.DataFrame(data, columns=["fruit", "price", "season"])
result = df[(df["price"]>5) & (df["price"]<10)]

pd.set_option("display.unicode.east_asian_width", True)
print(result)
```

输出结果如下：

```
  fruit  price  season
0  苹果    6.4    秋季
2  香蕉    7.8    四季
```

分析

需要注意的是，Pandas 使用“&”来表示与运算，而不是“and”。另外，如果 df[] 有多个判断条件，每一个条件都必须要用“()”括起来，否则会报错。读者把下面两种方式自行尝试一下就能理解了：

```
# 正确
result = df[(df["price"]>5) & (df["price"]<10)]
```

```
# 错误
result = df[df["price"]>5 & df["price"]<10]
```

举例：选取名为“苹果”的水果

```
import pandas as pd

data = [
    ["苹果", 6.4, "秋季"],
    ["西瓜", 2.5, "夏季"],
    ["香蕉", 7.8, "四季"],
    ["李子", 12.4, "夏秋"],
    ["芒果", 3.5, "夏季"]
]
df = pd.DataFrame(data, columns=["fruit", "price", "season"])
result = df[df["fruit"] == "苹果"]

pd.set_option("display.unicode.east_asian_width", True)
print(result)
```

输出结果如下：

```
  fruit  price season
0  苹果    6.4    秋季
```

分析

df[df["fruit"]=="苹果"] 表示选取 fruit 为“苹果”的这一行。如果想要同时选取“苹果”和“香蕉”这两行，可以使用下面的方式来实现：

```
result = df[(df["fruit"] == "苹果") | (df["fruit"] == "香蕉")]
```

举例：获取性别为“男”的学生

```
import pandas as pd

data = [
    ["小杰", "男", "一班"],
    ["小红", "女", "一班"],
    ["小明", "男", "二班"],
    ["小华", "男", "二班"],
    ["小莉", "女", "二班"]
]
df = pd.DataFrame(data, columns=["name", "gender", "class"])
result = df[df["gender"] == "男"]

pd.set_option("display.unicode.east_asian_width", True)
print(result)
```

输出结果如下：

```
   name gender class
0  小杰     男  一班
2  小明     男  二班
3  小华     男  二班
```

◤ 分析

读者可以尝试使用上面的方式来获取“一班”所有学生的数据。

◤ 举例：筛选出除“小杰”以外的所有数据

```
import pandas as pd

data = [
    ["小杰", "男", "一班"],
    ["小红", "女", "一班"],
    ["小明", "男", "二班"],
    ["小华", "男", "二班"],
    ["小莉", "女", "二班"]
]
df = pd.DataFrame(data, columns=["name", "gender", "class"])
result = df[df["name"] != "小杰"]

pd.set_option("display.unicode.east_asian_width", True)
print(result)
```

输出结果如下：

```
  name gender class
1 小红      女   一班
2 小明      男   二班
3 小华      男   二班
4 小莉      女   二班
```

6.6.2 深入了解

1. 布尔选择

实际上，Pandas 中的逻辑比较也叫作“布尔选择”。为什么叫布尔选择？下面到具体的例子中进行分析。

◤ 举例

```
import pandas as pd

data = [
    ["苹果", 6.4, "秋季"],
    ["西瓜", 2.5, "夏季"],
    ["香蕉", 7.8, "四季"],
    ["李子", 12.4, "夏秋"],
    ["芒果", 3.5, "夏季"]
]
df = pd.DataFrame(data, columns=["fruit", "price", "season"])
result = df[df["price"]>5]

pd.set_option("display.unicode.east_asian_width", True)
print(result)
```

输出结果如下：

```
  fruit  price season
0  苹果    6.4   秋季
2  香蕉    7.8   四季
3  李子   12.4   夏秋
```

◤ 分析

df["price"]>5 表示将每一行的价格与 5 进行比较。如果大于 5，就返回 True；如果小于或等于 5，就返回 False。最终 df["price"]>5 会得到这样一个列表：[True, False, True, True, False]。

df[df["price"]>5] 等价于 df[[True, False, True, True, False]]。也就是说，此时 df[] 的参数其实是一组布尔值的组合。这就是为什么很多地方把逻辑比较叫作“布尔选择”或“布尔索引”。

◤ 举例

```
import pandas as pd

data = [
    ["苹果", 6.4, "秋季"],
    ["西瓜", 2.5, "夏季"],
    ["香蕉", 7.8, "四季"],
    ["李子", 12.4, "夏秋"],
    ["芒果", 3.5, "夏季"]
]
df = pd.DataFrame(data, columns=["fruit", "price", "season"])
result = df[[True, False, True, False, True]]

pd.set_option("display.unicode.east_asian_width", True)
print(result)
```

输出结果如下：

```
  fruit  price season
0  苹果    6.4   秋季
2  香蕉    7.8   四季
4  芒果    3.5   夏季
```

◤ 分析

df[[True, False, True, False, True]] 表示选择 1、3、5 行的数据。这里读者可能会问：df[] 的参数为一个列表时，不是选择某些列吗？为什么这里又变成了选择某些行呢？

要严格区分：当列表元素是字符串（即列名）时，表示选择哪几列；当列表元素是布尔值时，使用的是布尔索引，表示选择哪几行。

布尔选择是一种非常有用的技巧，在实际工作中用得非常多，读者要熟练掌握。

2. 比较方法

对于比较运算，Pandas 提供了对应的比较方法，如表 6-3 所示。

表 6-3 比较方法

方法	说明
gt()	大于
ge()	大于等于
lt()	小于
le()	小于等于
eq()	等于
ne()	不等于
between	范围获取

gt 是 greater than 的缩写，ge 是 greater than or equal to 的缩写，lt 是 less than 的缩写……从英文意思的角度，可以很容易理解这些方法的作用。

要特别注意 between() 的语法，它默认情况下的取值范围是 [a, b]，也就是包含 a 并且包含 b。如果希望它的取值范围是 (a, b)，可以使用 inclusive=False 来实现，即 between(a, b, inclusive=False)。

举例

```
import pandas as pd

data = [
    ["苹果", 6.4, "秋季"],
    ["西瓜", 2.5, "夏季"],
    ["香蕉", 7.8, "四季"],
    ["李子", 12.4, "夏秋"],
    ["芒果", 3.5, "夏季"]
]
df = pd.DataFrame(data, columns=["fruit", "price", "season"])
result = df[df["price"].gt(5)]

pd.set_option("display.unicode.east_asian_width", True)
print(result)
```

输出结果如下：

```
  fruit  price season
0  苹果    6.4    秋季
2  香蕉    7.8    四季
3  李子   12.4    夏秋
```

分析

对于这个例子，以下两种方式是等价的：

```
# 方式1
result = df[df["price"].gt(5)]

# 方式2
result = df[df["price"] > 5]
```

举例：between()

```
import pandas as pd

data = [
    ["苹果", 6.4, "秋季"],
    ["西瓜", 2.5, "夏季"],
    ["香蕉", 7.8, "四季"],
    ["李子", 12.4, "夏秋"],
    ["芒果", 3.5, "夏季"]
]
df = pd.DataFrame(data, columns=["fruit", "price", "season"])
result = df[df["price"].between(5, 10, inclusive=False)]

pd.set_option("display.unicode.east_asian_width", True)
print(result)
```

输出结果如下：

```
  fruit  price season
0  苹果    6.4   秋季
2  香蕉    7.8   四季
```

分析

对于这个例子，以下两种方式是等价的：

```
# 方式1
result = df[df["price"].between(5, 10, inclusive=False)]

# 方式2
result = df[(df["price"]>5) & (df["price"]<10)]
```

从中可以看出，如果想要获取某个范围内的数据，between() 这个方法更加简单。

6.7 过滤操作

在 Pandas 中，如果想要对数据进行过滤，除了逻辑比较这种方式之外，还可以使用 query() 和 filter() 来实现。

6.7.1 query()

在 Pandas 中，可以使用 query() 方法来对指定的列进行数据过滤。如果读者接触过 SQL，会发现 query() 就相当于 SQL 中的 where 子句。

语法

```
df.query(判断条件)
```

举例

```
import pandas as pd
```

```
data = [
    ["苹果", 6.4, "秋季"],
    ["西瓜", 2.5, "夏季"],
    ["香蕉", 7.8, "四季"],
    ["李子", 12.4, "夏秋"],
    ["芒果", 3.5, "夏季"]
]
df = pd.DataFrame(data, columns=["fruit", "price", "season"])
result = df.query("price > 5")

pd.set_option("display.unicode.east_asian_width", True)
print(result)
```

输出结果如下：

```
  fruit  price season
0  苹果    6.4   秋季
2  香蕉    7.8   四季
3  李子   12.4   夏秋
```

分析

df.query("price>5") 表示将所有价格大于 5 的行选取出来。对于这个例子，以下两种方式是等价的：

```
# 方式1
result = df.query("price>5")

# 方式2
result = df[df["price"]>5]
```

当然，如果想要获取价格大于 5 且小于 10 的行，可以像下面这样写：

```
# 方式1
result = df.query("5<price<10")

# 方式2
result = df.query("price>5 and price < 10")

# 方式3
result = df[(df["price"]>5) & (df["price"]<10)]

# 方式4
result = df[df["price"].between(5, 10, inclusive=False)]
```

举例

```
import pandas as pd

data = [
    ["小杰", 90, 100, 95],
    ["小红", 100, 90, 90],
    ["小明", 95, 95, 80],
    ["小华", 95, 90, 80],
    ["小莉", 95, 100, 80]
```

```
]
df = pd.DataFrame(data, columns=["姓名", "语文", "数学", "英语"])
result = df.query("语文<数学")

pd.set_option("display.unicode.east_asian_width", True)
print(result)
```

输出结果如下:

```
   姓名  语文  数学  英语
0  小杰    90   100    95
4  小莉    95   100    80
```

◤ 分析

df.query(" 语文 < 数学 ") 表示选取所有语文成绩低于数学成绩的行，这种方式非常实用。对于这个例子，以下两种方式是等价的:

```
# 方式1
result = df.query("语文<数学")

# 方式2
result = df[df["语文"]<df["数学"]]
```

6.7.2 filter()

除了 query() 之外，还可以使用 filter() 来实现数据的过滤。

◤ 语法

```
df.filter(items, like, regex)
```

◤ 说明

filter() 常用的参数有 3 个——items、like、regex，它们都是可选参数。需要注意的是，这 3 个参数是互斥的，也就是说每次只能使用其中一个。

- items 的值是一个列表，表示选取哪些列。
- like 的值是一个字符串，表示模糊选择哪些列（类似于 SQL 中的 like）。
- regex 的值是一个正则表达式，表示根据正则表达式来选取列。

items、like、regex 这 3 个参数都是针对“列名”进行匹配，而不是针对“数据”进行匹配，这一点读者一定要清楚。

实际上，filter() 还有一个 axis 参数，用于表示对哪一条轴进行操作。不过一般很少会用到这个参数，此处就不展开介绍。

◤ 举例: items 参数

```
import pandas as pd

data = [
    ["苹果", 6.4, "秋季"],
    ["西瓜", 2.5, "夏季"],
```

```
    ["香蕉", 7.8, "四季"],
    ["李子", 12.4, "夏秋"],
    ["芒果", 3.5, "夏季"]
]
df = pd.DataFrame(data, columns=["fruit", "price", "season"])
result = df.filter(items=["fruit", "season"])

pd.set_option("display.unicode.east_asian_width", True)
print(result)
```

输出结果如下：

```
  fruit season
0  苹果    秋季
1  西瓜    夏季
2  香蕉    四季
3  李子    夏秋
4  芒果    夏季
```

◤ 分析

df.filter(items=["fruit", "season"]) 表示选取 fruit 和 season 这两列。items 这个参数用于精确匹配。

◤ 举例：like 参数

```
import pandas as pd

data = [
    ["苹果", 6.4, "秋季"],
    ["西瓜", 2.5, "夏季"],
    ["香蕉", 7.8, "四季"],
    ["李子", 12.4, "夏秋"],
    ["芒果", 3.5, "夏季"]
]
df = pd.DataFrame(data, columns=["fruit", "price", "season"])
result = df.filter(like="sea")

pd.set_option("display.unicode.east_asian_width", True)
print(result)
```

输出结果如下：

```
  season
0   秋季
1   夏季
2   四季
3   夏秋
4   夏季
```

◤ 分析

需要注意的是，like 是对“列名”进行模糊匹配，而不是对“数据”进行模糊匹配。df.filter(like="sea") 表示选取列名中包含 sea 的所有列，所以这里最终选中的是 season 这一列。

举例：regex 参数

```
import pandas as pd

data = [
    ["苹果", 6.4, "秋季"],
    ["西瓜", 2.5, "夏季"],
    ["香蕉", 7.8, "四季"],
    ["李子", 12.4, "夏秋"],
    ["芒果", 3.5, "夏季"]
]
df = pd.DataFrame(data, columns=["fruit", "price", "season"])
result = df.filter(regex="^fr")

pd.set_option("display.unicode.east_asian_width", True)
print(result)
```

输出结果如下：

```
  fruit
0 苹果
1 西瓜
2 香蕉
3 李子
4 芒果
```

分析

同样地，regex 参数针对的也是“列名”，而不是“数据”。df.filter(regex="^fr") 表示选取列名中以 fr 开头的所有列，所以这里最终选取的是 fruit 这一列。

实际上，我们可以使用多种方式来实现同样的效果。Pandas 提供这么多的方式是为了方便我们灵活、快速地操作，以满足各种应用场景的需求。

6.8 模式匹配

在实际工作中，很多时候需要判断某一项是否包含某个值、是否以某个值开头或者是否以某个值结尾。

在 Pandas 中，如果想要判断某项内容是否包含某个字符串，可以使用 3 个方法，如表 6-4 所示。

表 6-4 用于判断包含关系的方法

方法	说明
contains(A)	判断是否包含 A
startswith(A)	判断是否以 A 开头
endswith(A)	判断是否以 A 结尾

举例：contains()

```
import pandas as pd
```

```
data = [
    ["张三", "男", "前端工程师"],
    ["李红", "女", "UI设计师"],
    ["王莉", "女", "平面设计师"],
    ["张杰", "男", "后端工程师"],
    ["王红", "女", "室内设计师"]
]
df = pd.DataFrame(data, columns=["name", "gender", "job"])
result = df["job"].str.contains("工程师")

pd.set_option("display.unicode.east_asian_width", True)
print(result)
```

输出结果如下：

```
0     True
1    False
2    False
3     True
4    False
Name: job, dtype: bool
```

◤ 分析

df["job"].str.contains(" 工程师 ") 表示对 job 这一列进行判断（不区分位置）。如果包含“工程师”这个字符串，就返回 True；如果不包含“工程师”这个字符串，就返回 False。

需要注意的是，df["job"] 后面必须要有一个 str。str 是 Series 下的一个对象，contains() 是 str 对象下的一个方法。注意以下两种写法：

```
# 正确
result = df["job"].str.contains("工程师")

# 错误
result = df["job"].contains("工程师")
```

既然 contains() 返回的是一组布尔值，那么能不能把这些布尔值放到 df[] 中作为“布尔索引”，从而把对应的行选取出来呢？答案是可以的，请看下面的例子。

◤ 举例：布尔选择

```
import pandas as pd

data = [
    ["张三", "男", "前端工程师"],
    ["李红", "女", "UI设计师"],
    ["王莉", "女", "平面设计师"],
    ["张杰", "男", "后端工程师"],
    ["王红", "女", "室内设计师"]
]
df = pd.DataFrame(data, columns=["name", "gender", "job"])
bools = df["job"].str.contains("工程师")
result = df[bools]
```

```
pd.set_option("display.unicode.east_asian_width", True)
print(result)
```

输出结果如下：

```
  name gender       job
0 张三     男  前端工程师
3 张杰     男  后端工程师
```

▼ 举例：判断开头

```
import pandas as pd

data = [
    ["张三", "男", "前端工程师"],
    ["李红", "女", "UI设计师"],
    ["王莉", "女", "平面设计师"],
    ["张杰", "男", "后端工程师"],
    ["王红", "女", "室内设计师"]
]
df = pd.DataFrame(data, columns=["name", "gender", "job"])
bools = df["name"].str.startswith("张")
result = df[bools]

pd.set_option("display.unicode.east_asian_width", True)
print(result)
```

输出结果如下：

```
  name gender       job
0 张三     男  前端工程师
3 张杰     男  后端工程师
```

▼ 分析

这个例子实现的效果是：找出所有姓“张”的学生。df["name"].str.startswith(" 张 ") 表示对 name 这一列进行操作，判断数据的开头是否为“张”这个字符串。

df["name"].str.startswith(" 张 ") 返回的结果 bools 是一组布尔值，所以将 bools 放到 df[] 中作为布尔索引，然后就可以选取对应的行数据了。

▼ 举例：判断结尾

```
import pandas as pd

data = [
    ["张三", "男", "前端工程师"],
    ["李红", "女", "UI设计师"],
    ["王莉", "女", "平面设计师"],
    ["张杰", "男", "后端工程师"],
    ["王红", "女", "室内设计师"]
]
df = pd.DataFrame(data, columns=["name", "gender", "job"])
bools = df["name"].str.endswith("红")
result = df[bools]
```

```
pd.set_option("display.unicode.east_asian_width", True)
print(result)
```

输出结果如下：

```
  name gender       job
1 李红     女    UI设计师
4 王红     女  室内设计师
```

◤ 分析

这个例子实现的效果是：找出所有名字最后是“红”字的学生。df["name"].str.endswith(" 红 ") 表示对 name 这一列进行操作，判断数据的结尾是否为“红”这个字符串。

至此，Pandas 中的筛选数据基本介绍完了。接下来还要对筛选的结果进行各种处理，处理好了之后才能对数据进行分析。下一章将介绍如何对数据进行各种处理。

6.9 本章练习

一、单选题

1. 如果想要查看前 10 行数据，下面哪一种方法是不正确的？（　　）

A. df.head(10)　　B. df.iloc[:10]

C. df.iloc[:11]　　D. df.loc[range(0, 10)]

2. 如果想要随机抽取 10 行数据，可以使用（　　）来实现。

A. reindex()　　B. head()

C. tail()　　D. sample()

3. 下面有一个 DataFrame，如果想要获取年龄在 20 至 23 之间（不包含 20 和 23）的数据，哪一种方式是不正确的？（　　）

```
data = [
    ["小杰", "男", 20],
    ["小红", "女", 19],
    ["小明", "男", 23],
    ["小华", "男", 22],
    ["小莉", "男", 19],
]
df = pd.DataFrame(data, columns=["name", "gender", "age"])
```

A. df[(df[“age”]>20)&(df[“age”]<23)]

B. df.query(“20<age<23”)

C. df.query(“age>20 and age<23”)

D. df[df[“age”].between(20, 23)]

二、问答题

1. 对于未知行数的一个数据集，如何获取最后一行数据？请说一下你的思路。

2. 下面有一个 DataFrame，请回答对应的问题。

```
import pandas as pd
data = [
    [1001, "小杰", "男", 650, "一班"],
    [1002, "小红", "女", 645, "一班"],
    [1003, "小明", "男", 590, "二班"],
    [1004, "小华", "男", 640, "二班"],
    [1005, "小莉", "女", 635, "二班"],
]
df = pd.DataFrame(data, columns=["学号", "姓名", "性别", "成绩", "班级"])
```

（1）如何获取“一班”的所有数据?

（2）如何获取成绩在 600 分以上的所有数据?

（3）如何获取成绩在 600~640 分内（不包含 600 分和 640 分）的数据?

第 7 章 处理数据

7.1 处理数据简介

在介绍处理数据之前，我们再来回顾一下使用 Pandas 进行数据分析的工作流程，如图 7-1 所示。

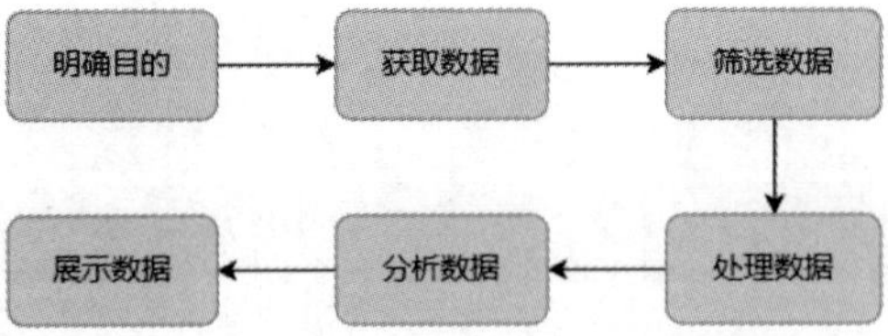

图 7-1

前文已经介绍了“获取数据”（读写数据）及“筛选数据”这两个部分。对于数据分析来说，获取数据之后需要筛选出我们想要的数据。然后还要对数据进行各种处理，这样得到的才是高质量的数据。

处理数据是一项十分烦琐却又极其重要的工作。数据处理的好坏对后面数据分析的结果有决定性的作用。在实际工作中，大约 80% 的时间是花在数据准备和数据处理上面的。由此可以看出处理数据是多么重要的一项工作。

这一章主要介绍如何对数据进行处理，主要包括以下 11 个方面。

- 操作行名和列名。
- 类型转换。
- 行列转置：T。
- 大小排序：sort_values()。
- 数据排名：rank()。
- 数据替换：replace()。

- 数据移动：shift()。
- 数据清洗。
- 数据合并。
- 字符串处理。
- 自定义函数。

7.2 操作行名和列名

在 Pandas 中，行名和列名的操作主要包括以下 3 个。

- 设置某一列为行名。
- 重置行名。
- 修改行名和列名。

7.2.1 设置某一列为行名

在实际工作中，很多时候我们并不想使用 index 去手动设置新的行名，而是希望直接将某一列设置为行名，此时应该怎么办呢？

在 Pandas 中，可以使用 set_index() 来设置某一列为行名。

语法

```
df.set_index(列名, drop=布尔值)
```

说明

drop 是一个可选参数，表示是否舍弃原来的列，默认值是 True。当 drop=True 时，表示舍弃原来的列；当 drop=False 时，表示保留原来的列。

set_index() 并不会修改原来的 DataFrame，而是会返回一个新的 DataFrame，所以需要使用一个变量来保存返回的结果。

举例

```
import pandas as pd

data = [
    [1001, "小杰", "男", 650, "一班"],
    [1002, "小红", "女", 645, "一班"],
    [1003, "小明", "男", 590, "二班"],
    [1004, "小华", "男", 640, "二班"],
    [1005, "小莉", "女", 635, "二班"],
]
df = pd.DataFrame(data, columns=["学号", "姓名", "性别", "成绩", "班级"])
result = df.set_index("学号")

pd.set_option("display.unicode.east_asian_width", True)
print(result)
```

输出结果如下：

```
        姓名 性别  成绩  班级
学号
1001  小杰   男   650  一班
1002  小红   女   645  一班
1003  小明   男   590  二班
1004  小华   男   640  二班
1005  小莉   女   635  二班
```

分析

默认情况下，行名是从 0 开始的连续整数。不过在这个例子中，使用 set_index() 将“学号”这一列设置为了行名。

举例：保留原来的列

```
import pandas as pd

data = [
    [1001, "小杰", "男", 650, "一班"],
    [1002, "小红", "女", 645, "一班"],
    [1003, "小明", "男", 590, "二班"],
    [1004, "小华", "男", 640, "二班"],
    [1005, "小莉", "女", 635, "二班"],
]
df = pd.DataFrame(data, columns=["学号", "姓名", "性别", "成绩", "班级"])
result = df.set_index("学号", drop=False)

pd.set_option("display.unicode.east_asian_width", True)
print(result)
```

输出结果如下：

```
        学号  姓名 性别  成绩  班级
学号
1001  1001  小杰   男   650  一班
1002  1002  小红   女   645  一班
1003  1003  小明   男   590  二班
1004  1004  小华   男   640  二班
1005  1005  小莉   女   635  二班
```

分析

如果想要保留原来的列，可以使用 drop=False。不过在实际开发中，一般不需要保留原来的列。

7.2.2 重置行名

在 Pandas 中，可以使用 reset_index() 来重置行名。

▼ 语法

```
df.reset_index(drop=布尔值)
```

▼ 说明

drop 是一个可选参数，表示是否舍弃原来的列，默认值是 True。当 drop=True 时，表示舍弃原来的列；当 drop=False 时，表示保留原来的列。

reset_index() 并不会修改原来的 DataFrame，而是会返回一个新的 DataFrame。为什么要重置行名？我们先来看一个简单的例子。

▼ 举例：默认情况

```
import pandas as pd

data = [
    [1001, "小杰", "男", 650, "一班"],
    [1002, "小红", "女", 645, "一班"],
    [1003, "小明", "男", 590, "二班"],
    [1004, "小华", "男", 640, "二班"],
    [1005, "小莉", "女", 635, "二班"],
]
df = pd.DataFrame(data, columns=["学号", "姓名", "性别", "成绩", "班级"])
df = df.drop([1, 4], axis=0)

pd.set_option("display.unicode.east_asian_width", True)
print(df)
```

输出结果如下：

```
   学号  姓名 性别  成绩  班级
0  1001  小杰   男   650  一班
2  1003  小明   男   590  二班
3  1004  小华   男   640  二班
```

▼ 分析

从结果可以看出，删除多行之后，行名就不再是连续的整数了。

如果希望删除行之后，行名还是连续的整数，应该怎么办呢？此时可以使用 reset_index() 来重置行名。

▼ 举例：重置行名

```
import pandas as pd

data = [
    [1001, "小杰", "男", 650, "一班"],
    [1002, "小红", "女", 645, "一班"],
    [1003, "小明", "男", 590, "二班"],
    [1004, "小华", "男", 640, "二班"],
    [1005, "小莉", "女", 635, "二班"],
]
df = pd.DataFrame(data, columns=["学号", "姓名", "性别", "成绩", "班级"])
df = df.drop([1, 4], axis=0)
```

```
# 重置行名
df = df.reset_index()

pd.set_option("display.unicode.east_asian_width", True)
print(df)
```

输出结果如下：

```
   index  学号  姓名 性别  成绩  班级
0      0  1001  小杰   男   650  一班
1      2  1003  小明   男   590  二班
2      3  1004  小华   男   640  二班
```

分析

使用 reset_index() 之后，行名就变成了从 0 开始的连续整数，并且之前的行名也保留了下来，也就是 index 这一列。如果不想保留 index 这一列，可以使用 drop=True 来实现。

举例：不保留 index 列

```
import pandas as pd

data = [
    [1001, "小杰", "男", 650, "一班"],
    [1002, "小红", "女", 645, "一班"],
    [1003, "小明", "男", 590, "二班"],
    [1004, "小华", "男", 640, "二班"],
    [1005, "小莉", "女", 635, "二班"],
]
df = pd.DataFrame(data, columns=["学号", "姓名", "性别", "成绩", "班级"])
df = df.drop([1, 4], axis=0)
# 重置行名
df = df.reset_index(drop=True)

pd.set_option("display.unicode.east_asian_width", True)
print(df)
```

输出结果如下：

```
   学号  姓名 性别  成绩  班级
0  1001  小杰   男   650  一班
1  1003  小明   男   590  二班
2  1004  小华   男   640  二班
```

说明

使用 drop=True 之后，Pandas 自动保留的 index 列就被删除了。

7.2.3 修改行名和列名

在 Pandas 中，修改行名和列名的方式有两种：index 和 columns；rename()。

1. index 和 columns

在 Pandas 中，可以使用 index 来修改行名，也可以使用 columns 来修改列名。

语法

```
df.index = 列表
df.columns = 列表
```

说明

index和columns会直接修改原来的DataFrame。

举例：修改行名

```
import pandas as pd

data = [
    ["小杰", "男", 20],
    ["小红", "女", 19],
    ["小明", "男", 21]
]
df = pd.DataFrame(data, columns=["name", "gender", "age"])
df.index = ["s1", "s2", "s3"]

pd.set_option("display.unicode.east_asian_width", True)
print(df)
```

输出结果如下：

```
    name gender  age
s1  小杰      男   20
s2  小红      女   19
s3  小明      男   21
```

分析

默认情况下，行名是从 0 开始的连续整数。df.index = ["s1", "s2", "s3"] 表示将行名从上到下依次修改为："s1""s2""s3"。

举例：修改列名

```
import pandas as pd

data = [
    ["小杰", "男", 20],
    ["小红", "女", 19],
    ["小明", "男", 21]
]
df = pd.DataFrame(data, columns=["name", "gender", "age"])
df.columns = ["姓名", "性别", "年龄"]

pd.set_option("display.unicode.east_asian_width", True)
print(df)
```

输出结果如下：

```
   姓名 性别  年龄
0  小杰   男   20
1  小红   女   19
2  小明   男   21
```

◤ 分析

df.columns = ["姓名", "性别", "年龄"] 表示将列名从左到右依次修改为："姓名""性别""年龄"。

2. rename()

在 Pandas 中，还可以使用 rename() 来修改行名和列名。

◤ 语法

```
df.rename(index=字典, columns=字典)
```

◤ 说明

index 和 columns 都是可选参数，index 用于修改行名，columns 用于修改列名。它们的值是一个字典，其中字典的键是原来的名字，字典的值是修改后的名字。

需要注意的是，rename() 并不会修改原来的 DataFrame，而是会返回一个新的 DataFrame。

◤ 举例：修改行名

```
import pandas as pd

data = [
    ["小杰", "男", 20],
    ["小红", "女", 19],
    ["小明", "男", 21]
]
df = pd.DataFrame(data, columns=["name", "gender", "age"])
result = df.rename(index = {0: "s1", 1: "s2", 2: "s3"})

pd.set_option("display.unicode.east_asian_width", True)
print(result)
```

输出结果如下：

```
    name gender  age
s1  小杰     男   20
s2  小红     女   19
s3  小明     男   21
```

◤ 分析

想要修改行名，以下两种方式都是可行的：

```
# 方式1
df.index = ["s1", "s2", "s3"]

# 方式2
df = df.rename(index = {0: "s1", 1: "s2", 2: "s3"})
```

举例：修改列名

```
import pandas as pd

data = [
    ["小杰", "男", 20],
    ["小红", "女", 19],
    ["小明", "男", 21]
]
df = pd.DataFrame(data, columns=["name", "gender", "age"])
result = df.rename(columns = {"name": "姓名", "gender": "性别", "age": "年龄"})

pd.set_option("display.unicode.east_asian_width", True)
print(result)
```

输出结果如下：

```
   姓名 性别  年龄
0  小杰   男    20
1  小红   女    19
2  小明   男    21
```

分析

想要修改列名，以下两种方式都是可行的：

```
# 方式1
df.columns = ["姓名", "性别", "年龄"]

# 方式2
df = df.rename(columns = {"name": "姓名", "gender": "性别", "age": "年龄"})
```

7.3 类型转换

在实际工作中，有时需要将 DataFrame 或某一列转换为其他类型。类型转换分为以下两种情况。

- 针对 DataFrame。
- 针对某一列。

7.3.1 针对 DataFrame

在 Pandas 中，整个 DataFrame 的类型转换主要包括 3 种情况：转换为字典；转换为数组；转换为列表。

1. 转换为字典

在 Pandas 中，可以使用 to_dict() 将一个 DataFrame 转换为一个字典。

语法

```
df.to_dict(into=值)
```

说明

to_dict() 是 DataFrame 中的一个方法，它接收一个 into 作为参数。into 的取值情况如表 7-1 所示。

表 7-1 into 的取值情况

取值	说明
dict（默认值）	格式如 {column -> {index -> value}}
list	格式如 {column -> [value]}
series	格式如 {column -> Series(values)}
split	格式如 {index -> [index], columns -> [columns], data -> [values]}
records	格式如 [{column -> value}, . . . , {column -> value}]
index	格式如 {index -> {column -> value}}

对于 into 的取值，我们不需要特别记忆，一般情况下使用默认值就可以了。

举例

```
import pandas as pd

data = [
    ["小杰", "男", 20],
    ["小红", "女", 19],
    ["小明", "男", 21]
]
df = pd.DataFrame(data, columns=["name", "gender", "age"])
result = df.to_dict()

print(result)
print(type(result))
```

输出结果如下：

```
{
    'name': {0: '小杰', 1: '小红', 2: '小明'},
    'gender': {0: '男', 1: '女', 2: '男'},
    'age': {0: 20, 1: 19, 2: 21}
}
<class 'dict'>
```

分析

df.to_dict() 表示 into 参数使用默认值，等价于 df.to_dict(into=dict)。

2. 转换为数组

在 Pandas 中，如果想要将一个 DataFrame 转换为一个数组，可以使用 NumPy 的 array() 来实现。

语法

```
np.array(df)
```

说明

df 是一个 DataFrame。

举例

```
import numpy as np
import pandas as pd

data = [
    ["小杰", "男", 20],
    ["小红", "女", 19],
    ["小明", "男", 21]
]
df = pd.DataFrame(data, columns=["name", "gender", "age"])
result = np.array(df)

print(result)
print(type(result))
```

输出结果如下：

```
[['小杰' '男' 20]
 ['小红' '女' 19]
 ['小明' '男' 21]]
<class 'numpy.ndarray'>
```

3. 转换为列表

在 Pandas 中，如果想要将一个 DataFrame 转换为一个列表，需要先将 DataFrame 转换为数组，然后再将数组转换为列表。

举例

```
import numpy as np
import pandas as pd

data = [
    ["小杰", "男", 20],
    ["小红", "女", 19],
    ["小明", "男", 21]
]
df = pd.DataFrame(data, columns=["name", "gender", "age"])
df_array = np.array(df)                    # 转换为数组
df_list = df_array.tolist()                # 转换为列表
print(df_list)
print(type(df_list))
```

输出结果如下：

```
[['小杰' '男' 20]
 ['小红' '女' 19]
 ['小明' '男' 21]]
<class 'list'>
```

7.3.2 针对某一列

前面是将整个 DataFrame 进行类型转换，如果只希望对某一列进行类型转换，应该怎么办呢？

在 Pandas 中，可以使用 astype() 来对某一列进行类型转换。DataFrame 的一列本质上是一个 Series，所以对列进行类型转换其实是对 Series 进行类型转换。

语法

```
df[列名].astype(类型)
```

说明

astype() 的参数是一种数据类型，取值可以是 int、float、str 等。需要注意的是，astype() 并不会修改原来的列（Series），而是会返回一个新的列（Series）。

举例：浮点型转整型

```
import pandas as pd

data = [
    ["苹果", 6.4, "秋季"],
    ["西瓜", 2.5, "夏季"],
    ["香蕉", 7.8, "四季"],
    ["李子", 12.4, "夏秋"],
    ["芒果", 3.5, "夏季"]
]
df = pd.DataFrame(data, columns=["fruit", "price", "season"])
df["price"] = df["price"].astype(int)

pd.set_option("display.unicode.east_asian_width", True)
print(df)
```

输出结果如下：

```
  fruit  price season
0  苹果      6   秋季
1  西瓜      2   夏季
2  香蕉      7   四季
3  李子     12   夏秋
4  芒果      3   夏季
```

分析

astype() 是一种实现强制类型转换的方法，df["price"].astype(int) 表示将 price 这一列强制转换成整型，此时会直接删除小数部分，只保留整数部分（注意这里不是四舍五入）。

举例：数字转字符串

```
import pandas as pd

data = [
```

```
    ["苹果", 6.4, "秋季"],
    ["西瓜", 2.5, "夏季"],
    ["香蕉", 7.8, "四季"],
    ["李子", 12.4, "夏秋"],
    ["芒果", 3.5, "夏季"]
]
df = pd.DataFrame(data, columns=["fruit", "price", "season"])
print(df["price"].dtypes)
df["price"] = df["price"].astype(str)
print(df["price"].dtypes)
```

输出结果如下：

```
float64
object
```

◤ 分析

从结果可以看出，price 这一列的类型已经由数字转换成字符串了。需要注意的是，Pandas 中字符串的类型名是 object，而不是 str。

读者可能会问：将数字转换成字符串，这样做有什么意义？该操作在某些场景中是非常有用的，例如有时想要将某一行的所有列连接起来，但是字符串和数字是不能通过相加连接的，此时就要先把这一列的类型转换成字符串。对于这部分内容，“7.11 字符串处理”这一节会详细介绍。

7.4　行列转置：T

行列转置，指的是将一个 DataFrame 的行和列互换。转置其实是线性代数中的一个术语，它本身指的是将一个矩阵的行和列对应互换。

在 Pandas 中，可以使用 T 属性来将一个 DataFrame 进行转置。T 代表 transposition（调换）。

◤ 语法

```
df.T
```

◤ 说明

T 属性并不会修改原来的 DataFrame，而是会返回一个新的 DataFrame。

◤ 举例

```
import pandas as pd

data = [
    ["小杰", "男", 20],
    ["小红", "女", 19],
    ["小明", "男", 21]
]
df = pd.DataFrame(data, columns=["name", "gender", "age"])
result = df.T
```

```
pd.set_option("display.unicode.east_asian_width", True)
print(df)
print(result)
```

输出结果如下：

```
   name gender  age
0  小杰     男   20
1  小红     女   19
2  小明     男   21

           0      1      2
name     小杰   小红   小明
gender     男     女     男
age       20     19     21
```

7.5 大小排序：sort_values()

在实际工作中，对数据进行大小排序是经常用到的一个操作。在 Pandas 中，可以使用 sort_values() 来进行大小排序。

语法

```
df.sort_values(by=列表, ascending=布尔值)
```

说明

by 的值是一个列表，表示需要进行排序的列名。绝大多数情况下我们只会对列进行排序，很少会对行进行排列。

ascending 的值是一个布尔值，默认值是 True。当 ascending=True 时，表示升序排列；当 ascending=False 时，表示降序排列。其中，ascend 就是上升的意思。

此外，sort_values() 不会修改原来的 DataFrame，而是会返回一个新的 DataFrame。

举例：对一列进行排序

```
import pandas as pd

data = [
    ["小杰", 90, 100, 95],
    ["小红", 100, 90, 90],
    ["小明", 95, 95, 80]
]
df = pd.DataFrame(data, columns=["姓名", "语文", "数学", "英语"])
# 单列排序
result = df.sort_values(by=["语文"], ascending=False)

pd.set_option("display.unicode.east_asian_width", True)
print(result)
```

输出结果如下：

```
   姓名  语文  数学  英语
```

```
1  小红   100    90    90
2  小明    95    95    80
0  小杰    90   100    95
```

◤ 分析

df.sort_values(by=[" 语文 "], ascending=False) 表示对“语文”这一列进行降序排列，也就是从大到小排序。

◤ 举例：对多列进行排序（1）

```
import pandas as pd

data = [
    ["小杰", 90, 100, 95],
    ["小红", 100, 90, 90],
    ["小明", 95, 95, 80]
]
df = pd.DataFrame(data, columns=["姓名", "语文", "数学", "英语"])
# 多列排序
result= df.sort_values(by=["语文", "数学"], ascending=False)

pd.set_option("display.unicode.east_asian_width", True)
print(result)
```

输出结果如下：

```
   姓名  语文  数学  英语
1  小红   100    90    90
2  小明    95    95    80
0  小杰    90   100    95
```

◤ 分析

这里明明是对“语文”和“数学”这两列进行降序排列，为什么“语文”这一列有效果，而“数学”这一列没有效果呢？

原因是这样的，由于这里执行的是多列排序，首先会对“语文”这一列进行排序。排好之后，只有两个人的语文成绩相同时，才会对这两个人的数学成绩进行排序。对于这一点，我们看一下下面这个例子就懂了。

◤ 举例：对多列进行排序（2）

```
import pandas as pd

data = [
    ["小杰", 90, 100, 95],
    ["小红", 100, 90, 90],
    ["小明", 95, 95, 80],
    ["小华", 95, 90, 80],
    ["小莉", 95, 100, 80]
]
df = pd.DataFrame(data, columns=["姓名", "语文", "数学", "英语"])
# 多列排序
```

```
result = df.sort_values(by=["语文", "数学"], ascending=False)

pd.set_option("display.unicode.east_asian_width", True)
print(result)
```

输出结果如下：

```
   姓名  语文  数学  英语
1  小红   100    90    90
4  小莉    95   100    80
2  小明    95    95    80
3  小华    95    90    80
0  小杰    90   100    95
```

◤ 分析

df.sort_values(by=["语文", "数学"], ascending=False) 表示对“语文”和“数学”这两列同时进行降序排列。在实际工作中，可能会遇到这样一种特殊需求：先对“语文”列进行升序排列，然后对“数学”列进行降序排列。此时应该怎么办？

◤ 举例：不同列使用不同的排序方式

```
import pandas as pd

data = [
    ["小杰", 90, 100, 95],
    ["小红", 100, 90, 90],
    ["小明", 95, 95, 80],
    ["小华", 95, 90, 80],
    ["小莉", 95, 100, 80]
]
df = pd.DataFrame(data, columns=["姓名", "语文", "数学", "英语"])
# 多列排序
result = df.sort_values(by=["语文", "数学"], ascending=[False, True])

pd.set_option("display.unicode.east_asian_width", True)
print(result)
```

输出结果如下：

```
   姓名  语文  数学  英语
1  小红   100    90    90
3  小华    95    90    80
2  小明    95    95    80
4  小莉    95   100    80
0  小杰    90   100    95
```

◤ 分析

实现方法非常简单，我们只需要将一个列表赋给 ascending 参数就可以了，列表每一个元素对应 by 参数的每一个元素。对于这个例子，“语文”这一列采用的是 ascending=False，而“数学”这一列采用的是 ascending=True。

最后需要说明的是，除了 sort_values() 之外，还有 sort_index()。sort_values() 是对数据

进行排序，而 sort_index() 是对行名进行排序。sort_index() 更多用于层次化索引的排序，很少用于普通索引的排序。对于层次化索引，“10.3 层次化索引”这一节会详细介绍。

7.6 数据排名：rank()

数据排名和大小排序非常类似，区别在于数据排名会新增一个列，用于表示排名的情况。在 Pandas 中，可以使用 rank() 对某一列进行排名。

语法

```
df[列名].rank(ascending=布尔值, method=值)
```

说明

rank() 默认对列进行排名，如果想要对行进行排名，可以使用 axis 参数来实现。不过一般情况下，很少会对行进行排名。

ascending 的值是一个布尔值，默认值是 True。当 ascending=True 时，表示升序排名；当 ascending=False 时，表示降序排名。

method 表示排序的方式，其常见取值如表 7-2 所示。

表 7-2 method 的常见取值

取值	说明
average	平均值排名（默认值）
max	最大值排名
min	最小值排名
first	按值在原始数据中出现的顺序进行排名

举例

```
import pandas as pd

data = [
    ["小杰", 90, 100, 95],
    ["小红", 100, 90, 90],
    ["小明", 95, 95, 80],
    ["小华", 95, 90, 80],
    ["小莉", 95, 100, 80]
]
df = pd.DataFrame(data, columns=["姓名", "语文", "数学", "英语"])
# 增加一个新列，表示总分
df["总分"] = df.sum(axis=1)
# 增加一个新列，表示排名
df["排名"] = df["总分"].rank()

pd.set_option("display.unicode.east_asian_width", True)
print(df)
```

输出结果如下:

```
    姓名  语文  数学  英语  总分  排名
0   小杰    90   100    95   285   5.0
1   小红   100    90    90   280   4.0
2   小明    95    95    80   270   2.0
3   小华    95    90    80   265   1.0
4   小莉    95   100    80   275   3.0
```

◤ 分析

df.sum(axis=1) 表示分别对每一行进行求和，sum() 是一个统计函数，“8.2 基本统计函数”一节会详细介绍。

df[" 总分 "].rank() 等价于 df[" 总分 "].rank(ascending=True)，即升序排名。也就说，总分最低的“排名数值”最小（即 1.0），总分最高的“排名数值”最大（即 5.0）。

将 df[" 总分 "].rank() 改成 df[" 总分 "].rank(ascending=False) 之后，再次运行代码，此时输出结果如下:

```
    姓名  语文  数学  英语  总分  排名
0   小杰    90   100    95   285   1.0
1   小红   100    90    90   280   2.0
2   小明    95    95    80   270   4.0
3   小华    95    90    80   265   5.0
4   小莉    95   100    80   275   3.0
```

“排名”这一列还没有达到预期的效果，我们希望严格按照 1.0、2.0、3.0、4.0、5.0 这样的顺序排列，此时应该怎么办呢？这时就要借助上一节介绍的 sort_values() 了。

◤ 举例

```
import pandas as pd

data = [
    ["小杰", 90, 100, 95],
    ["小红", 100, 90, 90],
    ["小明", 95, 95, 80],
    ["小华", 95, 90, 80],
    ["小莉", 95, 100, 80]
]
df = pd.DataFrame(data, columns=["姓名", "语文", "数学", "英语"])
# 增加一个新列，表示总分
df["总分"] = df.sum(axis=1)
# 增加一个新列，表示排名
df["排名"] = df["总分"].rank(ascending=False)
# 大小排序
df = df.sort_values(by=["排名"], ascending=True)

pd.set_option("display.unicode.east_asian_width", True)
print(df)
```

输出结果如下:

```
    姓名  语文  数学  英语  总分  排名
0   小杰    90   100    95   285   1.0
1   小红   100    90    90   280   2.0
4   小莉    95   100    80   275   3.0
2   小明    95    95    80   270   4.0
3   小华    95    90    80   265   5.0
```

▼ 分析

这跟预期的效果已经非常接近了，不过还存在最后一个问题，那就是我们希望“排名”使用整数，而不是浮点数。想要解决这个问题，可以借助之前介绍的 astype() 来进行类型转换。

▼ 举例

```
import pandas as pd

data = [
    ["小杰", 90, 100, 95],
    ["小红", 100, 90, 90],
    ["小明", 95, 95, 80],
    ["小华", 95, 90, 80],
    ["小莉", 95, 100, 80]
]
df = pd.DataFrame(data, columns=["姓名", "语文", "数学", "英语"])
# 增加一个新列，表示总分
df["总分"] = df.sum(axis=1)
# 增加一个新列，表示排名
df["排名"] = df["总分"].rank(ascending=False)
# 大小排序
df = df.sort_values(by=["排名"], ascending=True)
# 转换类型
df["排名"] = df["排名"].astype(int)

pd.set_option("display.unicode.east_asian_width", True)
print(df)
```

输出结果如下：

```
    姓名  语文  数学  英语  总分  排名
0   小杰    90   100    95   285     1
1   小红   100    90    90   280     2
4   小莉    95   100    80   275     3
2   小明    95    95    80   270     4
3   小华    95    90    80   265     5
```

7.7 数据替换：replace()

在实际工作中，对数据进行替换是十分常见的一个操作。当数据量比较大时，手动替换的效率是非常低的，并且也容易出错。

在 Pandas 中，可以使用 replace() 对数据进行批量替换。

语法

```
# 替换一个值
df.replace(A, B)

# 替换多个值
df.replace(字典)
```

说明

replace() 有两种语法格式。如果想要替换一个值，可以使用 df.replace(A, B) 这种方式。其中，A 是“原值”，B 是“新值”。如果想要替换多个值，可以使用 df.replace(字典) 这种方式。其中，字典的键是“原值”，字典的值是“新值”。

举例：替换一个值

```
import pandas as pd

data = [
    [1001, "小杰", "男", 650, "一班"],
    [1002, "小红", "女", 645, "一班"],
    [1003, "小明", "男", 590, "二班"],
    [1004, "小华", "男", 640, "二班"],
    [1005, "小莉", "女", 635, "二班"]
]
df = pd.DataFrame(data, columns=["学号", "姓名", "性别", "成绩", "班级"])
df["班级"] = df["班级"].replace("一班", "高三（1）班")

pd.set_option("display.unicode.east_asian_width", True)
print(df)
```

输出结果如下：

```
     学号  姓名  性别  成绩          班级
0  1001  小杰    男   650  高三（1）班
1  1002  小红    女   645  高三（1）班
2  1003  小明    男   590          二班
3  1004  小华    男   640          二班
4  1005  小莉    女   635          二班
```

分析

df["班级"].replace("一班","高三（1）班")表示将“班级”这一列中的“一班”替换成“高三（1）班”。对于这个例子，以下两种方式是等价的：

```
# 方式1
df["班级"] = df["班级"].replace("一班", "高三（1）班")

# 方式2
df["班级"] = df["班级"].replace({"一班": "高三（1）班"})
```

如果在将“一班”替换成“高三（1）班”的同时，还要将“二班”替换成“高三（2）班”，应该怎么实现呢？可以使用字典这种方式来实现，请看下面的例子。

▶ 举例：替换多个值

```
import pandas as pd

data = [
    [1001, "小杰", "男", 650, "一班"],
    [1002, "小红", "女", 645, "一班"],
    [1003, "小明", "男", 590, "二班"],
    [1004, "小华", "男", 640, "二班"],
    [1005, "小莉", "女", 635, "二班"]
]
df = pd.DataFrame(data, columns=["学号", "姓名", "性别", "成绩", "班级"])
df["班级"] = df["班级"].replace({"一班": "高三(1)班", "二班": "高三(2)班"})

pd.set_option("display.unicode.east_asian_width", True)
print(df)
```

输出结果如下：

```
   学号  姓名 性别  成绩        班级
0  1001  小杰   男   650  高三(1)班
1  1002  小红   女   645  高三(1)班
2  1003  小明   男   590  高三(2)班
3  1004  小华   男   640  高三(2)班
4  1005  小莉   女   635  高三(2)班
```

▶ 分析

对于这个例子，以下两种方式是等价的：

```
# 方式1
df["班级"] = df["班级"].replace({"一班": "高三(1)班", "二班": "高三(2)班"})

# 方式2
df["班级"] = df["班级"].replace("一班", "高三(1)班")
df["班级"] = df["班级"].replace("二班", "高三(2)班")
```

df.replace() 只能对数据项进行整体替换，而不能对数据项的一部分进行替换。例如下面这个 DataFrame，如果只想将所有的“元”替换为“RMB”，此时使用 df.replace() 就无法实现了。因为“元”只是数据项的一部分，而不是整个数据项。

```
data = [
    ["苹果", "6.4元", "秋季"],
    ["西瓜", "2.5元", "夏季"],
    ["香蕉", "7.8元", "四季"],
]
```

如果想要对数据项的一部分进行替换，需要借助“7.11 字符串处理”这一节介绍的 str.replace() 才能实现。

7.8　数据移动：shift()

在实际工作中，可能会遇到图 7-2 所示的情况：录入的销售额与日期对应错了，正确的应该是所有销售额都往后移动一天。

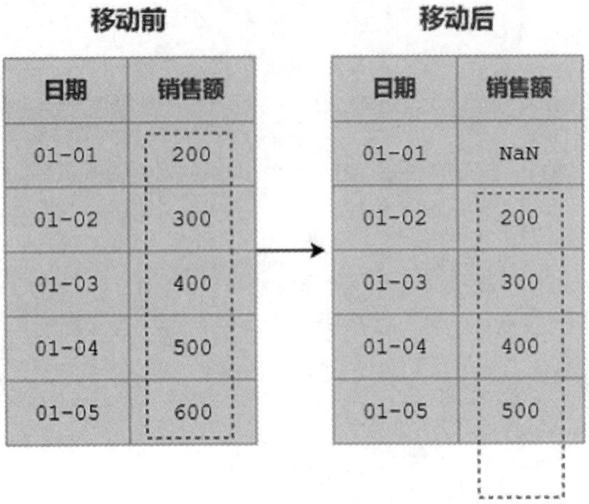

图 7-2

在 Pandas 中，可以使用 shift() 方法来实现数据的整体移动。

语法

```
df.shift(n, axis=0或1)
```

说明

n 是一个可选参数，表示移动的步数，默认值为 1。n 的取值可以是正整数，也可以是负整数。如果 n 是正整数，表示向后移动 n 步；如果 n 是负整数，表示向前移动 n 步。

axis 是一个可选参数，表示沿着哪一条轴移动，默认值为 0。当 axis=0 时，表示沿着“纵轴”进行移动；当 axis=1 时，表示沿着“横轴”进行移动。

需要注意的是，这里移动的是数据部分，而行名部分是不移动的。如果移动之后，行名没有对应的数据，那么空数据将被赋值为 NaN。

举例：改进前

```
import pandas as pd

data = [
    ["2022-01-01", 197],
    ["2022-01-02", 161],
    ["2022-01-03", 146],
    ["2022-01-04", 228],
    ["2022-01-05", 230]
]
df = pd.DataFrame(data, columns=["日期", "销售额"])
df = df.shift(1)

pd.set_option("display.unicode.east_asian_width", True)
print(df)
```

输出结果如下：

```
          日期    销售额
0          NaN      NaN
1  2022-01-01    197.0
2  2022-01-02    161.0
3  2022-01-03    146.0
4  2022-01-04    228.0
```

▼ 分析

从结果可以看出，“日期”这一列也整体往后移动了。但是我们只希望将“销售额”这一列进行移动，此时应该怎么做呢？请看下面的例子。

▼ 举例：改进后

```
import pandas as pd

data = [
    ["2022-01-01", 197],
    ["2022-01-02", 161],
    ["2022-01-03", 146],
    ["2022-01-04", 228],
    ["2022-01-05", 230]
]
df = pd.DataFrame(data, columns=["日期", "销售额"])
df["销售额"] = df["销售额"].shift(1)

pd.set_option("display.unicode.east_asian_width", True)
print(df)
```

输出结果如下：

```
          日期    销售额
0  2022-01-01      NaN
1  2022-01-02    197.0
2  2022-01-03    161.0
3  2022-01-04    146.0
4  2022-01-05    228.0
```

▼ 分析

df["销售额"].shift(1) 表示只针对“销售额”这一列进行数据移动，而不对其他列进行操作。

7.9 数据清洗

在实际工作中，我们拿到的数据往往是“脏数据”（也叫问题数据）。也就是说，这些数据或多或少存在一定的问题，例如数据缺失、数据重复、数据异常等。

所谓数据清洗，指的就是对这些“脏数据”进行处理，以得到高质量的数据，为后面的数据分析做准备，如图 7-3 所示。

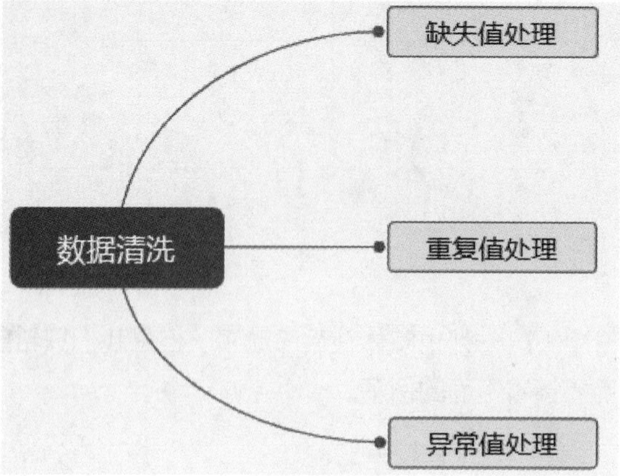

图 7-3

7.9.1 缺失值

数据中存在缺失值的情况比较常见，之所以有缺失值，原因主要有两个：一个是有些信息暂时无法获取，例如一个未婚人士的配偶；另一个是有些信息被遗漏了，例如没有录入对应的数据。

1. 判断缺失值

在 Pandas 中，可以使用 isnull() 来判断数据是否缺失。如果某一项数据缺失，那么该项的值就是 NaN（缺失值）。

语法

```
df.isnull()
```

说明

df.isnull() 会对所有数据项进行判断，如果某一项数据缺失，那么返回 True；如果数据不缺失，那么返回 False。除了 isnull()，还有 notnull() 可使用，这两个方法返回的结果是相反的，我们只需要掌握其中一个就可以了。

接下来，在当前项目下的 data 文件夹中新建一个 miss.xlsx 文件，整个项目结构如图 7-4 所示。miss.xlsx 文件的内容如图 7-5 所示。

图 7-4

	A	B	C	D	E
1	学号	姓名	性别	成绩	班级
2	1001	小杰	男	650	一班
3	1002	小红	女		一班
4	1003	小明	男	590	二班
5	1004	小华	男	640	二班
6	1005	小莉	女		二班

图7-5

◤ 举例

```
import pandas as pd

df = pd.read_excel(r"data/miss.xlsx")
pd.set_option("display.unicode.east_asian_width", True)
print(df)
```

输出结果如下:

```
   学号  姓名 性别   成绩  班级
0  1001  小杰   男  650.0  一班
1  1002  小红   女    NaN  一班
2  1003  小明   男  590.0  二班
3  1004  小华   男  640.0  二班
4  1005  小莉   女    NaN  二班
```

◤ 分析

从一个外部文件中导入数据时，如果某一项数据是空的，那么它的值就是NaN。这个文件可以是CSV文件、JSON文件、Excel文件等。

◤ 举例: isnull()

```
import pandas as pd

df = pd.read_excel(r"data/miss.xlsx")
result = df.isnull()

pd.set_option("display.unicode.east_asian_width", True)
print(result)
```

输出结果如下:

```
    学号   姓名   性别   成绩   班级
0  False  False  False  False  False
1  False  False  False   True  False
2  False  False  False  False  False
3  False  False  False  False  False
4  False  False  False   True  False
```

◤ 分析

df.isnull() 返回的结果是一组布尔值。既然是布尔值，就可以使用“布尔选择”的方式来把包含缺失值的行选取出来。

◤ 举例：布尔选择

```
import pandas as pd

df = pd.read_excel(r"data/miss.xlsx")
result = df[df.isnull().values == True]

pd.set_option("display.unicode.east_asian_width", True)
print(result)
```

输出结果如下：

```
   学号  姓名 性别  成绩  班级
1  1002  小红   女   NaN  一班
4  1005  小莉   女   NaN  二班
```

◤ 分析：

df[df.isnull().values == True] 表示把包含缺失值的行选取出来。

2. 处理缺失值

在 Pandas 中，如果想要对缺失值进行处理，一般有以下两种方式。

- 删除：把包含缺失值的行或列删除。
- 填充：用某个值替代缺失值。

（1）删除

在 Pandas 中，可以使用 dropna() 来删除包含缺失值的行或列。其中，dropna 是 drop nan（删除缺失值）的缩写。

◤ 语法

```
df.dropna(axis=0或1, how="any"或"all")
```

◤ 说明

axis 是一个可选参数，表示沿着哪一条轴进行操作，默认值是 0。当 axis=0 时，表示沿着“纵轴”进行操作，也就是删除行；当 axis=1 时，表示沿着“横轴”进行操作，也就是删除列。

how 也是一个可选参数，表示删除的规则，默认值是 any。当 how="any" 时，表示这一行或这一列只要有一个缺失值，就删除这一行或这一列。当 how="all" 时，表示当这一行或这一列所有项的数据都缺失时，才删除这一行或这一列。

最后需要注意的是，dropna() 不会修改原来的 DataFrame，而是会返回一个新的 DataFrame，这样也是为了确保原始数据不被修改。

◤ 举例：删除行

```
import pandas as pd

df = pd.read_excel(r"data/miss.xlsx")
result = df.dropna()

pd.set_option("display.unicode.east_asian_width", True)
```

```
print(result)
```

输出结果如下：

```
    学号  姓名 性别    成绩  班级
0  1001  小杰   男  650.0  一班
2  1003  小明   男  590.0  二班
3  1004  小华   男  640.0  二班
```

分析

在这个例子中，df.dropna() 等价于 df.dropna(axis=0)，表示对行进行删除。从结果可以看出，包含缺失值的行已经被全部删除了。

举例：how="all"

```
import pandas as pd

df = pd.read_excel(r"data/miss.xlsx")
result = df.dropna(how="all")

pd.set_option("display.unicode.east_asian_width", True)
print(result)
```

输出结果如下：

```
    学号  姓名 性别    成绩  班级
0  1001  小杰   男  650.0  一班
1  1002  小红   女    NaN  一班
2  1003  小明   男  590.0  二班
3  1004  小华   男  640.0  二班
4  1005  小莉   女    NaN  二班
```

分析

当 how="all" 时，表示只有某一行或某一列的所有元素都是缺失值，该行或列才会被删除。

（2）填充

在实际工作中，数据往往是非常宝贵的，所以在处理缺失值时，更多采用填充的方式，而不是删除的方式。当某一行缺失值的比例较小（不超过 30%）时，应该使用填充的方式，而不是删除的方式。

在 Pandas 中，可以使用 fillna() 对缺失值进行填充。fillna 是 fill nan（填充缺失值）的缩写。

语法

```
df.fillna(value=字典, method=填充方式)
```

说明

value、method 这两个都是可选参数。value 的值是一个字典，字典的键表示列名，字典的值表示对应的填充值。

method 表示填充方式，它的取值只有两种情况，如表 7-3 所示。

表7-3 method的取值

取值	说明
ffill	使用前值填充
bfill	使用后值填充

其中，ffill是forward fill（向前填充）的缩写，bfill是backward fill（向后填充）的缩写。

举例：使用0进行填充

```
import pandas as pd

df = pd.read_excel(r"data/miss.xlsx")
result = df.fillna(value={"成绩": 0})              # 使用0进行填充

pd.set_option("display.unicode.east_asian_width", True)
print(result)
```

输出结果如下：

```
   学号  姓名 性别    成绩  班级
0  1001  小杰   男   650.0  一班
1  1002  小红   女     0.0  一班
2  1003  小明   男   590.0  二班
3  1004  小华   男   640.0  二班
4  1005  小莉   女     0.0  二班
```

分析

使用0来填充缺失值是常用的一种手段。不过对于这个例子来说，使用0来填充误差比较大，更准确的方式是使用已有成绩的“平均值”来填充。

举例：使用平均值进行填充

```
import pandas as pd

df = pd.read_excel(r"data/miss.xlsx")
df1 = df.dropna()                                # 删除缺失值，将结果保存到df1中
mean = df1["成绩"].mean()                        # 对df1中“成绩”这一列求平均值
result = df.fillna(value={"成绩": mean})         # 使用平均值进行填充

pd.set_option("display.unicode.east_asian_width", True)
print(result)
```

输出结果如下：

```
   学号  姓名 性别        成绩  班级
0  1001  小杰   男  650.000000  一班
1  1002  小红   女  626.666667  一班
2  1003  小明   男  590.000000  二班
3  1004  小华   男  640.000000  二班
4  1005  小莉   女  626.666667  二班
```

分析

df.fillna({"成绩": mean})表示使用mean这个值来填充“成绩”这一列的缺失值。当然，也

可以同时对多个列进行缺失值填充，读者可以自行试一下。

实际上，除了 fillna() 之外，还可以使用前面介绍的 replace() 来实现缺失值的填充，请看下面的例子。

◤ 举例：replace()

```
import pandas as pd
import numpy as np

df = pd.read_excel(r"data/miss.xlsx")
df1 = df.dropna()                                  # 删除缺失值，将结果保存到df1中
mean = df1["成绩"].mean()                          # 对df1中“成绩”这一列求平均值
result = df.replace({np.NaN: mean})               # 使用平均值进行填充

pd.set_option("display.unicode.east_asian_width", True)
print(result)
```

输出结果如下：

```
   学号  姓名  性别        成绩  班级
0  1001  小杰    男  650.000000  一班
1  1002  小红    女  626.666667  一班
2  1003  小明    男  590.000000  二班
3  1004  小华    男  640.000000  二班
4  1005  小莉    女  626.666667  二班
```

◤ 分析

在这个例子中，NaN 需要用 np.NaN 来表示。如果直接写成 NaN，那么程序是会报错的。

◤ 举例：使用前值填充

```
import pandas as pd

df = pd.read_excel(r"data/miss.xlsx")
result = df.fillna(method="ffill")              # 使用前值填充

pd.set_option("display.unicode.east_asian_width", True)
print(result)
```

输出结果如下：

```
   学号  姓名  性别   成绩  班级
0  1001  小杰    男  650.0  一班
1  1002  小红    女  650.0  一班
2  1003  小明    男  590.0  二班
3  1004  小华    男  640.0  二班
4  1005  小莉    女  640.0  二班
```

◤ 分析

df.fillna(method="ffill") 表示如果当前值是 NaN，那么就使用它的前一个数据来对其进行填充。需要注意的是，如果某一列以 NaN 开始或者前几个值都是 NaN，那么这些 NaN 会继续存在，它们是无法使用前值进行填充的。

除了使用前一个数据填充之外，还可以使用后一个数据来填充，也就是使用 method="bfill"。

◤ 举例：使用后值填充

```
import pandas as pd

df = pd.read_excel(r"data/miss.xlsx")
result = df.fillna(method="bfill")              # 使用后值填充

pd.set_option("display.unicode.east_asian_width", True)
print(result)
```

输出结果如下：

```
   学号  姓名 性别   成绩  班级
0  1001  小杰   男  650.0  一班
1  1002  小红   女  590.0  一班
2  1003  小明   男  590.0  二班
3  1004  小华   男  640.0  二班
4  1005  小莉   女    NaN  二班
```

◤ 分析

df.fillna(method="bfill") 表示如果当前值是 NaN，那么就使用它的后一个数据来对其进行填充。需要注意的是，如果某一列以 NaN 结束或者后几个值都是 NaN，那么这些 NaN 会继续存在，它们是无法使用后值进行填充的。上面这个例子就出现了这种情况，所以向前填充和向后填充这两种方式是存在一定问题的。

有些读者可能会问：为什么给我们介绍这么多种填充方式？因为真实工作的需求是非常多变的。记不住没关系，先认真过一遍，如果后面忘记了，就回来查一下。对于本书，笔者还是希望尽可能考虑得多一点，尽量给读者介绍更多有用的技术。这样，读者才能在真正的工作中做到游刃有余。

7.9.2 重复值

重复值，指的是相同的数据。对于重复值，一般做删除处理。下面先介绍一下如何判断一个 DataFrame 是否有重复值，然后再介绍如何处理这些重复值。

1. 判断重复值

在 Pandas 中，可以使用 duplicated() 来判断是否有重复值。

◤ 语法

```
df.duplicated()
```

◤ 说明

duplicated() 会返回一组布尔值，其中，重复值被标记为 True，非重复值被标记为 False。默认情况下，只有两行所有数据项都相同时，才算是重复值。

接下来，在当前项目下的 data 文件夹中新建一个 repeat.xlsx 文件，项目结构如图 7-6 所示。repeat.xlsx 文件的内容如图 7-7 所示。

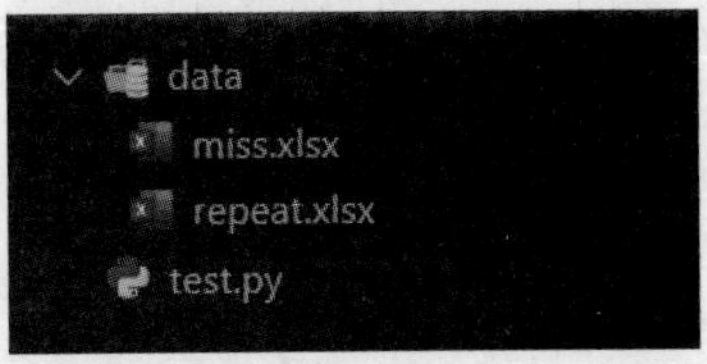

图 7-6

	A	B	C	D	E
1	学号	姓名	性别	成绩	班级
2	1001	小杰	男	650	一班
3	1002	小红	女	645	一班
4	1002	小红	女	645	一班
5	1003	小明	男	590	二班
6	1004	小华	男	640	二班
7	1005	小莉	女	635	二班
8	1005	小莉	女	635	二班

图 7-7

◤ 举例

```
import pandas as pd

df = pd.read_excel(r"data/repeat.xlsx")
result = df.duplicated()

pd.set_option("display.unicode.east_asian_width", True)
print(result)
```

输出结果如下:

```
0    False
1    False
2     True
3    False
4    False
5    False
6     True
dtype: bool
```

◤ 分析

由于 df.duplicates() 返回的结果是一组布尔值，所以也可以使用“布尔选择”的方式来把包含重复值的行选取出来。

◤ 举例：布尔选择

```
import pandas as pd

df = pd.read_excel(r"data/repeat.xlsx")
result = df[df.duplicated().values == True]
```

```
pd.set_option("display.unicode.east_asian_width", True)
print(result)
```

输出结果如下:

```
   学号  姓名 性别  成绩  班级
2  1002  小红   女   645  一班
6  1005  小莉   女   635  二班
```

2. 处理重复值

在 Pandas 中，可以使用 drop_duplicates() 来删除重复数据。

语法

```
df.drop_duplicates(subset=列表, keep=值)
```

说明

subset 是一个可选参数，它的值是一个列表，表示对指定的列进行重复值判断。如果省略 subset，那么会对所有列进行判断。

keep 也是一个可选参数，它的取值有 3 种情况，如表 7-4 所示。

表 7-4 keep 的取值

取值	说明
first（默认值）	保留第一次出现的重复行，删除后面的重复行
last	保留最后一次出现的重复行，删除其他的重复行
False	删除所有重复行

drop_duplicates() 没有 axis 这个参数的，它只能对“行”进行去重，而不能对“列”进行去重。

同样地，drop_duplicates() 也不会修改原来的 DataFrame，而是会返回一个新的 DataFrame。

举例：默认值

```
import pandas as pd

df = pd.read_excel(r"data/repeat.xlsx")
result = df.drop_duplicates()

pd.set_option("display.unicode.east_asian_width", True)
print(result)
```

输出结果如下:

```
   学号  姓名 性别  成绩  班级
0  1001  小杰   男   650  一班
1  1002  小红   女   645  一班
3  1003  小明   男   590  二班
4  1004  小华   男   640  二班
5  1005  小莉   女   635  二班
```

分析

上面这个例子是针对所有列进行重复值判断。当然，也可以只针对某一列或某几列进行重复值判断，只需要在 drop_duplicates() 中指定列名就可以了。

```
# 针对某一列
df.drop_duplicates(subset=["成绩"])

# 针对某几列
df.drop_duplicates(subset=["成绩", "班级"])
```

在实际工作中，一般只会对所有列进行重复值判断，很少会针对某一列或某几列进行重复值判断。

删除重复值之后，行名就不再是连续的整数了。如果希望行名是连续的整数，可以使用之前介绍的 reset_index() 来实现。

另外，df.drop_duplicates() 等价于 df.drop_duplicates(keep="first")，表示保留第一次出现的重复行。如果想删除所有重复行，可以使用 keep=False 来实现。

举例：keep=False

```
import pandas as pd

df = pd.read_excel(r"data/repeat.xlsx")
result = df.drop_duplicates(keep=False)

pd.set_option("display.unicode.east_asian_width", True)
print(result)
```

输出结果如下：

```
   学号  姓名  性别  成绩  班级
0  1001  小杰   男    650  一班
3  1003  小明   男    590  二班
4  1004  小华   男    640  二班
```

分析

drop_duplicates() 只能对“行”进行去重，但需要对“列”进行去重时，应该怎么做呢？请看下面的例子。

举例：对列去重

```
import pandas as pd

data = [
    ["小杰", "男", 20, "小杰"],
    ["小红", "女", 19, "小红"],
    ["小明", "男", 21, "小明"]
]
df = pd.DataFrame(data, columns=["name", "gender", "age", "name"])
result1 = df.T.drop_duplicates()
result2 = result1.T
```

```
pd.set_option("display.unicode.east_asian_width", True)
print(result2)
```

输出结果如下：

```
   name gender age
0  小杰     男  20
1  小红     女  19
2  小明     男  21
```

分析

Pandas 并没有提供直接对列进行去重的方法，不过我们可以综合运用所学知识来实现：首先使用 T 属性进行行列转置，然后使用 drop_duplicates() 去重，最后使用 T 属性进行行列转置。

在对多个数据表进行合并时，经常会出现重复的列，此时就需要对列进行去重处理。上面这种方式非常巧妙，读者要熟练掌握。

7.9.3 异常值

在数据分析中，除了常见的缺失值和重复值之外，还会遇到一些“不正常的数据”，也就是“异常值”。所谓的异常值，指的是不合理的值。例如年龄为负数、成绩大于 100（总分为 100）、单日销售额超过年销售额等。

1. 判断异常值

首先要判断是否存在异常值，判断是否存在异常值的方式有以下几种。

（1）散点图分析

使用 Matplotlib、Seaborn 等库将数据绘制成散点图（见图 7-8），然后观察是否有数据超出正常的范围。

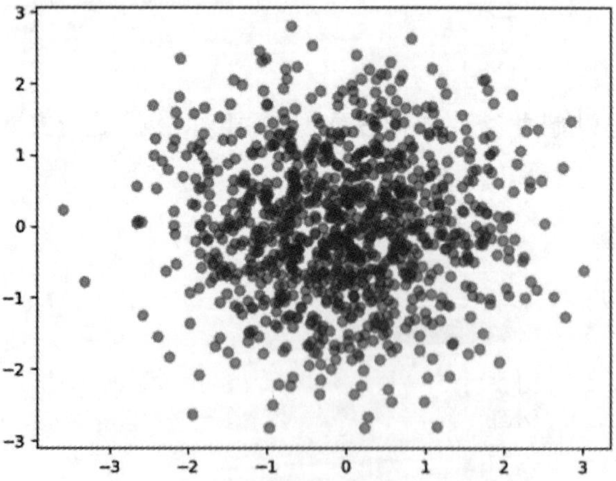

图 7-8

（2）箱线图分析

使用 Matplotlib、Seaborn 等库将数据绘制成箱线图（见图 7-9），箱线图提供了一个识别异常值的标准，大于上界或小于下界的数值就是异常值。

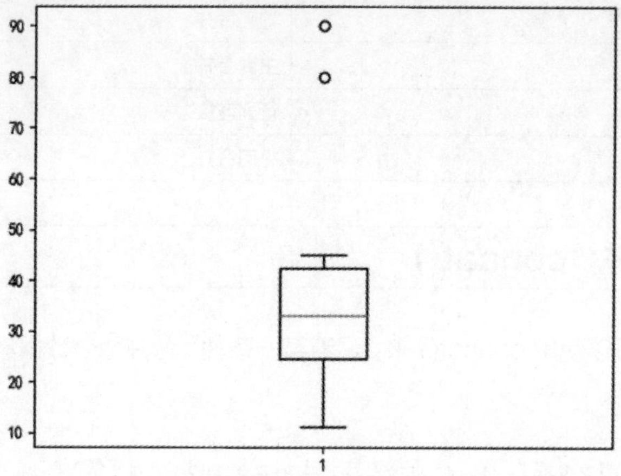

图 7-9

（3）3σ 原则

如果数据符合正态分布，根据正态分布的定义可以知道，距离超过平均值 3σ 的概率为 $P(|x-\mu|>3\sigma) \leqslant 0.003$，这属于极小概率事件。

在默认情况下，距离超过平均值 3σ 的样本是不存在的。所以当数据距离平均值大于 3σ 时，该数据就被认为是一个异常值。

（4）统计分析

我们可以对数据进行简单的统计分析，也就是使用 describe() 来进行描述性统计，从中发现哪些数据是不合理的。例如，年龄的区间应该是 [0, 150]，如果年龄不在这个范围内，那么该数据就是一个异常值。

散点图和箱线图涉及数据可视化技术。对于数据可视化，本书后文会详细介绍，这里简单了解即可。通过数据可视化，我们可以很容易发现一些离群点，这些离群点很可能就是异常值。但初学者一定要注意，并非所有的离群点都是异常值，我们还需要根据业务经验才能正确判断。

2. 处理异常值

在 Pandas 中，处理异常值时一般也是采用以下两种方式。

- 删除：直接删除该行或该列。
- 填充：使用平均值替代异常值。

7.10 数据合并

在实际工作中，数据很多时候是分散在不同的数据表中的，例如 1 月、2 月、3 月的销售数据分散在 3 个不同的表中。如果想了解第一季度的销售情况，就需要将这 3 个月的数据合并到一张表中。

在 Pandas 中，合并不同数据的方法有 4 种，如表 7-5 所示。

表 7-5 合并数据的方法

方法	说明
concat()	轴向合并
merge()	主键合并
join()	行列连接
append()	纵向合并

7.10.1 轴向合并：concat()

在 Pandas 中，可以使用 concat() 来“沿着某一条轴”合并两个数据集，也就是“轴向合并”。

语法

```
pd.concat(列表, axis=0或1, join=连接方式, ignore_index=布尔值)
```

说明

concat() 的第 1 个参数是一个列表，该列表的每一个元素都是一个 DataFrame。

axis 是一个可选参数，表示沿着哪一条轴操作，默认值为 0。当 axis=0 时，表示沿着“纵轴”操作；当 axis=1 时，表示沿着“横轴”操作。

join 是一个可选参数，表示连接方式，默认值为 outer。当 join="outer" 时，表示外连接；当 join="inner" 时，表示内连接。

ignore_index 是一个可选参数，表示是否忽略原来的行名，默认值为 False。当 ignore_index=True 时，表示忽略原来的行名，并重置行名；当 ignore_index=False 时，表示不忽略原来的行名。

举例：纵向合并（没有重复行）

```
import pandas as pd

data1 = [
    ["苹果", 6.4, "秋季"],
    ["西瓜", 2.5, "夏季"],
    ["香蕉", 7.8, "四季"]
]
data2 = [
    ["李子", 12.4, "夏秋"],
    ["芒果", 3.5, "夏季"],
    ["荔枝", 6.7, "夏季"]
]
df1 = pd.DataFrame(data1, columns=["fruit", "price", "season"])
df2 = pd.DataFrame(data2, columns=["fruit", "price", "season"])
# 合并数据
result = pd.concat([df1, df2], axis=0)

pd.set_option("display.unicode.east_asian_width", True)
print(result)
```

输出结果如下：

```
  fruit  price season
0  苹果    6.4   秋季
1  西瓜    2.5   夏季
2  香蕉    7.8   四季
0  李子   12.4   夏秋
1  芒果    3.5   夏季
2  荔枝    6.7   夏季
```

分析

axis=0 表示沿着“纵轴”合并，也就是纵向合并。df1 和 df2 都拥有相同的列名，所以 pd.concat([df1, df2], axis=0) 表示直接对 df1 和 d2f 进行简单的纵向堆叠。

合并的结果还保留了它们原来的行名，如果需要重置行名，有以下两种方式：

```
# 方式1：使用ignore_index参数
result = pd.concat([df1, df2], axis=0, ignore_index=True)

# 方式2：使用reset_index()
result = pd.concat([df1, df2], axis=0)
result = result.reset_index(drop=True)
```

修改代码之后，再次运行代码，输出结果如下：

```
  fruit  price season
0  苹果    6.4   秋季
1  西瓜    2.5   夏季
2  香蕉    7.8   四季
3  李子   12.4   夏秋
4  芒果    3.5   夏季
5  荔枝    6.7   夏季
```

举例：纵向合并（包含重复行）

```
import pandas as pd

data1 = [
    ["苹果", 6.4, "秋季"],
    ["西瓜", 2.5, "夏季"],
    ["香蕉", 7.8, "四季"]
]
data2 = [
    ["香蕉", 7.8, "四季"],
    ["李子", 12.4, "夏秋"],
    ["芒果", 3.5, "夏季"]
]
df1 = pd.DataFrame(data1, columns=["fruit", "price", "season"])
df2 = pd.DataFrame(data2, columns=["fruit", "price", "season"])
# 合并数据
result = pd.concat([df1, df2], axis=0)

pd.set_option("display.unicode.east_asian_width", True)
```

```
print(result)
```

输出结果如下:

```
  fruit  price season
0  苹果    6.4    秋季
1  西瓜    2.5    夏季
2  香蕉    7.8    四季
0  香蕉    7.8    四季
1  李子   12.4    夏秋
2  芒果    3.5    夏季
```

◤ 分析

df1 和 df2 含有相同的行，也就是“香蕉”这一行，所以需要进行去重处理。但是使用 concat() 将数据合并之后，“香蕉”的行名分别是 2 和 0，此时行名不一致，应该怎么去重呢?

虽然默认情况下 drop_duplicates() 是对所有列进行判断，但是可以使用 subset 参数来指定对某些列进行判断。去除重复行之后，还需要使用 reset_index() 重置行名，实现代码如下:

```
# 合并数据
result = pd.concat([df1, df2], axis=0)
# 去重处理
result = result.drop_duplicates(subset=["fruit", "price", "season"])
# 重置行名
result = result.reset_index(drop=True)
```

修改代码之后，再次运行代码，输出结果如下:

```
  fruit  price season
0  苹果    6.4    秋季
1  西瓜    2.5    夏季
2  香蕉    7.8    四季
3  李子   12.4    夏秋
4  芒果    3.5    夏季
```

◤ 举例：横向合并（行数相同）

```
import pandas as pd

data1 = [
    ["苹果", 6.4, "秋季"],
    ["西瓜", 2.5, "夏季"],
    ["香蕉", 7.8, "四季"]
]
data2 = [
    ["苹果", "北方"],
    ["西瓜", "全国"],
    ["香蕉", "南方"]
]
df1 = pd.DataFrame(data1, columns=["fruit", "price", "season"])
df2 = pd.DataFrame(data2, columns=["fruit", "area"])
# 合并数据
result = pd.concat([df1, df2], axis=1)
```

```
pd.set_option("display.unicode.east_asian_width", True)
print(result)
```

输出结果如下：

```
  fruit  price season fruit  area
0 苹果    6.4   秋季  苹果  北方
1 西瓜    2.5   夏季  西瓜  全国
2 香蕉    7.8   四季  香蕉  南方
```

分析

每种水果都包含名字、价格、成熟季节、产地这 4 项信息，其中 df1 保存的是每种水果对应的价格和成熟季节，而 df2 保存的是每种水果对应的产地。如果想要对水果进行数据分析，最好的做法就是将 df1 和 df2 横向合并成一张数据表。

从结果可以看出，合并之后的数据表中包含重复列。对于列的去重，其实现代码如下：

```
# 合并数据
result = pd.concat([df1, df2], axis=1)
# 去重处理
result = result.T.drop_duplicates().T
```

修改代码之后，再次运行代码，输出结果如下：

```
  fruit price season  area
0 苹果   6.4   秋季  北方
1 西瓜   2.5   夏季  全国
2 香蕉   7.8   四季  南方
```

举例：横向合并（行数不同）

```
import pandas as pd

data1 = [
    ["苹果", 6.4, "秋季"],
    ["西瓜", 2.5, "夏季"],
    ["香蕉", 7.8, "四季"]
]
data2 = [
    ["苹果", "北方"],
    ["西瓜", "全国"],
]
df1 = pd.DataFrame(data1, columns=["fruit", "price", "season"])
df2 = pd.DataFrame(data2, columns=["fruit", "area"])
# 合并数据
result = pd.concat([df1, df2], axis=1)

pd.set_option("display.unicode.east_asian_width", True)
print(result)
```

输出结果如下：

```
  fruit  price season fruit  area
```

```
0  苹果    6.4   秋季  苹果  北方
1  西瓜    2.5   夏季  西瓜  全国
2  香蕉    7.8   四季   NaN   NaN
```

分析

在这个例子中，df2 只记录了“苹果”和“西瓜”的产地，并没有“香蕉”的产地。当使用 concat() 对 df1 和 df2 进行横向合并时，数据缺失的地方会使用 NaN 来进行填充。

对于上面这个例子，又应该怎么对列进行去重呢？其实非常简单，也是使用 drop_duplicates() 的 subset 参数指定列进行判断就可以了，实现代码如下：

```
# 合并数据
result = pd.concat([df1, df2], axis=1)
# 去重处理
result = result.T.drop_duplicates(subset=[0, 1]).T
```

修改代码之后，再次运行代码，输出结果如下：

```
  fruit price season  area
0  苹果    6.4   秋季  北方
1  西瓜    2.5   夏季  全国
2  香蕉    7.8   四季   NaN
```

举例：合并多个 DataFrame

```
import pandas as pd

data1 = [
    ["苹果", 6.4, "秋季"],
    ["西瓜", 2.5, "夏季"]
]
data2 = [
    ["李子", 12.4, "夏秋"],
    ["香蕉", 7.8, "四季"]
]
data3 = [
    ["芒果", 3.5, "夏季"],
    ["荔枝", 6.7, "夏季"]
]
df1 = pd.DataFrame(data1, columns=["fruit", "price", "season"])
df2 = pd.DataFrame(data2, columns=["fruit", "price", "season"])
df3 = pd.DataFrame(data3, columns=["fruit", "price", "season"])
# 合并数据
result = pd.concat([df1, df2, df3], axis=0, ignore_index=True)

pd.set_option("display.unicode.east_asian_width", True)
print(result)
```

输出结果如下：

```
0  苹果    6.4   秋季
1  西瓜    2.5   夏季
2  李子   12.4   夏秋
```

```
3  香蕉    7.8    四季
4  芒果    3.5    夏季
5  荔枝    6.7    夏季
```

分析

concat() 不仅可以合并两个 DataFrame，还可以同时合并多个 DataFrame，这是它非常重要的特点。

最后，对于使用 join 这个参数来设置不同的连接方式，读者可以自行用上面的例子来操作一下，然后对比结果有什么不同。

7.10.2 主键合并：merge()

在 Pandas 中，可以使用 merge()“根据一个或多个键”来合并不同数据集。主键合并这种方式，类似于 SQL 中的连接方式，一般情况下是将两个 DataFrame 中相同的列作为合并的键。

语法

```
pd.merge(df1, df2, how=连接方式)
```

说明

merge() 是 Pandas 中的一个方法，df1 和 df2 都是 DataFrame。

how 是一个可选参数，表示两个 DataFrame 的连接方式，常用的取值如表 7-6 所示。

表 7-6 参数 how 的常用取值

取值	说明
inner（默认值）	内连接（求交集）
outer	外连接（求并集）
left	左连接
right	右连接

熟悉 SQL 的读者会发现，这 4 种方式和 SQL 中的连接查询是一样的。在实际工作中，大多数情况下只会用到“内连接”（inner）和“外连接”（outer）这两种方式。

举例

```
import pandas as pd

data1 = [
    ["苹果", 6.4, "秋季"],
    ["西瓜", 2.5, "夏季"],
    ["香蕉", 7.8, "四季"]
]
data2 = [
    ["苹果", "北方"],
    ["西瓜", "全国"],
    ["香蕉", "南方"]
]
```

```
df1 = pd.DataFrame(data1, columns=["fruit", "price", "season"])
df2 = pd.DataFrame(data2, columns=["fruit", "area"])
# 合并数据
result = pd.merge(df1, df2)

pd.set_option("display.unicode.east_asian_width", True)
print(result)
```

输出结果如下：

```
  fruit  price season  area
0  苹果    6.4   秋季  北方
1  西瓜    2.5   夏季  全国
2  香蕉    7.8   四季  南方
```

◤ 分析

merge() 类似于 SQL 中的多表连接，最典型的应用场景是：对拥有相同主键的两张表进行合并。对于上面这个例子来说，df1 和 df2 都拥有相同的列 fruit，fruit 就相当于它们的主键。

上面的效果也可以使用 concat() 来实现。但是 concat() 只是简单地横向合并，我们还需要进行一系列的处理才能得到预期的效果。而 merge() 就不一样了，只需要一句代码就可以轻松实现相同的效果。

◤ 举例：求交集

```
import pandas as pd

data1 = [
    ["苹果", 6.4, "秋季"],
    ["西瓜", 2.5, "夏季"],
    ["香蕉", 7.8, "四季"]
]
data2 = [
    ["西瓜", 2.5, "夏季"],
    ["香蕉", 7.8, "四季"],
    ["芒果", 3.5, "夏季"]
]
df1 = pd.DataFrame(data1, columns=["fruit", "price", "season"])
df2 = pd.DataFrame(data2, columns=["fruit", "price", "season"])
# 合并数据
result = pd.merge(df1, df2, how="inner")

pd.set_option("display.unicode.east_asian_width", True)
print(result)
```

输出结果如下：

```
  fruit  price season
0  西瓜    2.5   夏季
1  香蕉    7.8   四季
```

◤ 分析

首先我们要清楚，这里的 df1 和 df2 拥有相同的列。对于这个例子来说，fruit 就相当于 df1 和

df2 的主键。pd.merge(df1, df2, how="inner") 表示使用内连接方式来合并 df1 和 df2，相当于对这两个 DataFrame 求交集，如图 7-10 所示。

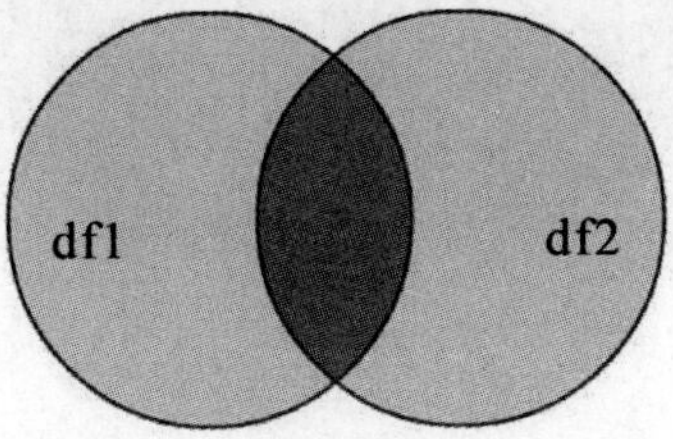

图 7-10

▼ 举例：求并集

```
import pandas as pd

data1 = [
    ["苹果", 6.4, "秋季"],
    ["西瓜", 2.5, "夏季"],
    ["香蕉", 7.8, "四季"]
]
data2 = [
    ["西瓜", 2.5, "夏季"],
    ["香蕉", 7.8, "四季"],
    ["芒果", 3.5, "夏季"]
]
df1 = pd.DataFrame(data1, columns=["fruit", "price", "season"])
df2 = pd.DataFrame(data2, columns=["fruit", "price", "season"])
# 合并数据
result = pd.merge(df1, df2, how="outer")

pd.set_option("display.unicode.east_asian_width", True)
print(result)
```

输出结果如下：

```
  fruit  price season
0  苹果    6.4   秋季
1  西瓜    2.5   夏季
2  香蕉    7.8   四季
3  芒果    3.5   夏季
```

▼ 分析

pd.merge(df1, df2, how="outer") 表示使用外连接方式来合并 df1 和 df2，相当于对这两个 DataFrame 求并集，如图 7-11 所示。对于上面这个例子，也可以使用 concat() 来实现，但是 merge() 远比 concat() 简单。

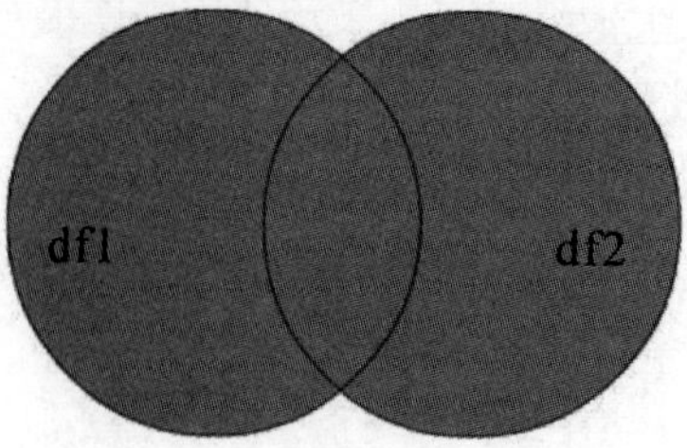

图7-11

求交集和求并集都介绍了，那么求差集怎么实现呢？对于求两个DataFrame的差集，Pandas并没有提供可直接实现的方法。不过可以利用drop_duplicates()来求差集。

举例：求差集

```
import pandas as pd

data1 = [
    ["苹果", 6.4, "秋季"],
    ["西瓜", 2.5, "夏季"],
    ["香蕉", 7.8, "四季"]
]
data2 = [
    ["西瓜", 2.5, "夏季"],
    ["香蕉", 7.8, "四季"],
    ["芒果", 3.5, "夏季"]
]
df1 = pd.DataFrame(data1, columns=["fruit", "price", "season"])
df2 = pd.DataFrame(data2, columns=["fruit", "price", "season"])
# 求差集
result = df1.append(df2)
result = result.drop_duplicates(keep=False)

pd.set_option("display.unicode.east_asian_width", True)
print(result)
```

输出结果如下：

```
  fruit  price season
0  苹果     6.4   秋季
2  芒果     3.5   夏季
```

分析

result=df1.append(df2)表示将df2添加到df1中，然后将结果返回给result。result.drop_duplicates(keep=False)表示删除result中所有的重复行，这样得到的结果就是df1和df2的差集。

最后需要说明的是，merge()只能同时对两个DataFrame进行合并，而不能同时对多个DataFrame进行合并。

7.10.3 行列连接：join()

在 Pandas 中，可以使用 join() 根据指定行或指定列来合并两个数据集；还可以使用 join() 将两个毫不相关的 DataFrame 进行合并，这是它最大的特点。

▼ 语法

```
df1.join(df2, on=行名或列名)
```

▼ 说明

on 是一个可选参数，取值一般是一个行名或一个列名。此外，join() 并不会修改原来的 DataFrame，而是会返回一个新的 DataFrame。

▼ 举例：合并两个不相关的 DataFrame

```
import pandas as pd

data1 = [
    ["A1", "B1"],
    ["A2", "B2"],
    ["A3", "B3"]
]
data2 = [
    ["C1", "D1"],
    ["C2", "D2"],
    ["C3", "D3"]
]
df1 = pd.DataFrame(data1, columns=["A列", "B列"])
df2 = pd.DataFrame(data2, columns=["C列", "D列"])
# 合并数据
result = df1.join(df2)

pd.set_option("display.unicode.east_asian_width", True)
print(result)
```

输出结果如下：

```
  A列 B列 C列 D列
0  A1  B1  C1  D1
1  A2  B2  C2  D2
2  A3  B3  C3  D3
```

▼ 分析

df1 和 df2 的数据部分是毫不相关的，并且也不存在重叠部分。使用 join() 可以将这两个 DataFrame 简单地合并在一起。可能有读者会问：它们的行名不是存在重叠部分吗？也就是 0、1、2。

行名本身并不属于数据的一部分，而是由系统自动加上的。当然，在实际开发中较少去合并两个毫不相关的 DataFrame，这种方式简单了解一下即可。

举例：合并两个相关的 DataFrame

```
import pandas as pd

data1 = [
    ["苹果", 6.4, "秋季"],
    ["西瓜", 2.5, "夏季"],
    ["芒果", 3.5, "夏季"]
]
data2 = [
    [100, "A"],
    [200, "B"],
]
df1 = pd.DataFrame(data1, columns=["fruit", "price", "season"])
df2 = pd.DataFrame(data2, index=["夏季", "秋季"], columns=["sales", "level"])
# 合并数据
result = df1.join(df2, on="season")

pd.set_option("display.unicode.east_asian_width", True)
print(result)
```

输出结果如下：

```
  fruit  price season  sales level
0  苹果    6.4   秋季    200     B
1  西瓜    2.5   夏季    100     A
2  芒果    3.5   夏季    100     A
```

分析

df2 的行名是 [" 夏季 ", " 秋季 "]，和 df1 中“season”这一列有重叠，所以这里会将 df2 的数据映射到 df1 中，然后返回映射后的结果。

7.10.4 纵向合并：append()

在 Pandas 中，可以使用 append() 将两个 DataFrame 进行纵向合并。

语法

```
df1.append(df2, ignore_index=布尔值)
```

说明

ignore_index 是一个可选参数，表示是否忽略原来的行名，默认值为 False。当 ignore_index=True 时，表示忽略原来的行名，并重置行名；当 ignore_index=False 时，表示不忽略原来的行名。

此外，append() 并不会修改原来的 DataFrame，而是会返回一个新的 DataFrame。

举例

```
import pandas as pd

data1 = [
```

```
    ["苹果", 6.4, "秋季"],
    ["西瓜", 2.5, "夏季"],
    ["香蕉", 7.8, "四季"]
]
data2 = [
    ["李子", 12.4, "夏秋"],
    ["芒果", 3.5, "夏季"],
    ["荔枝", 6.7, "夏季"]
]
df1 = pd.DataFrame(data1, columns=["fruit", "price", "season"])
df2 = pd.DataFrame(data2, columns=["fruit", "price", "season"])
result = df1.append(df2)

pd.set_option("display.unicode.east_asian_width", True)
print(result)
```

输出结果如下：

```
  fruit  price season
0  苹果    6.4   秋季
1  西瓜    2.5   夏季
2  香蕉    7.8   四季
0  李子   12.4   夏秋
1  芒果    3.5   夏季
2  荔枝    6.7   夏季
```

分析

默认情况下，append() 并不会对合并结果重置行名。如果想要重置行名，可以使用 ignore_index=True 来实现。

```
# 重置行名
result = df1.append(df2, ignore_index=True)
```

在实际开发中，对于 concat()、merge()、join()、append() 这 4 种方法，优先使用 merge() 和 append() 这两种方法；如果这两种方法无法解决问题，再去考虑使用 concat() 和 join() 这两种方法。

实际上，这 4 种方法本身是非常复杂的，提供的参数也非常多。读者只有平常多查阅官方文档，并且经过大量实践之后才能真正地掌握它们。

7.11 字符串处理

在实际工作中，数据大多数情况下是以“数字”或“字符串”这两种形式来存储的，所以字符串的处理是非常重要的。对于字符串，我们经常会碰到下面这样的问题。

- 输错了字符。
- 前后多了空格。
- 大小写不统一。

……

在 Pandas 中，处理字符串的常用方法如表 7-7 所示。为了避免增加记忆负担，不常用的方法这里就不展开介绍了。

表 7-7 处理字符串的常用方法

方法	说明
len()	获取长度
count()	统计次数
strip()	去除空格
split()	分割字符串
replace()	替换字符串
repeat()	重复字符串
cat()	连接列
lower()	大写字母转换为小写字母
upper()	小写字母转换为大写字母
swapcase()	小写字母转换为大写字母，并且大写字母转换为小写字母
contains()	判断是否包含某子字符串
startswith()	判断是否以某子字符串开头
endswith()	判断是否以某子字符串结尾
isnumeric()	判断所有字符是否为纯数字
islower()	判断所有字符是否为纯小写
isupper()	判断所有字符是否为纯大写

上面这些方法一般针对的是 Series，而不是 DataFrame，但是 DataFrame 的一列或一行本质上也是一个 Series。

语法

```
Series.str.方法名()
```

说明

Series 表示 DataFrame 的一列或一行，它有一个 str 属性，该属性本身又是一个对象，这些字符串方法都是 str 对象下面的方法。所以我们在书写的时候，千万别把 str 给漏掉了。

此外，表 7-7 中的方法都不会改变原来的 DataFrame，而是会返回一个新的 Series 或 DataFrame。

7.11.1 获取长度：len()

在 Pandas 中，可以使用 len() 来获取字符串的长度。

语法

```
str.len()
```

▼ 举例

```
import pandas as pd

data = [
    ["Jack", 20, "male"],
    ["Lucy", 19, "female"],
    ["Tony", 21, "male"],
    ["Sam", 20, "male"],
    ["Alice", 19, "female"]
]
df = pd.DataFrame(data, columns=["name", "age", "gender"])
result = df["name"].str.len()

pd.set_option("display.unicode.east_asian_width", True)
print(type(result))
print(result)
```

输出结果如下：

```
<class 'pandas.core.series.Series'>
0    4
1    4
2    4
3    3
4    5
Name: name, dtype: int64
```

分析

df["name"].str.len() 表示统计 name 这一列中每一个字符串的长度。上面例子中的 len() 其实返回了一个 Series。

7.11.2 统计次数：count()

在 Pandas 中，可以使用 count() 来统计某一个子字符串出现的次数。

▼ 语法

```
str.count(子字符串)
```

▼ 举例

```
import pandas as pd

data = [
    ["Jack", 20, "male"],
    ["Lucy", 19, "female"],
    ["Tony", 21, "male"],
    ["Sam", 20, "male"],
    ["Alice", 19, "female"]
]
df = pd.DataFrame(data, columns=["name", "age", "gender"])
```

```
result = df["name"].str.count("a")

pd.set_option("display.unicode.east_asian_width", True)
print(type(result))
print(result)
```

输出结果如下：

```
<class 'pandas.core.series.Series'>
0    1
1    0
2    0
3    1
4    0
Name: name, dtype: int64
```

分析

df["name"].str.count("a") 表示对 name 这一列进行操作，统计每一个字符串中 a 出现的次数。count() 返回的也是一个 Series。

7.11.3 去除空格：strip()

在 Pandas 中，可以使用 strip() 来去除字符串首尾的空格（也包括换行符）。

语法

```
str.strip()
```

举例

```
import pandas as pd

data = [
    ["  Jack", 20, "male"],
    [" Lucy", 19, "female"],
    ["Tony  ", 21, "male"],
    ["Sam ", 20, "male"],
    [" Alice", 19, "female"]
]
df = pd.DataFrame(data, columns=["name", "age", "gender"])
df["name"] = df["name"].str.strip()

pd.set_option("display.unicode.east_asian_width", True)
print(df)
```

输出结果如下：

```
    name  age  gender
0   Jack   20    male
1   Lucy   19  female
2   Tony   21    male
3    Sam   20    male
4  Alice   19  female
```

分析

从结果可以看出，name 这一列中字符串首尾的空格已经被去除了。需要注意的是，这些字符串方法并不会改变原来的 DataFrame。如果想要改变原来的行或列，只需要将返回结果赋给对应的行或列就可以了，参考上面这个例子的做法。

7.11.4 替换字符串：replace()

在 Pandas 中，可以使用 replace() 将字符串的一部分替换成另一个字符串。

语法

```
str.replace(A, B)
```

说明

replace(A, B) 表示将 A 替换成 B。replace() 不仅可以替换字符串的一部分，也可以替换整个字符串。

举例

```
import pandas as pd

data = [
    ["Jack", 20, "male"],
    ["Lucy", 19, "female"],
    ["Tony", 21, "male"],
    ["Sam", 20, "male"],
    ["Alice", 19, "female"]
]
df = pd.DataFrame(data, columns=["name", "age", "gender"])
df["gender"] = df["gender"].str.replace("female", "女")
df["gender"] = df["gender"].str.replace("male", "男")

pd.set_option("display.unicode.east_asian_width", True)
print(df)
```

输出结果如下：

```
    name  age gender
0   Jack   20     男
1   Lucy   19     女
2   Tony   21     男
3    Sam   20     男
4  Alice   19     女
```

分析

这个例子实现的效果是：将“female”替换成“女”，并且将“male”替换成“男”。需要注意的是，由于“female”包含“male”，如果先将“male”替换成“男”，就会导致“female”被替换成“fe 男”。所以对于这个例子，应该先将“female”替换成“女”，然后再将“male”替换成“男”，这样才能得到预期的结果。

7.11.5 分割字符串：split()

在 Pandas 中，可以使用 split() 对字符串进行分割。

语法

```
str.split("分割符", expand=布尔值)
```

说明

expand 是一个可选参数，表示是否对分割后的结果进行拆分，默认值为 False。当 expand=True 时，表示会对结果进行拆分；当 expand=False 时，表示不会对结果进行拆分。

举例：默认情况

```
import pandas as pd

data = [
    ["Jack", 20, "male", "阅读,编程"],
    ["Lucy", 19, "female", "唱歌,跳舞"],
    ["Tony", 21, "male", "篮球,足球"],
    ["Sam", 20, "male", "跑步,功夫"],
    ["Alice", 19, "female", "吉他,钢琴"]
]

df = pd.DataFrame(data, columns=["name", "age", "gender", "hobby"])
result = df["hobby"].str.split(",")

pd.set_option("display.unicode.east_asian_width", True)
print(type(result))
print(result)
```

运行结果如下：

```
<class 'pandas.core.series.Series'>
0     [阅读, 编程]
1     [唱歌, 跳舞]
2     [篮球, 足球]
3     [跑步, 功夫]
4     [吉他, 钢琴]
Name: hobby, dtype: object
```

分析

df["hobby"].str.split(",") 表示对 hobby 这一列进行操作，split(",") 表示使用英文逗号作为分割符进行分割。从结果看出，将字符串分割之后，hobby 这一列的值就变成了一个列表。

如果希望将 hobby 这一列拆分成两列，那么应该怎么办呢？实现方式很简单，只需要使用 expand=True 就可以了。

▼ 举例: expand=True

```
import pandas as pd

data = [
    ["Jack", 20, "male", "阅读,编程"],
    ["Lucy", 19, "female", "唱歌,跳舞"],
    ["Tony", 21, "male", "篮球,足球"],
    ["Sam", 20, "male", "跑步,功夫"],
    ["Alice", 19, "female", "吉他,钢琴"]
]

df = pd.DataFrame(data, columns=["name", "age", "gender", "hobby"])
result = df["hobby"].str.split(",", expand=True)

pd.set_option("display.unicode.east_asian_width", True)
print(type(result))
print(result)
```

输出结果如下:

```
<class 'pandas.core.frame.DataFrame'>
      0     1
0  阅读  编程
1  唱歌  跳舞
2  篮球  足球
3  跑步  功夫
4  吉他  钢琴
```

▼ 分析

expand=True 表示会对分割后的结果进行拆分，列表有多少个元素，就会展开成多少列。如果不希望展开后的列名是从 0 开始的连续整数，可以使用 columns 属性进行修改:

```
result.columns = ["hobby1", "hobby2"]
```

此外需要清楚的是，当 expand=False 时，result 是一个 Series；当 expand=True 时，result 是一个 DataFrame。

7.11.6 重复字符串: repeat()

在 Pandas 中，可以使用 repeat() 将一个字符串重复多次。

▼ 语法

```
str.repeat(n)
```

▼ 分析

n 是一个正整数，表示将字符串重复 n 次。

▼ 举例

```
import pandas as pd
```

```
data = [
    ["Jack", 20, "male"],
    ["Lucy", 19, "female"],
    ["Tony", 21, "male"],
    ["Sam", 20, "male"],
    ["Alice", 19, "female"]
]
df = pd.DataFrame(data, columns=["name", "age", "gender"])
df["name"] = df["name"].str.repeat(2)

pd.set_option("display.unicode.east_asian_width", True)
print(df)
```

输出结果如下:

```
         name  age  gender
0    JackJack   20    male
1    LucyLucy   19  female
2    TonyTony   21    male
3      SamSam   20    male
4  AliceAlice   19  female
```

分析

df["name"].str.repeat(2) 表示将 name 这一列中的每一项都重复两次。

7.11.7 连接列：cat()

在 Pandas 中，如果想要将某几列连接起来，可以使用 cat() 来实现。其中，cat 是 catenate（连接）的缩写。

语法

```
A.str.cat(B, sep="分隔符")
```

说明

A 和 B 都是 Series 或 DataFrame。B 是一个可选参数，它的使用说明如下。

- 当 B 省略时，A 只能是 DataFrame 的一行（Series）。例如 A.str.cat(sep=" 分隔符 ")，表示将 A 这一行的所有元素（即这一行的所有列）连接起来。
- 当 B 不省略时，A 只能是 DataFrame 的一列（Series），B 可以是 DataFrame 的一列或多列（Series 或 DataFrame）。例如 A.str.cat(B, sep="分隔符")，表示将 A 和 B 连接起来。

cat() 非常灵活，读者要结合下面的例子来加深理解。

举例：连接某一行的所有元素

```
import pandas as pd

data = [
```

```
    ["Bill", "Gates", 1955],
    ["Steve", "Jobs", 1955],
    ["Tim", "Cook", 1960],
    ["Elon", "Musk", 1971],
    ["Larry", "Page", 1973]
]
df = pd.DataFrame(data, columns=["firstname", "lastname", "birth"])
result = df.loc[0].str.cat(sep=",")
print(result)
```

输出结果如下:

（报错）`TypeError: Cannot use .str.cat with values of inferred dtype 'mixed-integer'.`

◤ 分析

对于 df.loc[0].str.cat(sep=","), df.loc[0] 表示选中第 1 行。上面的例子其实是想将第 1 行所有元素连接起来，得到结果“Bill,Gates,1955”。但是最终却报错了，为什么会这样呢?

这是因为 firstname 和 lastname 这两列的类型是字符串，而 birth 这一列的类型是数字，字符串和数字是没办法直接连接的，所以需要先将 birth 这一列转换成字符串。

◤ 举例：类型转换

```
import pandas as pd

data = [
    ["Bill", "Gates", 1955],
    ["Steve", "Jobs", 1955],
    ["Tim", "Cook", 1960],
    ["Elon", "Musk", 1971],
    ["Larry", "Page", 1973]
]
df = pd.DataFrame(data, columns=["firstname", "lastname", "birth"])
# 类型转换
df["birth"] = df["birth"].astype(str)
# 连接列
result = df.loc[0].str.cat(sep=",")
print(result)
```

输出结果如下:

```
Bill,Gates,1955
```

◤ 分析

df["birth"].astype(str) 表示将 birth 这一列的类型指定为字符串，此时所有列的类型都是字符串，这样就可以进行连接了。

◤ 举例：连接两个列

```
import pandas as pd

data = [
    ["Bill", "Gates", 1955],
```

```
    ["Steve", "Jobs", 1955],
    ["Tim", "Cook", 1960],
    ["Elon", "Musk", 1971],
    ["Larry", "Page", 1973]
]
df = pd.DataFrame(data, columns=["firstname", "lastname", "birth"])
# 连接两个列
result = df["firstname"].str.cat(df["lastname"], sep=" ")

pd.set_option("display.unicode.east_asian_width", True)
print(result)
```

输出结果如下：

```
0    Bill Gates
1    Steve Jobs
2      Tim Cook
3     Elon Musk
4    Larry Page
Name: firstname, dtype: object
```

分析

df["firstname"].str.cat(df["lastname"], sep=" ") 表示将 firstname 和 lastname 这两列用空格连接起来。

举例：连接多个列

```
import pandas as pd

data = [
    ["Bill", "Gates", 1955],
    ["Steve", "Jobs", 1955],
    ["Tim", "Cook", 1960],
    ["Elon", "Musk", 1971],
    ["Larry", "Page", 1973]
]
df = pd.DataFrame(data, columns=["firstname", "lastname", "birth"])
# 类型转换
df["birth"] = df["birth"].astype(str)
# 连接多个列
result = df["firstname"].str.cat(df[["lastname", "birth"]], sep=",")

pd.set_option("display.unicode.east_asian_width", True)
print(result)
```

输出结果如下：

```
0    Bill,Gates,1955
1    Steve,Jobs,1955
2      Tim,Cook,1960
3     Elon,Musk,1971
4    Larry,Page,1973
Name: firstname, dtype: object
```

分析

这个例子是将 firstname、lastname、birth 这 3 列使用英文逗号连接起来。但是如果想要的是形如“Bill Gates,1955”这种格式的结果，应该怎么实现呢?

举例：最终效果

```
import pandas as pd

data = [
    ["Bill", "Gates", 1955],
    ["Steve", "Jobs", 1955],
    ["Tim", "Cook", 1960],
    ["Elon", "Musk", 1971],
    ["Larry", "Page", 1973]
]
df = pd.DataFrame(data, columns=["firstname", "lastname", "birth"])
# 类型转换
df["birth"] = df["birth"].astype(str)
# 连接字符串
result1 = df["firstname"].str.cat(df["lastname"], sep=" ")
result2 = result1.str.cat(df["birth"], sep=",")

pd.set_option("display.unicode.east_asian_width", True)
print(result2)
```

输出结果如下:

```
0    Bill Gates,1955
1    Steve Jobs,1955
2      Tim Cook,1960
3     Elon Musk,1971
4    Larry Page,1973
Name: firstname, dtype: object
```

分析

实现方法很简单，只需要依次分别连接就可以了，不同的连接使用不同的分隔符。因为 cat() 返回的是一个 Series，所以可以继续使用它的返回值与其他列进行连接。

7.11.8 大小写转换

在 Pandas 中，实现字符串大小写转换的方法有 3 个，如表 7-8 所示。

表 7-8 大小写转换的方法

方法	说明
lower()	将大写字母转换成小写字母
upper()	将小写字母转换成大写字母
swapcase()	将大写字母转换成小写字母，同时将小写字母转换成大写字母

举例

```
import pandas as pd

data = [
    ["Jack", 20, "male"],
    ["Lucy", 19, "female"],
    ["Tony", 21, "male"],
    ["Sam", 20, "male"],
    ["Alice", 19, "female"]
]
df = pd.DataFrame(data, columns=["name", "age", "gender"])
df["name"] = df["name"].str.lower()

pd.set_option("display.unicode.east_asian_width", True)
print(df)
```

输出结果如下：

```
    name  age  gender
0   jack   20    male
1   lucy   19  female
2   tony   21    male
3    sam   20    male
4  alice   19  female
```

分析

lower() 用于将大写字母转换成小写字母，读者可以自行尝试一下 upper() 和 swapcase() 这两个方法。

7.11.9 判断类型

在 Pandas 中，判断所有字符是否为纯数字、是否为纯大写字母，是否为纯小写字母的方法，如表 7-9 所示。

表 7-9 判断类型的方法

方法	说明
isnumeric()	判断所有字符是否都为数字
islower()	判断所有字符是否都为小写字母
isupper()	判断所有字符是否都为大写字母

举例：判断是否都为数字

```
import pandas as pd

data = [
    ["0001", "Jack", 20, "male"],
    ["0002", "Lucy", 19, "female"],
    ["0003", "Tony", 21, "male"],
    ["0004", "Sam", 20, "male"],
```

```
    ["0005", "Alice", 19, "female"]
]
df = pd.DataFrame(data, columns=["no", "name", "age", "gender"])
result = df["no"].str.isnumeric()

pd.set_option("display.unicode.east_asian_width", True)
print(result)
```

输出结果如下：

```
0    True
1    True
2    True
3    True
4    True
Name: no, dtype: bool
```

▶ 分析

需要特别注意的是，isnumeric() 是一个字符串方法，它只能用于对类型为字符串的列进行判断，而不能对类型为数字的列进行判断。拿上面的例子来说，如果执行 result=df["age"].str.isnumeric()，那么程序就会报错。

▶ 举例：判断是否都为小写字母

```
import pandas as pd

data = [
    ["0001", "Jack", 20, "male"],
    ["0002", "Lucy", 19, "female"],
    ["0003", "Tony", 21, "male"],
    ["0004", "Sam", 20, "male"],
    ["0005", "Alice", 19, "female"]
]
df = pd.DataFrame(data, columns=["no", "name", "age", "gender"])
result = df["name"].str.islower()

pd.set_option("display.unicode.east_asian_width", True)
print(result)
```

输出结果如下：

```
0    False
1    False
2    False
3    False
4    False
Name: name, dtype: bool
```

7.11.10 判断包含

在 Pandas 中，判断字符串是否包含某一个子字符串的方法有 3 个，如表 7-10 所示。

表7-10 判断包含的方法

方法	说明
contains(A)	判断是否包含A
startswith(A)	判断是否以A开头
endswith(A)	判断是否以A结尾

上面这几个方法在“6.8 模式匹配”这一节已经详细介绍过，这里就不再展开介绍。

最后需要说明的是，这一节介绍的字符串方法并不是Python字符串的方法，而是Pandas自身的方法。不过这两套方法是非常相似的，我们可以多多对比，这样更能加深理解和记忆。

7.12 自定义函数

在日常工作中，如果需要对数据进行更复杂的运算，就要使用到自定义函数了。在Pandas中，对一个DataFrame应用自定义函数的方法有3种，如表7-11所示。

表7-11 应用自定义函数的方法

方法	说明
map()	应用于一列
apply()	应用于多列
applymap()	应用于整个DataFrame

这3个方法都需要传入一个自定义函数，然后DataFrame中指定的元素都会执行一遍这个自定义函数。

7.12.1 map()

在Pandas中，如果想要对“某一列所有元素”执行相同的操作，可以使用map()来实现。

语法

```
df[].map(fn)
```

说明

map()的参数只有一个，fn既可以是一个函数名，也可以是一个lambda表达式。

需要注意的是，map()本身是Series下的一个方法，它只能用于操作一列，而不能用于操作多列。

举例：参数是一个函数名

```
import pandas as pd

# 定义函数
```

```
def gender_map(x):
    if x == "男":
        return 1
    if x == "女":
        return 0

data = [
    ["小杰", 20, "男"],
    ["小红", 19, "女"],
    ["小明", 21, "男"],
    ["小华", 20, "男"],
    ["小莉", 19, "女"]
]
df = pd.DataFrame(data, columns=["name", "age", "gender"])
df["gender"] = df["gender"].map(gender_map)

pd.set_option("display.unicode.east_asian_width", True)
print(df)
```

输出结果如下:

```
   name  age  gender
0  小杰   20       1
1  小红   19       0
2  小明   21       1
3  小华   20       1
4  小莉   19       0
```

◤ 分析

这个例子实现的效果是:将gender这一列中的“男”替换成1,并且将“女”替换成0。对于这个例子,还可以使用replace()来实现,读者可以自行尝试。

这个例子中map()的参数是一个函数名,实际上该参数还可以是一个lambda表达式,请看下面的例子。

◤ 举例:参数是一个lambda表达式

```
import pandas as pd

data = [
    ["小杰", 20, "男"],
    ["小红", 19, "女"],
    ["小明", 21, "男"],
    ["小华", 20, "男"],
    ["小莉", 19, "女"]
]
df = pd.DataFrame(data, columns=["name", "age", "gender"])
df["age"] = df["age"].map(lambda x: x + 5)

pd.set_option("display.unicode.east_asian_width", True)
print(df)
```

输出结果如下：

```
   name  age gender
0  小杰   25     男
1  小红   24     女
2  小明   26     男
3  小华   25     男
4  小莉   24     女
```

分析

对于这个例子，我们还可以使用 Pandas 的广播机制来实现（“11.1 广播机制”这一节会介绍），也就是 df["age"] = df["age"] + 5。

7.12.2 apply()

在 Pandas 中，如果想要对“某几列所有元素”执行相同的操作，可以使用 apply() 来实现。

语法

```
df[].apply(fn, args=元组)
```

说明

fn 是一个必选参数，它既可以是一个函数名，也可以是一个 lambda 表达式。

args 是一个可选参数，它的值是一个元组。如果 args 参数存在，那么它的值就会参与到第 1 个参数 fn 的计算中去。

举例

```
import pandas as pd

def score_apply(x):
    return x + 50

data = [
    ["小杰", 90, 100, 95],
    ["小红", 100, 90, 90],
    ["小明", 95, 95, 80],
    ["小华", 95, 90, 80],
    ["小莉", 95, 100, 80]
]
df = pd.DataFrame(data, columns=["姓名", "语文", "数学", "英语"])
df[["语文", "数学", "英语"]] = df[["语文", "数学", "英语"]].apply(score_apply)

pd.set_option("display.unicode.east_asian_width", True)
print(df)
```

输出结果如下：

```
   姓名  语文  数学  英语
0  小杰   140   150   145
```

```
1  小红   150   140   140
2  小明   145   145   130
3  小华   145   140   130
4  小莉   145   150   130
```

分析

如果想要同时对多列进行相同的操作，apply() 是非常有用的一个方法。

举例：使用 args 参数

```
import pandas as pd

def score_apply(x, n):
    return x + n

data = [
    ["小杰", 90, 100, 95],
    ["小红", 100, 90, 90],
    ["小明", 95, 95, 80],
    ["小华", 95, 90, 80],
    ["小莉", 95, 100, 80]
]
df = pd.DataFrame(data, columns=["姓名", "语文", "数学", "英语"])
df[["语文", "数学", "英语"]] = df[["语文", "数学", "英语"]].apply(score_apply,
args=(50,))

pd.set_option("display.unicode.east_asian_width", True)
print(df)
```

输出结果如下：

```
   姓名  语文  数学  英语
0  小杰   140   150   145
1  小红   150   140   140
2  小明   145   145   130
3  小华   145   140   130
4  小莉   145   150   130
```

分析

这个例子使用了 args 参数，args 的值（即 50）作为 score_apply 的第 2 个参数参与运算。args 参数可以让数据操作变得更加灵活。

举例：作用于一列

```
import pandas as pd

def score_apply(x, n):
    return x + n

data = [
    ["小杰", 90, 100, 95],
    ["小红", 100, 90, 90],
    ["小明", 95, 95, 80],
```

```
    ["小华", 95, 90, 80],
    ["小莉", 95, 100, 80]
]
df = pd.DataFrame(data, columns=["姓名", "语文", "数学", "英语"])
df["语文"] = df["语文"].apply(score_apply, args=(50,))

pd.set_option("display.unicode.east_asian_width", True)
print(df)
```

输出结果如下：

```
   姓名  语文  数学  英语
0  小杰   140   100    95
1  小红   150    90    90
2  小明   145    95    80
3  小华   145    90    80
4  小莉   145   100    80
```

分析

apply() 不仅可以同时作用于多列，也可以只作用于一列。由此可以看出，apply() 其实把 map() 的功能也包含进去了。在实际开发中，更多是的使用 apply()，而不是 map()。

7.12.3 applymap()

在 Pandas 中，如果想要对“所有列所有元素”执行相同的操作，可以使用 applymap() 来实现。

语法

```
df.applymap(fn)
```

说明

applymap() 的参数只有一个，即 fn。fn 既可以是一个函数名，也可以是一个 lambda 表达式。

举例

```
import pandas as pd

def fn(x):
    return x + 50

data = [
    [90, 100, 95],
    [100, 90, 90],
    [95, 95, 80],
    [95, 90, 80],
    [95, 100, 80]
]
df = pd.DataFrame(data, columns=["语文", "数学", "英语"])
df = df.applymap(fn)
```

```
pd.set_option("display.unicode.east_asian_width", True)
print(df)
```

输出结果如下：

```
   语文  数学  英语
0   140   150   145
1   150   140   140
2   145   145   130
3   145   140   130
4   145   150   130
```

分析

applymap() 会对所有元素执行相同的操作，因此它要求所有元素的类型必须是一样的，否则就会报错。在实际开发中，很少会有所有元素类型都相同的 DataFrame，所以 applymap() 用得不多，简单了解一下即可。

最后，对于 map()、apply()、applymap() 这 3 个方法，可以总结出以下两点。

- map() 针对的是一列，apply() 针对的是多列（也可以是一列），applymap() 针对的是所有列。
- 如果是一般运算，推荐使用之前介绍的各种方式。如果是复杂运算，考虑使用 map()、apply()、applymap() 这 3 个方法。

【常见问题】

除了 map()、apply()、applymap() 这 3 个方法之外，不是还有 pipe() 吗？为什么这里不介绍一下呢？

pipe() 和 map()、apply()、applymap() 这 3 个方法的功能重合了，pipe() 可以用于一列、多列甚至整个 DataFrame。但是像 apply() 传递第 2 个参数这种方式，pipe() 是不具备的。

读者可以用这一节的例子自行测试一下，根据结果分析 pipe() 的特点。相比之下，map()、apply()、applymap() 这 3 个方法“各司其职”，并且功能更加细致。在实际工作中，也是更推荐使用这 3 个方法，而不是 pipe()。

7.13 实战题：处理天气数据

当前项目下的 data 文件夹中有一个 guangzhou.csv 文件，项目结构如图 7-12 所示。guangzhou.csv 文件保存的是广州 2020 年 12 个月各月的最高温度，如图 7-13 所示。我们需要实现以下 3 个内容。

- 对“月份”这一列进行转换，例如 1 要转换成“1 月”。
- 对“温度”这一列进行转换，例如 19 要转换成“19℃”。
- 将“月份”这一列设置成行名。

图7-12

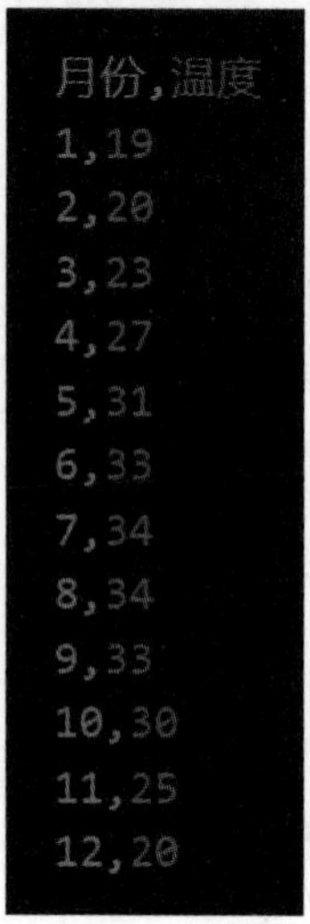

```
月份,温度
1,19
2,20
3,23
4,27
5,31
6,33
7,34
8,34
9,33
10,30
11,25
12,20
```

图7-13

实现代码如下：

```
import pandas as pd

df = pd.read_csv(r"data/guangzhou.csv")
# 操作“月份”列
df["月份"] = df["月份"].astype(str) + "月"
# 操作“温度”列
df["温度"] = df["温度"].astype(str) + "℃"
# 设置“月份”列为行名
df = df.set_index("月份")

pd.set_option("display.unicode.east_asian_width", True)
print(df)
```

输出结果如下：

```
      温度
月份
1月    19℃
2月    20℃
3月    23℃
4月    27℃
5月    31℃
6月    33℃
7月    34℃
8月    34℃
9月    33℃
10月   30℃
11月   25℃
12月   20℃
```

7.14 实战题：拆分数据

当前项目下的 data 文件夹中有一个 journey.csv 文件，项目结构如图 7-14 所示。journey.csv 文件保存的是乘客的姓名、起始地及目的地，如图 7-15 所示。请将“from_to”这一列中的数据以“_”分隔，然后分成“from”和“to”两列，并且要删除原始列。

图 7-14

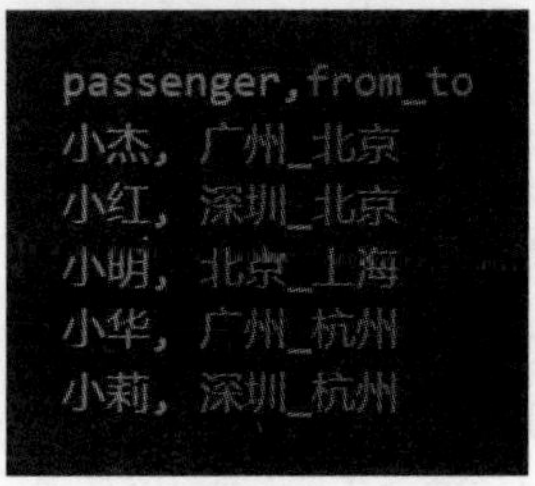
passenger,from_to
小杰，广州_北京
小红，深圳_北京
小明，北京_上海
小华，广州_杭州
小莉，深圳_杭州

图 7-15

实现代码如下：

```
import pandas as pd

df = pd.read_csv(r"data/journey.csv")
# 拆分列
temp = df["from_to"].str.split("_", expand=True)
# 修改列名
temp.columns = ["from", "to"]
# 合并temp到df
df = df.join(temp)
# 删除原始列
df = df.drop("from_to", axis=1)

pd.set_option("display.unicode.east_asian_width", True)
print(df)
```

输出结果如下：

```
  passenger   from    to
0       小杰   广州  北京
1       小红   深圳  北京
2       小明   北京  上海
3       小华   广州  杭州
4       小莉   深圳  杭州
```

7.15 本章练习

一、单选题

1. 下面有关数据处理的说法中，不正确的是（　　）。

A. 数据清洗的目的是提高数据质量

B. 可以使用 duplicated() 删除重复数据

C. 使用 concat() 可以沿着一条轴将多个对象进行堆叠

D. 可以使用 rename() 对行名进行重命名

2. 如果想要删除包含缺失值的行，应该使用（　　）来实现。

A. isnull()　　B. dropna()

C. drop()　　D. fillna()

3. 下面有关数据合并的说法中，不正确的是（　　）。

A. merge() 可以根据一个或多个键将不同的 DataFrame 进行合并

B. concat() 可以沿着一条轴来将多个对象进行堆叠

C. merge() 可以同时对多个 DataFrame 进行合并

D. join() 可以将两个毫不相关的 DataFrame 进行合并

4. 下面有一段代码，如果想要把"温度"这一列中的"℃"去掉，可以使用（　　）来实现。

```
import pandas as pd
data = [
    ["北京", "24℃"],
    ["上海", "27℃"],
    ["广州", "30℃"],
    ["深圳", "29℃"],
]
df = pd.DataFrame(data, columns=["城市", "温度"])
```

A. df.drop()　　B. df.replace()

C. df.dropna()　　D. df[].str.replace()

5. 如果想要判断数据中是否有异常值，下面哪一种不是常用的方式？（　　）

A. 散点图分析　　B. 箱线图分析

C. 折线图分析　　D. 3σ 原则

二、编程题

1. 下面有一个 DataFrame，请将 vip 这一列的 yes、no 分别替换成 True、False。请使用至少两种方式来实现。

```
data = [
    ["小杰", "yes"],
    ["小红", "yes"],
    ["小明", "no"],
    ["小华", "no"],
    ["小莉", "yes"]
```

```
]
df = pd.DataFrame(data, columns=["name", "vip"])
```

2. 下面有一个 DataFrame，请将 price 这一列的“元”去掉，然后将这一列的类型转换成浮点型（注意这一列本身类型是字符串型）。请使用至少两种方式来实现。

```
data = [
    ["苹果", "6.4元", "秋季"],
    ["西瓜", "2.5元", "夏季"],
    ["香蕉", "7.8元", "四季"],
    ["李子", "12.4元", "夏秋"],
    ["芒果", "3.5元", "夏季"]
]
df = pd.DataFrame(data, columns=["fruit", "price", "season"])
```

3. 下面有一个 DataFrame，请把 name 这一列的“姓”和“名”的第一个字母都转换成大写字母。例如，第 1 行的“bill gates”要转换成“Bill Gates”。

```
data = [
    ["bill gates", 1955],
    ["steve jobs", 1955],
    ["tim cook", 1960],
    ["elon musk", 1971],
    ["larry page", 1973]
]
df = pd.DataFrame(data, columns=["name", "birth"])
```

4. 下面有一个 DataFrame，请找出成绩排名前 3 的数据，并且将其输出。

```
import pandas as pd
data = [
    [1001, "小杰", "男", 650, "一班"],
    [1002, "小红", "女", 645, "一班"],
    [1003, "小明", "男", 590, "二班"],
    [1004, "小华", "男", 640, "二班"],
    [1005, "小莉", "女", 635, "二班"]
]
df = pd.DataFrame(data, columns=["学号", "姓名", "性别", "成绩", "班级"])
```

第 8 章 分析数据

8.1 分析数据简介

同样地，我们再来回顾一下数据分析的工作流程，如图 8-1 所示。上一章已经介绍了如何对数据进行各种处理，从而得到高质量的数据。接下来就是对数据进行各种分析，以便得到想要的结果。

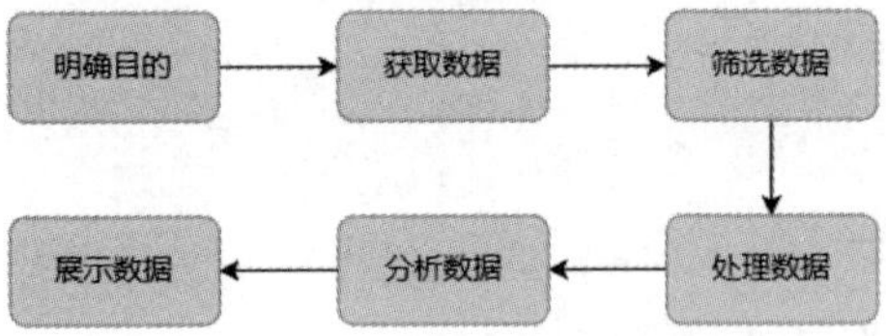

图 8-1

对于 Pandas 中的数据分析，本书主要从以下 5 个方面来介绍。

- 基本统计函数。
- 其他统计函数。
- 整体情况。
- 聚合函数：agg()。
- 数据分组。

8.2 基本统计函数

为了方便对数据进行各种统计分析，Pandas 提供了大量的统计函数，基本统计函数如表 8-1 所示。在学习这些基本统计函数之前，我们需要清楚一点：这些统计函数都不会修改原来的 DataFrame。

表 8-1 基本统计函数

函数	说明
sum()	求和
count()	统计个数
max()	求最大值
min()	求最小值
median()	求中位数
mean()	求平均数
mode()	求众数
var()	求方差
std()	求标准差
quantile()	求分位数

统计函数，也叫作“聚合函数”。所谓的聚合函数，指的是对一组值进行计算，然后返回单个值。所以统计函数还被叫作“组函数”。这几个术语非常重要，在很多地方都会见到，读者一定要搞清楚它们是什么意思。

8.2.1 求和：sum()

在 Pandas 中，可以使用 sum() 对行或列求和。

语法

```
df.sum(axis=0或1, numeric_only=True或False)
```

说明

当 axis=0 时，表示沿着“纵轴”求和，也就是对同一列的所有元素求和；当 axis=1 时，表示沿着“横轴”求和，也就是对同一行的所有元素求和。

Pandas 中 axis 的值的作用，和 NumPy 中 axis 的值是一样的。需要注意的是，Pandas 操作的数据表本质上都是“二维”的，所以 axis 只有两种取值：0 和 1。

numeric_only 是一个可选参数，表示是否仅用于类型为数字的行或列，默认值为 False。当 numeric_only=True 时，表示只对类型为数字的行或列求和；当 numeric_only=False 时，表示对所有的行或列求和。

强调一下，大多数统计函数都有 numeric_only 这个可选参数，所以在对后面的统计函数进行介绍时，就不再对这个参数进行重复说明了。

举例：求和（改进前）

```
import pandas as pd

data = [
    ["小杰", 90, 100, 95],
    ["小红", 100, 90, 90],
    ["小明", 95, 95, 80],
```

```
    ["小华", 95, 90, 80],
    ["小莉", 95, 100, 80]
]
df = pd.DataFrame(data, columns=["姓名", "语文", "数学", "英语"])
result = df.sum(axis=1, numeric_only=True)

pd.set_option("display.unicode.east_asian_width", True)
print(type(result))
print(result)
```

输出结果如下:

```
<class 'pandas.core.series.Series'>
0    285
1    280
2    270
3    265
4    275
dtype: int64
```

分析

df.sum(axis=1, numeric_only=True) 表示沿着“横轴”求和，numeric_only=True 表示只会对类型为数字的列进行操作。也就是说，“姓名”这一列不会参与运算。

实际上，上面的输出结果并不直观，因为我们更希望在输出的时候增加一个“总分”的列。由于 sum() 返回的是一个 Series，所以可以将其赋给一个新的列。

举例：求和（改进后）

```
import pandas as pd

data = [
    ["小杰", 90, 100, 95],
    ["小红", 100, 90, 90],
    ["小明", 95, 95, 80],
    ["小华", 95, 90, 80],
    ["小莉", 95, 100, 80]
]
df = pd.DataFrame(data, columns=["姓名", "语文", "数学", "英语"])
df["总分"] = df.sum(axis=1)

pd.set_option("display.unicode.east_asian_width", True)
print(df)
```

输出结果如下:

```
   姓名  语文  数学  英语  总分
0  小杰    90   100    95   285
1  小红   100    90    90   280
2  小明    95    95    80   270
3  小华    95    90    80   265
4  小莉    95   100    80   275
```

分析

对于求和，还有一个与之相似的求积函数：prod()。不过在实际工作中，很少会使用求积，因此了解即可。

8.2.2 统计个数：count()

在 Pandas 中，可以使用 count() 来统计行或列中非 NaN 的数据个数。

语法

```
df.count(axis=0或1)
```

说明

当 axis=0 时，表示沿着“纵轴”统计个数；当 axis=1 时，表示沿着“横轴”统计个数。

举例：纵向统计

```
import pandas as pd
import numpy as np

data = [
    ["小杰", 90, np.NaN, 95],
    ["小红", 100, np.NaN, 90],
    ["小明", np.NaN, 95, np.NaN],
    ["小华", 95, 90, 80],
    ["小莉", 95, np.NaN, np.NaN]
]
df = pd.DataFrame(data, columns=["姓名", "语文", "数学", "英语"])
result = df.count(axis=0)

pd.set_option("display.unicode.east_asian_width", True)
print(result)
```

输出结果如下：

```
姓名    5
语文    4
数学    2
英语    3
dtype: int64
```

分析

count() 只会统计非 NaN 的数据。NaN 也就是缺失值，我们在之前的“7.9 数据清洗”这一节已经接触过了。

在实际开发中，NaN 使用 np.NaN 来表示。如果数据是从文件中读取出来的，那么缺失值本质上也是 np.NaN。

举例：横向统计

```
import pandas as pd
```

```
import numpy as np

data = [
    ["小杰", 90, np.NaN, 95],
    ["小红", 100, np.NaN, 90],
    ["小明", np.NaN, 95, np.NaN],
    ["小华", 95, 90, 80],
    ["小莉", 95, np.NaN, np.NaN]
]
df = pd.DataFrame(data, columns=["姓名", "语文", "数学", "英语"])
result = df.count(axis=1)

pd.set_option("display.unicode.east_asian_width", True)
print(result)
```

输出结果如下：

```
0    3
1    3
2    2
3    4
4    2
dtype: int64
```

8.2.3 求最值：max() 与 min()

在 Pandas 中，可以使用 max() 来求行或列中的最大值，使用 min() 来求行或列中的最小值。

语法

```
df.max(axis=0或1)
df.min(axis=0或1)
```

说明

当 axis=0 时，表示沿着“纵轴”求最值；当 axis=1 时，表示沿着“横轴”求最值。

举例

```
import pandas as pd

data = [
    ["小杰", 90, 100, 95],
    ["小红", 100, 90, 90],
    ["小明", 95, 95, 80],
    ["小华", 95, 90, 80],
    ["小莉", 95, 100, 80]
]
df = pd.DataFrame(data, columns=["姓名", "语文", "数学", "英语"])
df.loc["最大值"] = df.max(axis=0)
df.loc["最小值"] = df.min(axis=0)

pd.set_option("display.unicode.east_asian_width", True)
```

```
print(df)
```

输出结果如下：

```
        姓名  语文  数学  英语
0       小杰   90   100   95
1       小红  100    90   90
2       小明   95    95   80
3       小华   95    90   80
4       小莉   95   100   80
最大值  小莉  100   100   95
最小值  小华   90    90   80
```

分析

df.loc[" 最大值 "]=df.max(axis=0) 表示增加一行，该行用于保存每一列的最大值；df.loc[" 最小值 "]=df.max(axis=0) 表示增加一行，该行用于保存每一列的最小值。

这里也对“姓名”这一列求了最值。如果不希望对非数字类型的列求最值，可以使用 numeric_only=True 来实现。

举例：numeric_only=True

```
import pandas as pd

data = [
    ["小杰", 90, 100, 95],
    ["小红", 100, 90, 90],
    ["小明", 95, 95, 80],
    ["小华", 95, 90, 80],
    ["小莉", 95, 100, 80]
]
df = pd.DataFrame(data, columns=["姓名", "语文", "数学", "英语"])
df.loc["最大值"] = df.max(axis=0, numeric_only=True)
df.loc["最小值"] = df.min(axis=0, numeric_only=True)

pd.set_option("display.unicode.east_asian_width", True)
print(df)
```

输出结果如下：

```
        姓名   语文    数学   英语
0       小杰   90.0  100.0  95.0
1       小红  100.0   90.0  90.0
2       小明   95.0   95.0  80.0
3       小华   95.0   90.0  80.0
4       小莉   95.0  100.0  80.0
最大值  NaN  100.0  100.0  95.0
最小值  NaN   90.0   90.0  80.0
```

分析

numeric_only=True 表示只会对数字类型的行或列进行操作，对于非数字类型的行或列，会直接用 NaN 来代替。

除了 numeric_only=True 这种方式之外，还可以使用 df[]、loc[]、iloc[] 等来选中想要统计的行或列进行操作，请看下面的例子。

举例：使用 df[] 选中某些列

```
import pandas as pd

data = [
    ["小杰", 90, 100, 95],
    ["小红", 100, 90, 90],
    ["小明", 95, 95, 80],
    ["小华", 95, 90, 80],
    ["小莉", 95, 100, 80]
]
df = pd.DataFrame(data, columns=["姓名", "语文", "数学", "英语"])
df.loc["最大值"] = df[["语文", "数学", "英语"]].max(axis=0)
df.loc["最小值"] = df[["语文", "数学", "英语"]].min(axis=0)

pd.set_option("display.unicode.east_asian_width", True)
print(df)
```

输出结果如下：

```
        姓名   语文    数学   英语
0       小杰   90.0   100.0   95.0
1       小红  100.0    90.0   90.0
2       小明   95.0    95.0   80.0
3       小华   95.0    90.0   80.0
4       小莉   95.0   100.0   80.0
最大值  NaN  100.0   100.0   95.0
最小值  NaN   90.0    90.0   80.0
```

分析

从结果可以看出，这种方式和 numeric_only=True 的效果是一样的。不过更推荐使用 numeric_only=True，因为这种方式更加简单。

8.2.4 求中位数：median()

中位数，又称“中值”。它指的是将一组数按顺序排列之后，处于中间位置的数。所谓的按顺序排列，指的是从小到大排序。

- 如果一组数的个数是奇数，例如有 5 个数 23、45、35、22、28，那么排序后为 22、23、28、35、45，此时中位数就是 28。
- 如果一组数的个数是偶数，例如有 6 个数 23、45、35、22、28、32，那么排序后为 22、23、28、32、35、45，此时中位数就是 (28+32)÷2=30。

在 Pandas 中，可以使用 median() 求行或列的中位数。

语法

```
df.median(axis=0或1)
```

说明

当 axis=0 时，表示沿着“纵轴”求中位数；当 axis=1 时，表示沿着“横轴”求中位数。

举例

```
import pandas as pd

data = [
    ["小杰", 90, 100, 95],
    ["小红", 100, 90, 90],
    ["小明", 95, 95, 80],
    ["小华", 95, 90, 80],
    ["小莉", 95, 100, 80]
]
df = pd.DataFrame(data, columns=["姓名", "语文", "数学", "英语"])
df.loc["中位数"] = df.median(axis=0, numeric_only=True)

pd.set_option("display.unicode.east_asian_width", True)
print(df)
```

输出结果如下：

```
        姓名    语文    数学  英语
0       小杰    90.0  100.0  95.0
1       小红   100.0   90.0  90.0
2       小明    95.0   95.0  80.0
3       小华    95.0   90.0  80.0
4       小莉    95.0  100.0  80.0
中位数  NaN    95.0   95.0  80.0
```

分析

df.loc[" 中位数 "]=df.median(axis=0, numeric_only=True) 表示增加一行，该行用于保存每一列的中位数，也就是语文、数学、英语每一科学生成绩的中位数。

8.2.5 求众数：mode()

众数很容易理解，它指的是一组数据中出现次数最多的那个数。众数代表了一组数据的一般水平。需要注意的是，众数并不一定是一个数，也可能是多个数。

- 如果有一组数是 10、20、30、40、10，那么这组数只有一个众数，那就是 10。
- 如果有一组数是：10、20、30、40、20、10，那么这组数有两个众数，那就是 10 和 20。

在 Pandas 中，可以使用 mode() 来求行或列的众数。

语法

```
df.mode(axis=0或1)
```

说明

当 axis=0 时，表示沿着“纵轴”求众数；当 axis=1 时，表示沿着“横轴”求众数。

举例

```
import pandas as pd

data = [
    ["小杰", 90, 100, 95],
    ["小红", 100, 90, 90],
    ["小明", 95, 95, 80],
    ["小华", 95, 90, 80],
    ["小莉", 95, 100, 80]
]
df = pd.DataFrame(data, columns=["姓名", "语文", "数学", "英语"])
result = df.mode(axis=0, numeric_only=True)

pd.set_option("display.unicode.east_asian_width", True)
print(result)
```

输出结果如下：

```
   语文  数学  英语
0  95.0    90  80.0
1   NaN   100   NaN
```

分析

为什么结果会有两行数据呢？这是因为“数学”这一列有两个众数（90 和 100），所以需要用两行来显示。但是“语文”和“英语”都只有一个众数，所以它们的第二行就是 NaN。

众数可以是一个数，也可以是多个数，因此不能像前面的例子那样，将结果赋给一个新的行。如果像下面这样写，程序是会报错的：

```
df.loc["众数"] = df.mode(axis=0, numeric_only=True)
```

8.2.6 求平均数：mean()

在 Pandas 中，可以使用 mean() 函数来求行或列的平均数。

语法

```
df.mean(axis=0或axis=1)
```

说明

当 axis=0 时，表示沿着“纵轴”求平均数；当 axis=1 时，表示沿着“横轴”求平均数。

举例

```
import pandas as pd

data = [
    ["小杰", 90, 100, 95],
    ["小红", 100, 90, 90],
    ["小明", 95, 95, 80],
    ["小华", 95, 90, 80],
```

```
    ["小莉", 95, 100, 80]
]
df = pd.DataFrame(data, columns=["姓名", "语文", "数学", "英语"])
df.loc["平均分"] = df.mean(axis=0, numeric_only=True)

pd.set_option("display.unicode.east_asian_width", True)
print(df)
```

输出结果如下：

```
        姓名    语文    数学   英语
0       小杰    90.0   100.0   95.0
1       小红   100.0    90.0   90.0
2       小明    95.0    95.0   80.0
3       小华    95.0    90.0   80.0
4       小莉    95.0   100.0   80.0
平均分  NaN     95.0    95.0   85.0
```

▼ **分析**

df.loc[" 平均分 "]=df.mean(axis=0, numeric_only=True) 表示增加一行，该行用于保存每一列的平均数，也就是语文、数学、英语每一科学生成绩的平均分。

8.2.7 求方差：var()

方差，指的是在一组数据中，各个数据与平均数的差的平方和的平均数。方差主要用于衡量一组数据的离散程度。

在 Pandas 中，可以使用 var() 来求行或列的方差。其中，var 是 variance（方差）的缩写。

▼ **语法**

```
df.var(axis=0或1)
```

▼ **说明**

当 axis=0 时，表示沿着“纵轴”求方差；当 axis=1 时，表示沿着“横轴”求方差。

▼ **举例**

```
import pandas as pd

data = [
    ["小杰", 90, 100, 95],
    ["小红", 100, 90, 90],
    ["小明", 95, 95, 80],
    ["小华", 95, 90, 80],
    ["小莉", 95, 100, 80]
]
df = pd.DataFrame(data, columns=["姓名", "语文", "数学", "英语"])
df.loc["方差"] = df.var(axis=0, numeric_only=True)

pd.set_option("display.unicode.east_asian_width", True)
print(df)
```

输出结果如下：

```
       姓名    语文    数学   英语
0      小杰    90.0  100.0   95.0
1      小红   100.0   90.0   90.0
2      小明    95.0   95.0   80.0
3      小华    95.0   90.0   80.0
4      小莉    95.0  100.0   80.0
方差    NaN    12.5   25.0   50.0
```

分析：

df.loc[" 方差 "]=df.var(axis=0, numeric_only=True) 表示增加一行，该行用于保存每一列的方差，也就是语文、数学、英语每一科学生成绩的方差。

从结果可以看出，英语这一科成绩的方差最大，即分数离散程度最大。

8.2.8 求标准差：std()

标准差，又称“均方差”，它是方差的算术平方根。标准差和方差一样，用于表示一组数据的离散程度。

在 Pandas 中，可以使用 std() 来求行或列的标准差。其中，std 是 standard deviation（标准差）的缩写

语法

```
df.std(axis=0或1)
```

说明

当 axis=0 时，表示沿着“纵轴”求标准差；当 axis=1 时，表示沿着“横轴”求标准差。

举例

```
import pandas as pd

data = [
    ["小杰", 90, 100, 95],
    ["小红", 100, 90, 90],
    ["小明", 95, 95, 80],
    ["小华", 95, 90, 80],
    ["小莉", 95, 100, 80]
]
df = pd.DataFrame(data, columns=["姓名", "语文", "数学", "英语"])
df.loc["标准差"] = df.std(axis=0, numeric_only=True)

pd.set_option("display.unicode.east_asian_width", True)
print(df)
```

输出结果如下：

```
     姓名       语文    数学         英语
0    小杰   90.000000  100.0  95.000000
1    小红  100.000000   90.0  90.000000
2    小明   95.000000   95.0  80.000000
3    小华   95.000000   90.0  80.000000
4    小莉   95.000000  100.0  80.000000
标准差  NaN    3.535534    5.0   7.071068
```

▼ 分析

想要求方差，需要先求平均数；想要求标准差，需要先求方差。平均数、方差、标准差之间的关系如图 8-2 所示。

图 8-2

8.2.9 求分位数：quantile()

分位数，又叫作“分位点”，它使用概率将一组数据分为几个等份。常用的分位数有二分位数、四分位数、百分位数，其中二分位数也叫作“中位数”。

分位数是数据分析中常用的一个统计量，例如“这么简单的考试，竟然有 20% 的同学不及格！”这句话就体现了分位数的应用。

在 Pandas 中，可以使用 quantile() 来求行或列的分位数。

▼ 语法

```
df.quantile(axis=0或1, q=值)
```

▼ 说明

当 axis=0 时，表示沿着“纵轴”求分位数；当 axis=1 时，表示沿着“横轴”求分位数。

q 是一个浮点数，其取值范围为 0~1。例如，0.5 表示求二分位数，0.25 表示求四分位数，以此类推。

▼ 举例

```
import pandas as pd

data = [
    ["小杰", 90, 100, 95],
    ["小红", 100, 90, 90],
    ["小明", 95, 95, 80],
    ["小华", 95, 90, 80],
    ["小莉", 95, 100, 80]
]
df = pd.DataFrame(data, columns=["姓名", "语文", "数学", "英语"])
```

```
df.loc["二分位数"] = df.quantile(axis=0, q=0.5, numeric_only=True)

pd.set_option("display.unicode.east_asian_width", True)
print(df)
```

输出结果如下:

```
         姓名   语文   数学   英语
0        小杰   90.0  100.0  95.0
1        小红  100.0   90.0  90.0
2        小明   95.0   95.0  80.0
3        小华   95.0   90.0  80.0
4        小莉   95.0  100.0  80.0
二分位数  NaN   95.0   95.0  80.0
```

8.3 其他统计函数

除了基本的统计函数之外，Pandas 还提供了很多其他有用的统计函数，如表 8-2 所示。

表 8-2 其他统计函数

函数	说明
unique()	统计取值种类
value_counts()	统计取值个数
pct_change()	求变化百分比
idxmax()	求最大值的行名
idxmin()	求最小值的行名

8.3.1 统计取值种类

在 Pandas 中，可以使用 unique() 来统计某一列中有多少种取值情况。

语法

```
df[].unique()
```

说明

unique() 返回的是一个数组，列举的是该列所有的取值情况。

举例

```
import pandas as pd

data = [
    ["小杰", 20, "男"],
    ["小红", 19, "女"],
    ["小明", 21, "男"],
    ["小华", 20, "男"],
    ["小莉", 19, "女"]
]
```

```
df = pd.DataFrame(data, columns=["name", "age", "gender"])
result = df["name"].unique()
print(result)
```

输出结果如下：

```
['小杰' '小红' '小明' '小华' '小莉']
```

分析

将相应代码改为 df["age"].unique() 后的输出结果如下：

```
[20 19 21]
```

将相应代码改为 df["gender"].unique() 后的输出结果如下：

```
['男' '女']
```

8.3.2 统计取值个数

数据分析中的一个常见任务就是计算频率。在 Pandas 中，可以使用 value_counts() 来统计某一列中每一种取值的个数。

语法

```
df[列名].value_counts()
```

说明

value_counts() 返回的是一个 Series。

举例

```
import pandas as pd

data = [
    ["小杰", 20, "男"],
    ["小红", 19, "女"],
    ["小明", 21, "男"],
    ["小华", 20, "男"],
    ["小莉", 19, "女"]
]
df = pd.DataFrame(data, columns=["name", "age", "gender"])
result = df["gender"].value_counts()
print(result)
print(type(result))
```

输出结果如下：

```
男    3
女    2
Name: gender, dtype: int64
<class 'pandas.core.series.Series'>
```

▼ 分析

value_counts() 返回的是一个 Series，所以可以使用 loc[] 来获取某个键对应的值，例如 result.loc[" 男 "]。

8.3.3 求变化百分比

在 Pandas 中，可以使用 pct_change() 来将每个元素与前一个元素进行比较，然后计算变化百分比。

▼ 语法

```
df.pct_change(axis=0或1)
```

▼ 说明

axis 是一个可选参数，表示沿着哪一条轴进行操作，默认值是 0。当 axis=0 时，表示沿着“纵轴”进行操作；当 axis=1 时，表示沿着“横轴”进行操作。

▼ 举例

```
import pandas as pd

data = [
    ["2022-01-01", 274],
    ["2022-01-02", 301],
    ["2022-01-03", 295],
    ["2022-01-04", 312],
    ["2022-01-05", 347],
]

df = pd.DataFrame(data, columns=["time", "order"])
result = df["order"].pct_change()

pd.set_option("display.unicode.east_asian_width", True)
print(result)
```

输出结果如下：

```
0         NaN
1    0.098540
2   -0.019934
3    0.057627
4    0.112179
Name: order, dtype: float64
```

▼ 分析：

如果当前元素比上一个元素大，那么变化百分比就是正的；如果当前元素比上一个元素小，那么变化百分比就是负的。比如，0.098540 表示当前元素比上一个元素大 9.854%，-0.019934 表示当前元素比上一个元素小 1.9934%。

8.3.4 求最值的行名

在 Pandas 中，可以使用 idxmax() 获取某一列中最大值所对应的行名，使用 idxmin() 获取某一列中最小值所对应的行名。

语法

```
df[].idxmax()
df[].idxmin()
```

说明

需要注意的是，idxmax() 和 idxmin() 只适用于数字类型的列。

举例

```
import pandas as pd

data = [
    [1001, "小杰", "男", 650, "一班"],
    [1002, "小红", "女", 645, "一班"],
    [1003, "小明", "男", 590, "二班"],
    [1004, "小华", "男", 640, "二班"],
    [1005, "小莉", "女", 635, "二班"]
]
df = pd.DataFrame(data, columns=["学号", "姓名", "性别", "成绩", "班级"])
# 设置“姓名”为最值对应的行名
df = df.set_index("姓名")
# 成绩最高
max_name = df["成绩"].idxmax()
# 成绩最低
min_name = df["成绩"].idxmin()

print("成绩最高是：", max_name)
print("成绩最低是：", min_name)
```

输出结果如下：

```
成绩最高是：小杰
成绩最低是：小明
```

分析

idxmax() 和 idxmin() 非常有用，特别适用于对时间序列进行处理。对于时间序列，“第 9 章 时间序列”会详细介绍。

8.4 整体情况

在实际工作中，对于一个数据集（DataFrame），如果想要快速地查看它的整体情况（大致信息），可以使用 describe() 和 info() 来实现。

8.4.1 describe()

在Pandas中，可以使用describe()一次性获取一个数据集（DataFrame）的多个统计值，包括个数、中位数、标准差、最大值、最小值等。

简单来说，describe()用于汇总统计。

语法

```
df.describe()
```

举例

```
import pandas as pd

data = [
    ["小杰", 90, 100, 95],
    ["小红", 100, 90, 90],
    ["小明", 95, 95, 80],
    ["小华", 95, 90, 80],
    ["小莉", 95, 100, 80]
]
df = pd.DataFrame(data, columns=["姓名", "语文", "数学", "英语"])
result = df.describe()

pd.set_option("display.unicode.east_asian_width", True)
print(result)
```

输出结果如下：

```
              语文    数学        英语
count    5.000000    5.0   5.000000
mean    95.000000   95.0  85.000000
std      3.535534    5.0   7.071068
min     90.000000   90.0  80.000000
25%     95.000000   90.0  80.000000
50%     95.000000   95.0  80.000000
75%     95.000000  100.0  90.000000
max    100.000000  100.0  95.000000
```

分析

describe()不需要加上numeric_only=True，它会自动识别每一列的类型，然后只对数字类型的列进行统计。如果想要快速查看数据集的大致统计情况，describe()无疑是一个非常好的选择。

8.4.2 info()

在Pandas中，可以使用info()来获取一个数据集（DataFrame）的基本信息，主要包括类型、列名、个数、内存等。

语法

```
df.info()
```

举例

```
import pandas as pd

data = [
    ["小杰", 90, 100, 95],
    ["小红", 100, 90, 90],
    ["小明", 95, 95, 80],
    ["小华", 95, 90, 80],
    ["小莉", 95, 100, 80]
]
df = pd.DataFrame(data, columns=["姓名", "语文", "数学", "英语"])
result = df.info()
print(result)
```

输出结果如下：

```
<class 'pandas.core.frame.DataFrame'>
RangeIndex: 5 entries, 0 to 4
Data columns (total 4 columns):
 #   Column  Non-Null Count  Dtype
---  ------  --------------  -----
 0   姓名      5 non-null      object
 1   语文      5 non-null      int64
 2   数学      5 non-null      int64
 3   英语      5 non-null      int64
dtypes: int64(3), object(1)
memory usage: 288.0+ bytes
None
```

分析

info() 获取的信息比较多，具体介绍如下。

- <class 'pandas.core.frame.DataFrame'>：类型是 DataFrame。
- RangeIndex: 5 entries, 0 to 4：有 5 条数据，行名为 0、1、2、3、4。
- Data columns (total 4 columns)：共有 4 列。
- Column：列名。
- Non-Null count：每列数据的个数，不包含缺失值（NaN）。
- Dtype：数据的类型。
- dtypes: int64(3), object(1)：数据类型的统计，int64（整型）有 3 个，object（字符串型）有 1 个。
- memory usage: 288.0+ bytes：占用内存为 288 字节。

8.5 聚合函数：agg()

在 Pandas 中，可以使用 agg() 对一个 DataFrame 同时应用多个统计函数。其中，agg 是

aggregate（总计或聚合）的缩写。

语法

```
df.agg(列表)
```

说明

df是一个DataFrame，agg()一般接收一个列表作为参数，列表的元素是之前介绍的统计函数的函数名，例如sum、max、min、mean等。

除了agg()之外，还有aggregate()。它的功能与agg()是完全一样的，可以把agg()看成aggregate()的简写版。

举例：默认情况

```
import pandas as pd

data = [
    ["小杰", 90, 100, 95],
    ["小红", 100, 90, 90],
    ["小明", 95, 95, 80],
    ["小华", 95, 90, 80],
    ["小莉", 95, 100, 80]
]
df = pd.DataFrame(data, columns=["姓名", "语文", "数学", "英语"])
result = df.agg(["sum", "max", "min"])

pd.set_option("display.unicode.east_asian_width", True)
print(result)
```

输出结果如下：

```
                          姓名  语文  数学  英语
sum  小杰小红小明小华小莉    475   475   425
max                       小莉   100   100    95
min                       小华    90    90    80
```

分析

从结果可以看出，上面的例子对“姓名”这一列也进行了统计。如果不希望对“非数字类型列”进行统计，是不是也可以使用numeric_only=True来实现？

很不幸，agg()是没有numeric_only这个参数的。但是大家别忘了，我们可以使用df[]、loc[]或iloc[]来选中想要的行或列进行统计。

agg()是对一个DataFrame进行聚合统计，而df[]、loc[]和iloc[]返回的其实也可以是一个DataFrame。

举例：选中想要的列

```
import pandas as pd

data = [
    ["小杰", 90, 100, 95],
    ["小红", 100, 90, 90],
```

```
    ["小明", 95, 95, 80],
    ["小华", 95, 90, 80],
    ["小莉", 95, 100, 80]
]
df = pd.DataFrame(data, columns=["姓名", "语文", "数学", "英语"])
result = df[["语文", "数学", "英语"]].agg(["sum", "max", "min"])

pd.set_option("display.unicode.east_asian_width", True)
print(result)
```

输出结果如下：

```
     语文  数学  英语
sum   475   475   425
max   100   100    95
min    90    90    80
```

◤ 分析

agg() 其实就是对一个 DataFrame 同时应用多种统计函数。

扩展一下，如果想要使结果中的行名不是 sum、max.min，而是“总和”“最大值”“最小值”，应该怎么实现呢？其实非常简单，我们只需要使用 index 属性来修改行名就可以了，请看下面的例子。

◤ 举例：修改行名

```
import pandas as pd

data = [
    ["小杰", 90, 100, 95],
    ["小红", 100, 90, 90],
    ["小明", 95, 95, 80],
    ["小华", 95, 90, 80],
    ["小莉", 95, 100, 80]
]
df = pd.DataFrame(data, columns=["姓名", "语文", "数学", "英语"])
result = df[["语文", "数学", "英语"]].agg(["sum", "max", "min"])
result.index = ["总和", "最大值", "最小值"]

pd.set_option("display.unicode.east_asian_width", True)
print(result)
```

输出结果如下：

```
        语文  数学  英语
总和     475   475   425
最大值   100   100    95
最小值    90    90    80
```

◤ 举例：不同列采用不同的统计

```
import pandas as pd

data = [
    ["小杰", 90, 100, 95],
    ["小红", 100, 90, 90],
    ["小明", 95, 95, 80],
```

```
    ["小华", 95, 90, 80],
    ["小莉", 95, 100, 80]
]
df = pd.DataFrame(data, columns=["姓名", "语文", "数学", "英语"])
result = df.agg({
    "语文": ["sum", "mean"],
    "数学": ["max", "min"]
})

pd.set_option("display.unicode.east_asian_width", True)
print(result)
```

输出结果如下：

```
        语文    数学
sum    475.0    NaN
mean    95.0    NaN
max      NaN  100.0
min      NaN   90.0
```

◤ 分析

如果想要对不同列使用不同的统计函数，那么 agg() 接收的参数就不能是一个列表，而是一个字典。字典的键是“列名”，字典的值是“列表”（列表的元素是统计函数名）。

这里着重强调一点：很多读者以为 agg() 只能用于分组对象，实际上 agg() 可以用于两类数据，分别为 DataFrame 和分组对象。对于分组对象，下一节会详细介绍。

8.6 数据分组

数据分组，指的是根据“某些条件”将数据拆分为若干组。例如有一个学生数据表，我们可以根据班级、性别、家乡等对数据进行分组。

8.6.1 基本语法

1. groupby()

在 Pandas 中，可以使用 groupby() 来对一个 DataFrame 进行分组。

◤ 语法

```
df.groupby(列名或列表)
```

◤ 说明

groupby() 接收一个“列名”或者一个“列表”作为参数。当参数是“列名”时，表示根据一列进行分组；当参数是“列表”时，表示根据多列进行分组。

◤ 举例：分组对象

```
import pandas as pd
```

```
data = [
    [1001, "小杰", "男", 650, "一班"],
    [1002, "小红", "女", 645, "一班"],
    [1003, "小明", "男", 590, "二班"],
    [1004, "小华", "男", 635, "二班"],
    [1005, "小莉", "女", 640, "二班"],
]
df = pd.DataFrame(data, columns=["学号", "姓名", "性别", "成绩", "班级"])
result = df.groupby("班级")
print(result)
```

输出结果如下:

```
<pandas.core.groupby.generic.DataFrameGroupBy object at 0x0000023ABBB076D0>
```

◤ 分析

groupby() 会返回一个 DataFrame 的分组对象，也就是 DataFrameGroupBy 对象。这个对象是一个可迭代对象，也就是说我们可以使用 for...in 把每一个分组遍历出来。

◤ 举例：遍历分组

```
import pandas as pd

data = [
    [1001, "小杰", "男", 650, "一班"],
    [1002, "小红", "女", 645, "一班"],
    [1003, "小明", "男", 590, "二班"],
    [1004, "小华", "男", 635, "二班"],
    [1005, "小莉", "女", 640, "二班"],
]
df = pd.DataFrame(data, columns=["学号", "姓名", "性别", "成绩", "班级"])
result = df.groupby("班级")

# 遍历分组
for name, group in result:
    pd.set_option("display.unicode.east_asian_width", True)
    print(name)                        # 获取组名
    print(group)                       # 获取数据
```

输出结果如下:

```
一班
   学号  姓名 性别  成绩  班级
0  1001  小杰   男   650  一班
1  1002  小红   女   645  一班

二班
   学号  姓名 性别  成绩  班级
2  1003  小明   男   590  二班
3  1004  小华   男   635  二班
4  1005  小莉   女   640  二班
```

◤ 分析

使用 for...in 遍历分组对象，可以得到组名及对应的数据。其中，name 表示组名，group 表示数据。

2. get_group()

可能有些读者会问：能不能通过“组名”来获取某一组的数据呢？肯定是可以的。在 Pandas 中，可以使用 get_group() 来获取某一组的数据。

◤ 语法

```
分组对象.get_group(组名)
```

◤ 说明

get_group() 是分组对象下的一个方法，它接收一个组名作为参数。

◤ 举例：获取某一组

```
import pandas as pd

data = [
    [1001, "小杰", "男", 650, "一班"],
    [1002, "小红", "女", 645, "一班"],
    [1003, "小明", "男", 590, "二班"],
    [1004, "小华", "男", 635, "二班"],
    [1005, "小莉", "女", 640, "二班"]
]
df = pd.DataFrame(data, columns=["学号", "姓名", "性别", "成绩", "班级"])
groups = df.groupby("班级")
# 获取“一班”的数据
result = groups.get_group("一班")

pd.set_option("display.unicode.east_asian_width", True)
print(result)
```

输出结果如下：

```
   学号  姓名  性别  成绩  班级
0  1001  小杰   男   650  一班
1  1002  小红   女   645  一班
```

◤ 分析

groups.get_group("一班") 表示获取“一班”这个分组的数据。除了对“班级”这一列进行分组，也可以对“性别”这一列进行分组。

◤ 举例：对一列进行分组

```
import pandas as pd

data = [
    [1001, "小杰", "男", 650, "一班"],
    [1002, "小红", "女", 645, "一班"],
```

```
    [1003, "小明", "男", 590, "二班"],
    [1004, "小华", "男", 635, "二班"],
    [1005, "小莉", "女", 640, "二班"]
]
df = pd.DataFrame(data, columns=["学号", "姓名", "性别", "成绩", "班级"])
# 对一列分组
groups = df.groupby("性别")
# 获取“男生”的数据
result = groups.get_group("男")

pd.set_option("display.unicode.east_asian_width", True)
print(result)
```

输出结果如下：

```
   学号  姓名 性别  成绩  班级
0  1001  小杰   男   650  一班
2  1003  小明   男   590  二班
3  1004  小华   男   635  二班
```

▶ 分析

实际上，groupby() 不仅能对某一列进行分组，还可以同时对多个列进行分组，请看下面的例子。

▶ 举例：对多列进行分组

```
import pandas as pd

data = [
    [1001, "小杰", "男", 650, "一班"],
    [1002, "小红", "女", 645, "一班"],
    [1003, "小明", "男", 590, "二班"],
    [1004, "小华", "男", 635, "二班"],
    [1005, "小莉", "女", 640, "二班"]
]
df = pd.DataFrame(data, columns=["学号", "姓名", "性别", "成绩", "班级"])
# 对多列进行分组
groups = df.groupby(["性别", "班级"])
# 获取“二班男生”的数据
result = groups.get_group(("男", "二班"))

pd.set_option("display.unicode.east_asian_width", True)
print(result)
```

输出结果如下：

```
   学号  姓名 性别  成绩  班级
2  1003  小明   男   590  二班
3  1004  小华   男   635  二班
```

▶ 分析

df.groupby([" 性别 "," 班级 "]) 表示同时对“性别”和“班级”这两列进行分组，性别有两种：男、女。班级也有两种：一班、二班。这样下来就分成了 2×2=4 组了：

```
# 第1组：男、一班
0  1001  小杰   男   650  一班

# 第2组：女、一班
1  1002  小红   女   645  一班

# 第3组：男、二班
2  1003  小明   男   590  二班
3  1004  小华   男   635  二班

# 第4组：女、二班
4  1005  小莉   女   640  二班
```

如果同时对多列进行分组，那么使用 get_group() 获取某一组的数据时，它接收的是一个元组。例如 get_group((" 男 "," 二班 ")) 就表示获取的是“男、二班”这一组的数据。

8.6.2 统计分析

在 Pandas 中，分组对象同样可以使用之前介绍的统计函数及聚合方法。

举例：统计函数

```
import pandas as pd

data = [
    ["小杰", 90, 100, 95, "一班"],
    ["小红", 100, 90, 90, "一班"],
    ["小明", 95, 95, 80, "二班"],
    ["小华", 95, 90, 80, "二班"],
    ["小莉", 95, 100, 80, "二班"]
]
df = pd.DataFrame(data, columns=["姓名", "语文", "数学", "英语", "班级"])
groups = df.groupby("班级")
result = groups.max()

pd.set_option("display.unicode.east_asian_width", True)
print(result)
```

输出结果如下：

```
      姓名  语文  数学  英语
班级
一班  小红   100   100    95
二班  小莉    95   100    80
```

分析

从结果可以看出，上面的例子对“姓名”这一列也进行了统计。如果不希望把“姓名”这一列加入统计，可以使用 df[] 等选中自己想要的列来实现统计，请看下面的例子。

▶ 举例：选中某些列

```
import pandas as pd

data = [
    ["小杰", 90, 100, 95, "一班"],
    ["小红", 100, 90, 90, "一班"],
    ["小明", 95, 95, 80, "二班"],
    ["小华", 95, 90, 80, "二班"],
    ["小莉", 95, 100, 80, "二班"]
]
df = pd.DataFrame(data, columns=["姓名", "语文", "数学", "英语", "班级"])
groups = df.groupby("班级")
result = groups[["语文", "数学", "英语"]].max()

pd.set_option("display.unicode.east_asian_width", True)
print(result)
```

输出结果如下：

```
      语文  数学  英语
班级
一班   100   100    95
二班    95   100    80
```

▶ 分析

上面的例子把“一班”和“二班”的数据都输出了，如果只想输出“一班”的数据，以下两种方式都是可行的：

```
# 方式1
result = groups[["语文", "数学", "英语"]].get_group("一班").max()

# 方式2
result = groups.get_group("一班")[["语文", "数学", "英语"]].max()
```

再次运行代码之后，输出结果如下：

```
语文    100
数学    100
英语     95
dtype: int64
```

分组对象和 DataFrame 非常相似。DataFrame 可以使用统计函数，分组对象也可以使用统计函数。DataFrame 可以使用“df[列表]”来选中某些列，分组对象也可以使用“groups[列表]”来选中某些列。

对于分组对象，读者应该多将其与 DataFrame 进行对比，这样更能加深理解和记忆。实际上，对比或类比是一种非常有效的学习手段。

▶ 举例：聚合方法 agg()

```
import pandas as pd

data = [
    ["小杰", 90, 100, 95, "一班"],
```

```
    ["小红", 100, 90, 90, "一班"],
    ["小明", 95, 95, 80, "二班"],
    ["小华", 95, 90, 80, "二班"],
    ["小莉", 95, 100, 80, "二班"]
]
df = pd.DataFrame(data, columns=["姓名", "语文", "数学", "英语", "班级"])
groups = df.groupby("班级")
result = groups[["语文", "数学", "英语"]].agg(["max", "min", "mean"])

pd.set_option("display.unicode.east_asian_width", True)
print(result)
```

输出结果如下：

```
     语文               数学               英语
      max  min  mean   max  min  mean   max  min   mean
班级
一班  100   90    95   100   90    95    95   90   92.5
二班   95   95    95   100   90    95    80   80   80.0
```

◤ 分析

agg(["max", "min", "mean"]) 表示对所有的分组求最大值、最小值及平均值。当然，也可以使用 get_group() 来获取其中一个分组的结果。

8.7 实战题：求平均寿命

当前项目的 data 文件夹中有一个 life.csv 文件，项目结构如图 8-3 所示。life.csv 文件保存了各大洲 1950、1960、1970、1980、1990、2000 年的平均寿命，部分内容如图 8-4 所示。接下来我们尝试统计这 5 个年份全球的平均寿命分别是多少。

图 8-3

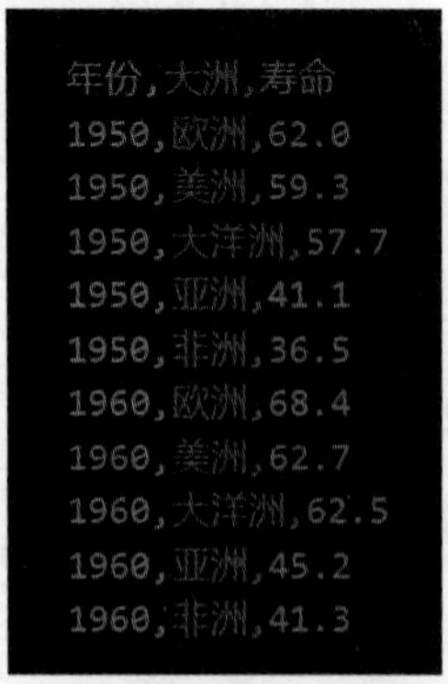

```
年份,大洲,寿命
1950,欧洲,62.0
1950,美洲,59.3
1950,大洋洲,57.7
1950,亚洲,41.1
1950,非洲,36.5
1960,欧洲,68.4
1960,美洲,62.7
1960,大洋洲,62.5
1960,亚洲,45.2
1960,非洲,41.3
```

图 8-4

实现代码如下：

```
import pandas as pd

df = pd.read_csv(r"data/life.csv")
result = df.groupby("年份").mean()
# 修改列名
result.columns = ["平均寿命"]

pd.set_option("display.unicode.east_asian_width", True)
print(result)
```

输出结果如下：

```
      平均寿命
年份
1950     51.32
1960     56.02
1970     60.22
1980     63.80
1990     66.38
2000     68.26
```

8.8 本章练习

单选题

1. 下面可以一次性获取多个统计值的是（　　）。

A. describe()　　B. mean()

C. info()　　D. sum()

2. 如果想要计算数据的变化百分比，应该使用（　　）来实现。

A. rank()　　B. change()

C. mean()　　D. pct_change()

3. 如果想知道有多少行数据，下面哪一种方式无法实现？（　　）

A. len(df)　　B. df.shape[0]

C. df.describe()　　D. df.info()

4. 如果想知道有多少列数据，下面哪一种方式无法实现？（　　）

A. len(df)　　B. df.shape[1]

C. len(df.columns)　　D. df.info()

第9章 时间序列

9.1 时间序列概述

9.1.1 时间序列简介

在进行金融分析或量化研究时，总是避免不了对“时间序列”数据进行处理。所谓时间序列，指的是在一定时间内对某个指标按照时间顺序观察得到的数列，举例如下。

- 一天内每小时的温度。
- 股票每隔一天的价格。
- 列车每隔一段时间行驶的路程。

……

在实际工作中，时间序列是一种非常重要的数据格式。对于时间序列，我们需要了解以下3点。

- 经济数据大多数以时间序列的形式给出。
- 时间序列主要用于根据已有数据对未来进行预测（例如股市预测）。
- 时间频率可以是固定的（例如每隔一天），也可以是不固定的。

在 Pandas 中，时间序列用一句话来解释就是：以时间作为行名的 Series 或 DataFrame。一般情况下，时间序列是 DataFrame 的形式，很少是 Series 形式。

对于时间序列，可以把它看成一种特殊的 DataFrame。我们先来看一个具体的例子（本数据仅供练习使用，并无实际意义）。

举例

```
import pandas as pd

data = [
    ["20220101", 197, 165, 156, 200],
```

```
    ["20220102", 161, 164, 155, 188],
    ["20220103", 146, 214, 100, 215],
    ["20220104", 228, 233, 215, 236],
    ["20220105", 230, 226, 220, 231]
]
df = pd.DataFrame(data, columns=["日期", "开盘", "收盘", "最低", "最高"])
# 设置行名
df = df.set_index("日期")

pd.set_option("display.unicode.east_asian_width", True)
print(df)
```

输出结果如下：

```
          开盘  收盘  最低  最高
日期
20220101   197   165   156   200
20220102   161   164   155   188
20220103   146   214   100   215
20220104   228   233   215   236
20220105   230   226   220   231
```

分析

默认情况下，行名是从 0 开始的连续整数。不过对于时间序列来说，要求行名是一个时间，所以这里需要使用 df.set_index(" 日期 ") 来设置“日期”这一列作为行名。

实际上，上面得到的 DataFrame 还不算是一个时间序列。因为时间序列要求行名是时间对象，而不是字符串，所以还需要将其转换成时间对象。

9.1.2 转换类型

在实际工作中，数据往往存放在文件或数据库中。当从文件或数据库中把数据读取出来时，这些时间本质上还是字符串，所以还需要将字符串转换为时间对象。

在 Pandas 中，可以使用 to_datetime() 将字符串转换成时间对象。

语法

```
pd.to_datetime(列)
```

说明

to_datetime() 是 Pandas 的一个方法。在 Pandas 中，只有符合以下 5 种形式的字符串才可以被转换成 Pandas 支持的时间对象。

- 20220520。
- 2022.05.20。
- 2022/05/20。
- 05/20/2022。
- 20-May-2022。

◤ 举例：将字符串转换为时间对象

```
import pandas as pd

data = [
    ["20220101", 197, 165, 156, 200],
    ["20220102", 161, 164, 155, 188],
    ["20220103", 146, 214, 100, 215],
    ["20220104", 228, 233, 215, 236],
    ["20220105", 230, 226, 220, 231]
]
df = pd.DataFrame(data, columns=["日期", "开盘", "收盘", "最低", "最高"])
# 将字符串转换为时间对象
df["日期"] = pd.to_datetime(df["日期"])
# 设置行名
df = df.set_index("日期")

pd.set_option("display.unicode.east_asian_width", True)
print(df)
```

输出结果如下：

```
            开盘  收盘  最低  最高
日期
2022-01-01   197   165   156   200
2022-01-02   161   164   155   188
2022-01-03   146   214   100   215
2022-01-04   228   233   215   236
2022-01-05   230   226   220   231
```

◤ 分析

在转换类型的前后各输出一次“日期”这一列的类型，可以看到类型是改变了的，请看下面的例子。

◤ 举例：查看类型

```
import pandas as pd

data = [
    ["20220101", 197, 165, 156, 200],
    ["20220102", 161, 164, 155, 188],
    ["20220103", 146, 214, 100, 215],
    ["20220104", 228, 233, 215, 236],
    ["20220105", 230, 226, 220, 231]
]
df = pd.DataFrame(data, columns=["日期", "开盘", "收盘", "最低", "最高"])
# 转换前
print(df["日期"].dtype)
print(type(df["日期"]))

df["日期"] = pd.to_datetime(df["日期"])
df = df.set_index("日期")

# 转换后
```

```
print(df.index.dtype)
print(type(df.index))
```

输出结果如下:

```
object
<class 'pandas.core.series.Series'>
datetime64[ns]
<class 'pandas.core.indexes.datetimes.DatetimeIndex'>
```

分析

从结果可以看出，df[" 日期 "] 从一个 Series 对象转换成了一个 DatetimeIndex 对象。这个 DatetimeIndex 对象非常重要，实际上，这种以 DatetimeIndex 对象作为行名的 DataFrame 才算是一个时间序列。

可能有些读者就会问：为什么要将字符串转换成时间对象？这是因为只有将字符串转换为时间对象，才能得到一个真正意义上的时间序列，然后才能使用时间序列提供的各种方法进行操作。

其实不管是哪种类型转换，大多是为了能够使用目标类型提供的各种方法。

举例：各种形式的字符串

```
import pandas as pd

data = [
    ["20220101", 197, 165, 156, 200],
    ["2022.01.02", 161, 164, 155, 188],
    ["2022/01/03", 146, 214, 100, 215],
    ["01/04/2022", 228, 233, 215, 236],
    ["05-Jan-2022", 230, 226, 220, 231]
]
df = pd.DataFrame(data, columns=["日期", "开盘", "收盘", "最低", "最高"])
# 将字符串转换为时间对象
df["日期"] = pd.to_datetime(df["日期"])
# 设置行名
df = df.set_index("日期")

pd.set_option("display.unicode.east_asian_width", True)
print(df)
```

输出结果如下:

```
            开盘  收盘  最低  最高
日期
2022-01-01   197   165   156   200
2022-01-02   161   164   155   188
2022-01-03   146   214   100   215
2022-01-04   228   233   215   236
2022-01-05   230   226   220   231
```

分析

从结果可以看出，虽然“日期”这一列的时间有着不同的形式，但是使用 to_datetime() 之后，都变成了统一的格式。

9.1.3 获取日期

在 Pandas 中，可以使用 DatetimeIndex 对象提供的属性来获取年、月、日、季度等。

语法

```
df.index.属性
```

说明

df 是一个时间序列，df.index 是一个 DatetimeIndex 对象。该对象下有很多属性，常用的属性如表 9-1 所示。

表 9-1 DatetimeIndex 的常用属性

属性	说明
year	获取年
month	获取月
day	获取日
weekday	获取星期几，0 表示星期一，6 表示星期日
quarter	获取季度
is_leap_year	是否是闰年，返回 True 或 False

举例：获取年份

```
import pandas as pd

data = [
    ["20220101", 197, 165, 156, 200],
    ["20220102", 161, 164, 155, 188],
    ["20220103", 146, 214, 100, 215],
    ["20220104", 228, 233, 215, 236],
    ["20220105", 230, 226, 220, 231]
]
df = pd.DataFrame(data, columns=["日期", "开盘", "收盘", "最低", "最高"])
# 将字符串转换为时间对象
df["日期"] = pd.to_datetime(df["日期"])
# 设置行名
df = df.set_index("日期")
# 获取年份，并增加一列
df["年份"] = df.index.year

pd.set_option("display.unicode.east_asian_width", True)
print(df)
```

输出结果如下：

```
            开盘  收盘  最低  最高  年份
日期
2022-01-01   197   165   156   200  2022
```

```
2022-01-02   161   164   155   188  2022
2022-01-03   146   214   100   215  2022
2022-01-04   228   233   215   236  2022
2022-01-05   230   226   220   231  2022
```

分析

读者可以自行尝试一下 DatetimeIndex 对象的其他属性。

举例：获取星期几

```
import pandas as pd

data = [
    ["20220101", 197, 165, 156, 200],
    ["20220102", 161, 164, 155, 188],
    ["20220103", 146, 214, 100, 215],
    ["20220104", 228, 233, 215, 236],
    ["20220105", 230, 226, 220, 231]
]
df = pd.DataFrame(data, columns=["日期", "开盘", "收盘", "最低", "最高"])
# 将字符串转换为时间对象
df["日期"] = pd.to_datetime(df["日期"])
# 设置行名
df = df.set_index("日期")
# 获取星期几，并增加一列
df["星期"] = df.index.weekday

pd.set_option("display.unicode.east_asian_width", True)
print(df)
```

输出结果如下：

```
            开盘  收盘  最低  最高  星期
日期
2022-01-01   197   165   156   200     5
2022-01-02   161   164   155   188     6
2022-01-03   146   214   100   215     0
2022-01-04   228   233   215   236     1
2022-01-05   230   226   220   231     2
```

分析

Pandas 会自动根据给出的日期来计算当天是星期几。

df.index.weekday 返回的是 0~6 的整数，其中 0 表示星期一，6 表示星期日。如果希望“星期”这一列的是“星期一”“星期二”这样的结果，应该怎么实现呢？请看下面这个例子。

举例

```
import pandas as pd

data = [
    ["20220101", 197, 165, 156, 200],
    ["20220102", 161, 164, 155, 188],
```

```
    ["20220103", 146, 214, 100, 215],
    ["20220104", 228, 233, 215, 236],
    ["20220105", 230, 226, 220, 231]
]
df = pd.DataFrame(data, columns=["日期", "开盘", "收盘", "最低", "最高"])
# 将字符串转换为时间对象
df["日期"] = pd.to_datetime(df["日期"])
# 设置行名
df = df.set_index("日期")
# 获取星期几，并增加一列
df["星期"] = df.index.weekday
# 替换处理
df["星期"] = df["星期"].replace({
    0: "星期一",
    1: "星期二",
    2: "星期三",
    3: "星期四",
    4: "星期五",
    5: "星期六",
    6: "星期日"
})

pd.set_option("display.unicode.east_asian_width", True)
print(df)
```

输出结果如下:

```
              开盘  收盘  最低  最高    星期
日期
2022-01-01    197   165   156   200   星期六
2022-01-02    161   164   155   188   星期日
2022-01-03    146   214   100   215   星期一
2022-01-04    228   233   215   236   星期二
2022-01-05    230   226   220   231   星期三
```

▼ 分析

实现方式很简单，使用 replace() 就可以了。其中，replace() 接收一个字典作为参数。

9.1.4 索引与切片

Pandas 为时间序列提供了专门的“索引”及“切片”方式，以便快速选取想要的数据。时间序列的这两种方式跟列表是类似的，我们可以对比理解。

下面是时间序列中“索引”和“切片”的基本用法:

```
# 获取某年的数据
df["2022"]

# 获取某月的数据
df["2022-01"]

# 获取某区间的数据
df["2022": "2023"]
```

▼ 举例：时间“索引”

```
import pandas as pd

data = [
    ["20220101", 197, 165, 156, 200],
    ["20220131", 161, 164, 155, 188],
    ["20220201", 146, 214, 100, 215],
    ["20220228", 228, 233, 215, 236],
    ["20220301", 230, 226, 220, 231],
    ["20220331", 222, 229, 219, 230]
]
df = pd.DataFrame(data, columns=["日期", "开盘", "收盘", "最高", "最低"])
# 将字符串转换为时间对象
df["日期"] = pd.to_datetime(df["日期"])
# 设置行名
df = df.set_index("日期")
# 获取3月份的数据
result = df["2022-03"]

pd.set_option("display.unicode.east_asian_width", True)
print(result)
```

输出结果如下：

```
            开盘  收盘  最高  最低
日期
2022-03-01   230   226   220   231
2022-03-31   222   229   219   230
```

▼ 分析

df["2022-03"] 表示获取 2022 年 3 月份的数据。这里再次强调一点，时间序列并不是普通的 DataFrame，只有行名为时间对象的 DataFrame 才能称为时间序列，才能使用时间序列提供的这种索引方式。

▼ 举例：时间“切片”

```
import pandas as pd

data = [
    ["20220101", 197, 165, 156, 200],
    ["20220102", 161, 164, 155, 188],
    ["20220103", 146, 214, 100, 215],
    ["20220104", 228, 233, 215, 236],
    ["20220105", 230, 226, 220, 231]
]
df = pd.DataFrame(data, columns=["日期", "开盘", "收盘", "最低", "最高"])
# 将字符串转换为时间对象
df["日期"] = pd.to_datetime(df["日期"])
# 设置行名
df = df.set_index("日期")
# 时间“切片”
result = df["2022-01-01":"2022-01-03"]
```

```
pd.set_option("display.unicode.east_asian_width", True)
print(result)
```

输出结果如下：

```
            开盘  收盘  最高  最低
日期
2022-01-01   197   165   200   156
2022-01-02   161   164   188   155
2022-01-03   146   214   215   100
```

分析

df["2022-01-01":"2022-01-03"]表示获取2022年1月1日至2022年1月3日这3天的数据。

9.2 重采样：resample()

对于resample()，Pandas官方文档是这样定义的："resample() is a time-based groupby."。

简单来说，重采样（resample）是基于时间的一个分组操作。在实际工作中，重采样是时间序列中最重要的操作，所以读者要重点掌握这一节的内容。

在Pandas中，可以使用resample()对时间序列进行重采样操作。

语法

```
df.resample(freq, axis=0或1).统计函数()
```

说明

freq是一个必选参数，表示转换的频率，常见的频率如表9-2所示。

表9-2 常见的频率

频率	说明
D	天（Day）
M	月（Month）
Y	年（Year）
Q	季度（Quarter）
W	星期（Week）

axis是一个可选参数，表示沿着哪一条轴进行操作，默认值是0。当axis=0时，表示沿着"纵轴"进行操作；当axis=1时，表示沿着"横轴"进行操作。

重采样可以分为两种：一种是降采样，另一种是升采样。这两种采样的区别在于：降采样是从高频到低频，而升采样是从低频到高频。

9.2.1 降采样

降采样，是从高频到低频的操作。例如上一节的例子是每一天的数据，如果现在要统计每一周的数据，这种从高频数据到低频数据的操作，就是降采样。

对于降采样来说，要把天数据变成周数据，就是要把一周 7 天的数据“浓缩”成一个数据。怎么“浓缩”呢？一般采用的是求和、求平均值等操作。所以降采样是会使用到统计函数的。

▼ 举例：每两天统计一次

```
import pandas as pd

data = [
    ["20220101", 197, 165, 156, 200],
    ["20220102", 161, 164, 155, 188],
    ["20220103", 146, 214, 100, 215],
    ["20220104", 228, 233, 215, 236],
    ["20220105", 230, 226, 220, 231],
    ["20220106", 222, 229, 219, 230],
    ["20220107", 172, 178, 161, 190],
    ["20220108", 210, 225, 209, 230],
    ["20220109", 221, 218, 216, 229],
    ["20220110", 235, 227, 223, 238]
]
df = pd.DataFrame(data, columns=["日期", "开盘", "收盘", "最低", "最高"])
# 将字符串转换为时间对象
df["日期"] = pd.to_datetime(df["日期"])
# 设置行名
df = df.set_index("日期")
# 降采样
result = df.resample("2D").mean()

pd.set_option("display.unicode.east_asian_width", True)
print(result)
```

输出结果如下：

```
              开盘   收盘   最低   最高
日期
2022-01-01  179.0  164.5  155.5  194.0
2022-01-03  187.0  223.5  157.5  225.5
2022-01-05  226.0  227.5  219.5  230.5
2022-01-07  191.0  201.5  185.0  210.0
2022-01-09  228.0  222.5  219.5  233.5
```

▼ 分析

df.resample("2D").mean() 表示“降频”为每两天计算一次，这里计算的是平均数。当然，也可以使用其他统计函数进行降采样，例如 sum()、max() 等。

▼ 举例：每 7 天统计一次

```
import pandas as pd

data = [
    ["20220101", 197, 165, 156, 200],
    ["20220102", 161, 164, 155, 188],
```

```
    ["20220103", 146, 214, 100, 215],
    ["20220104", 228, 233, 215, 236],
    ["20220105", 230, 226, 220, 231],
    ["20220106", 222, 229, 219, 230],
    ["20220107", 172, 178, 161, 190],
    ["20220108", 210, 225, 209, 230],
    ["20220109", 221, 218, 216, 229],
    ["20220110", 235, 227, 223, 238]
]
df = pd.DataFrame(data, columns=["日期", "开盘", "收盘", "最低", "最高"])
# 将字符串转换为时间对象
df["日期"] = pd.to_datetime(df["日期"])
# 设置行名
df = df.set_index("日期")
# 降采样
result = df.resample("7D").mean()

pd.set_option("display.unicode.east_asian_width", True)
print(result)
```

输出结果如下：

```
                  开盘        收盘        最低        最高
日期
2022-01-01  193.714286  201.285714  175.142857  212.857143
2022-01-08  222.000000  223.333333  216.000000  232.333333
```

分析

df.resample("7D").mean() 表示“降频”为每7天计算一次，这里计算的是平均数。由于这里只有10个数据，因此前7天的数据会作为第一组统计，后3天的数据会作为第二组统计。

举例：每星期统计一次

```
import pandas as pd

data = [
    ["20220101", 197, 165, 156, 200],
    ["20220102", 161, 164, 155, 188],
    ["20220103", 146, 214, 100, 215],
    ["20220104", 228, 233, 215, 236],
    ["20220105", 230, 226, 220, 231],
    ["20220106", 222, 229, 219, 230],
    ["20220107", 172, 178, 161, 190],
    ["20220108", 210, 225, 209, 230],
    ["20220109", 221, 218, 216, 229],
    ["20220110", 235, 227, 223, 238]
]
df = pd.DataFrame(data, columns=["日期", "开盘", "收盘", "最低", "最高"])
# 将字符串转换为时间对象
df["日期"] = pd.to_datetime(df["日期"])
# 设置行名
df = df.set_index("日期")
```

```
# 降采样
result = df.resample("1W").mean()

pd.set_option("display.unicode.east_asian_width", True)
print(result)
```

输出结果如下：

```
                开盘        收盘        最低    最高
日期
2022-01-02  179.000000  164.500000  155.500000  194.0
2022-01-09  204.142857  217.571429  191.428571  223.0
2022-01-16  235.000000  227.000000  223.000000  238.0
```

分析

这里只有 10 个数据，如果以星期为单位，不是应该分为两组进行统计吗？为什么这里分成了 3 组进行统计呢？

实际上，df.resample("1W") 并不等价于 df.resample("7D")。如果频率是“1W”，那么会按照日历里面对应的星期来进行划分，如图 9-1 所示。

图 9-1

从图 9-1 可以看出，1~2 属于同一个星期，3~9 属于同一个星期，10 属于另外一个星期，所以这里划分为了 3 组。

9.2.2 升采样

升采样，是从低频到高频的操作。升采样和降采样完全不同，升采样会导致缺失值的出现。例如要将周数据变成天数据，1 个数据怎么扩展为 7 个数据呢？因此会导致有一部分数据是缺失的。

在实际工作中，对于升采样导致的缺失值，一般使用填充的方式来处理。填充有两种方式：一种是使用 ffill() 向前填充；另一种是使用 bfill() 向后填充。

举例：向前填充

```
import pandas as pd

data = [
    ["20220101", 193, 201, 175, 212],
    ["20220108", 222, 223, 216, 232]
]
df = pd.DataFrame(data, columns=["日期", "开盘", "收盘", "最低", "最高"])
# 将字符串转换为时间对象
df["日期"] = pd.to_datetime(df["日期"])
# 设置行名
df = df.set_index("日期")
# 升采样（向前填充）
result = df.resample("D").ffill()

pd.set_option("display.unicode.east_asian_width", True)
print(result)
```

输出结果如下：

```
              开盘  收盘  最低  最高
日期
2022-01-01    193   201   175   212
2022-01-02    193   201   175   212
2022-01-03    193   201   175   212
2022-01-04    193   201   175   212
2022-01-05    193   201   175   212
2022-01-06    193   201   175   212
2022-01-07    193   201   175   212
2022-01-08    222   223   216   232
```

分析

df.resample("D").ffill() 表示采用向前填充的方式。所谓向前填充，是指使用前一个数据来进行填充。除了向前填充之外，还有向后填充，请看下面的例子。

举例：向后填充

```
import pandas as pd

data = [
    ["20220101", 193, 201, 175, 212],
    ["20220108", 222, 223, 216, 232]
]
df = pd.DataFrame(data, columns=["日期", "开盘", "收盘", "最低", "最高"])
# 将字符串转换为时间对象
df["日期"] = pd.to_datetime(df["日期"])
# 设置行名
df = df.set_index("日期")
# 升采样（向后填充）
result = df.resample("D").bfill()

pd.set_option("display.unicode.east_asian_width", True)
```

```
print(result)
```

输出结果如下：

```
            开盘  收盘  最低  最高
日期
2022-01-01   193   201   175   212
2022-01-02   222   223   216   232
2022-01-03   222   223   216   232
2022-01-04   222   223   216   232
2022-01-05   222   223   216   232
2022-01-06   222   223   216   232
2022-01-07   222   223   216   232
2022-01-08   222   223   216   232
```

9.3 移动计算：rolling()

在实际工作中，我们可能会遇到这样一种需求：每天都计算一次 3 天内的销量总和。例如，第 3 天要计算一次“1~3 天”的销量总和，第 4 天要计算一次“2~4 天”的销量总和，以此类推。

上面这样的需求，其实是移动计算。在 Pandas 中，可以使用 rolling() 来实现移动计算。

语法

```
df.rolling(n)
```

说明

Series 和 DataFrame 都可以使用 rolling()。n 是一个正整数，表示每次计算的数量。

举例

```
import pandas as pd

data = [
    ["2022-01-01", 274],
    ["2022-01-02", 301],
    ["2022-01-03", 295],
    ["2022-01-04", 312],
    ["2022-01-05", 347],
]

df = pd.DataFrame(data, columns=["time", "order"])
result = df["order"].rolling(3).sum()

pd.set_option("display.unicode.east_asian_width", True)
print(result)
```

输出结果如下：

```
0      NaN
1      NaN
2    870.0
3    908.0
```

```
4    954.0
Name: order, dtype: float64
```

分析

除了总和之外，还可以计算平均数、方差等。读者可以自己去尝试一下。在实际工作中，移动计算可以用于普通的 DataFrame，不过更多是用于时间序列。

9.4 分组器：Grouper()

在 Pandas 中，可以使用 Grouper() 来指定分组的依据。在实际工作中，Grouper() 一般和 groupby() 搭配使用。

语法

```
pd.Grouper(key, freq)
```

说明

key 是一个可选参数，表示根据某个列名进行分组。freq 也是一个可选参数，表示根据时间频率进行分组。

举例：使用参数 key

```
import pandas as pd

data = [
    [1001, "小杰", "男", 650, "一班"],
    [1002, "小红", "女", 645, "一班"],
    [1003, "小明", "男", 590, "二班"],
    [1004, "小华", "男", 635, "二班"],
    [1005, "小莉", "女", 640, "二班"],
]
df = pd.DataFrame(data, columns=["学号", "姓名", "性别", "成绩", "班级"])
groups = df.groupby(pd.Grouper(key="班级"))
result = groups.get_group("一班")

pd.set_option("display.unicode.east_asian_width", True)
print(result)
```

输出结果如下：

```
   学号  姓名 性别  成绩  班级
0  1001  小杰   男   650  一班
1  1002  小红   女   645  一班
```

分析

pd.Grouper(key="班级") 是 df.groupby() 的参数，表示根据“班级”这一列进行分组。

对于这个例子，下面两种方式是等价的：

```
# 方式1
groups = df.groupby("班级")

# 方式2
groups = df.groupby(pd.Grouper(key="班级"))
```

▼ 举例：使用参数 freq

```
import pandas as pd

data = [
    ["20220101", 197, 165, 156, 200],
    ["20220102", 161, 164, 155, 188],
    ["20220103", 146, 214, 100, 215],
    ["20220104", 228, 233, 215, 236],
    ["20220105", 230, 226, 220, 231],
    ["20220106", 222, 229, 219, 230],
    ["20220107", 172, 178, 161, 190],
    ["20220108", 210, 225, 209, 230],
    ["20220109", 221, 218, 216, 229],
    ["20220110", 235, 227, 223, 238]
]
df = pd.DataFrame(data, columns=["日期", "开盘", "收盘", "最低", "最高"])
# 将字符串转换为时间对象
df["日期"] = pd.to_datetime(df["日期"])
# 设置行名
df = df.set_index("日期")
# 分组处理
result = df.groupby(pd.Grouper(freq="5D"))

# 遍历分组
for name, group in result:
    pd.set_option("display.unicode.east_asian_width", True)
    print(name)                          # 获取组名
    print(group)                         # 获取数据
```

输出结果如下：

```
2022-01-01 00:00:00
            开盘  收盘  最低  最高
日期
2022-01-01   197   165   156   200
2022-01-02   161   164   155   188
2022-01-03   146   214   100   215
2022-01-04   228   233   215   236
2022-01-05   230   226   220   231

2022-01-06 00:00:00
            开盘  收盘  最低  最高
日期
2022-01-06   222   229   219   230
2022-01-07   172   178   161   190
2022-01-08   210   225   209   230
```

```
2022-01-09    221    218    216    229
2022-01-10    235    227    223    238
```

分析

pd.Grouper(freq="5D") 表示根据时间频率进行分组，也就是每 5 天为一组。当然，我们也可以每周为一组，或者每个月为一组。在实际工作中，根据时间频率分组非常有用，例如找出每个月最高销量对应的日期。

9.5　实战题：求每个月的销量总和

当前项目的 data 文件夹中有一个 sales.csv 文件，项目结构如图 9-2 所示。其中，sales.csv 文件保存的是某公司一年内每天的产品销量，部分内容如图 9-3 所示。接下来，我们尝试求出每个月的销量总和。

图 9-2

```
日期,销量
2022-01-01,901
2022-01-02,784
2022-01-03,421
2022-01-04,666
2022-01-05,439
2022-01-06,510
2022-01-07,993
2022-01-08,930
2022-01-09,377
2022-01-10,842
```

图 9-3

实现代码如下：

```
import pandas as pd

df = pd.read_csv(r"data/sales.csv")
# 将字符串转换为时间对象
df["日期"] = pd.to_datetime(df["日期"])
# 设置行名
df = df.set_index("日期")
# 降采样
result = df.resample("M").sum()
# 修改列名
result.columns = ["销量总和"]

pd.set_option("display.unicode.east_asian_width", True)
print(result)
```

输出结果如下:

```
            销量总数
日期
2022-01-31    18550
2022-02-28    16252
2022-03-31    17061
2022-04-30    16704
2022-05-31    16525
2022-06-30    19943
2022-07-31    16713
2022-08-31    14506
2022-09-30    19394
2022-10-31    16884
2022-11-30    16130
2022-12-31    14933
```

▶ 分析

上面的结果还不够理想，我们希望结果的行名是 1 月、2 月、3 月等。因此，需要使用 index 属性修改行名，实现代码如下:

```
result.index = [str(x)+"月" for x in range(1, 13)]
```

再次运行之后，输出结果如下:

```
       销量总和
1月      18550
2月      16252
3月      17061
4月      16704
5月      16525
6月      19943
7月      16713
8月      14506
9月      19394
10月     16884
11月     16130
12月     14933
```

9.6 本章练习

一、单选题

1. 如果想要实现时间序列的移动计算，可以使用（　　）来实现。

A. sample()　　B. resample()

C. rolling()　　D. groupby()

2. 下面有关重采样的说法中，不正确的是（　　）。

A. 降采样会导致一些时间没有对应的数据

B. 任何类型的 DataFrame 都可以进行重采样

C. 可以使用 resample() 来实现升采样

D. 重采样使用 freq 参数来控制转换的频率

3. 下面有关时间序列的说法中，不正确的是（　　）。

A. 只有时间序列才有重采样，其他 DataFrame 都没有

B. 时间序列在本质上是一个 Series 或 DataFrame

C. 时间序列的行名可以是从 0 开始的连续整数

D. 时间序列的时间频率可以是固定的，也可以是不固定的

二、问答题

请简单说一下重采样是什么，重采样可以分为多少种，每一种具体指的是什么。（面试题）

三、编程题

有一个 sales.csv 文件，它保存的是某公司一年内每天的产品销量，其部分内容如图 9-4 所示。请把每个月最高销量对应的日期找出来。

```
日期,销量
2022-01-01,901
2022-01-02,784
2022-01-03,421
2022-01-04,666
2022-01-05,439
2022-01-06,510
2022-01-07,993
2022-01-08,930
2022-01-09,377
2022-01-10,842
```

图 9-4

第 10 章 高级技术

10.1 透视表

10.1.1 透视表简介

如果读者接触过 Excel，那么或多或少都用过数据透视表这个功能。实际上，Pandas 也提供了透视表功能，叫作“pivot table”。

在 Pandas 中，可以使用 pivot_table() 来实现一个透视表。想要实现透视表，除了 pivot_table() 之外，还可以使用 pivot ()。由于两者的作用相似，并且 pivot_table() 的功能更加强大，所以我们只需要掌握 pivot_table() 即可。

▼ 语法

```
pd.pivot_table(df, index=列表, columns=列表, values=值)
```

▼ 说明

df 是一个 DataFrame，index 用于设置行名，columns 用于设置列名 ,values 用于设置数据部分。其中，index 和 columns 参数至少要使用一个，否则系统会报错。

▼ 举例

```
import pandas as pd

data = [
    [1001, "小杰", "男", 650, "一班"],
    [1002, "小红", "女", 645, "一班"],
    [1003, "小明", "男", 590, "二班"],
    [1004, "小华", "男", 640, "二班"],
    [1005, "小莉", "女", 635, "二班"]
```

```
]
df = pd.DataFrame(data, columns=["学号", "姓名", "性别", "成绩", "班级"])
result = df.pivot_table(index="班级", columns="姓名", values="成绩")

pd.set_option("display.unicode.east_asian_width", True)
print(result)
```

输出结果如下：

```
姓名    小华    小明    小杰    小红    小莉
班级
一班     NaN     NaN   650.0   645.0     NaN
二班   640.0   590.0     NaN     NaN   635.0
```

◤ 分析

df.pivot_table(index="班级", columns="姓名", values="成绩") 表示将"班级"设置为行名，将"姓名"设置为列名，然后将"成绩"设置为数据部分。

df.pivot_table() 会返回一个新的 DataFrame。简单来说，透视表就是动态地将原来的 DataFrame 进行重新"排版"，然后组合成想要的"版面"。我们再来看一个例子。

◤ 举例

```
import pandas as pd

data = [
    [1001, "小杰", "男", 650, "一班"],
    [1002, "小红", "女", 645, "一班"],
    [1003, "小明", "男", 590, "二班"],
    [1004, "小华", "男", 640, "二班"],
    [1005, "小莉", "女", 635, "二班"]
]
df = pd.DataFrame(data, columns=["学号", "姓名", "性别", "成绩", "班级"])
result = df.pivot_table(index="姓名", columns="班级", values="成绩")

pd.set_option("display.unicode.east_asian_width", True)
print(result)
```

输出结果如下：

```
班级    一班    二班
姓名
小华     NaN   640.0
小明     NaN   590.0
小杰   650.0     NaN
小红   645.0     NaN
小莉     NaN   635.0
```

◤ 分析

df.pivot_table(index="姓名", columns="班级", values="成绩") 表示将"姓名"设置为行名，将"班级"设置为列名，然后将"成绩"设置为数据部分。总而言之，可以根据自己的习惯或实际需求去设置 index、columns 和 values。

接下来，在当前项目的 data 文件夹中新建一个 weather.csv 文件，项目结构如图 10-1 所示。weather.csv 文件保存的是广州 2018~2020 这 3 年来每个月的平均温度，部分内容如图 10-2 所示。

图 10-1

图 10-2

举例

```
import pandas as pd

df = pd.read_csv(r"data/weather.csv")
result = df.pivot_table(index="年份", columns="月份", values="温度")

pd.set_option("display.unicode.east_asian_width", True)
print(result)
```

输出结果如下:

```
月份   10月  11月  12月  1月  2月  3月  4月  5月  6月  7月  8月  9月
年份
2018    27    25    19   18   19   24   26   32   32   33   32   31
2019    29    26    22   19   21   22   26   27   31   32   32   32
2020    30    25    20   19   20   23   27   31   33   34   34   33
```

分析

使用透视表，可以非常方便地调整 DataFrame 展示内容的形式。在实际工作中，透视表是非常有用的，例如在结合 Seaborn 实现数据可视化的时候，就经常会用到透视表这个功能。

10.1.2 统计函数

透视表不仅可以根据需求对 DataFrame 进行“排版”，还可以在“排版”的同时使用统计函数进行各种统计。在 Pandas 中，可以使用 aggfunc 这个参数来使用统计函数。

语法

```
pd.pivot_table(df, index=列表, columns=列表, values=值,
               aggfunc=字符串或列表,
```

```
                margins=True,
                margins_name=名字)
```

◤ 说明

aggfunc 是一个可选参数，用于指定要使用的统计函数。它的值可以是一个统计函数名（字符串型），例如 sum、mean 等；也可以是一个列表，例如 [“sum”,“mean”]。

aggfunc 需要结合 margins、margins_name 这两个参数一起使用，margins=True 是固定写法，margins_name 用于指定统计后的列名。

◤ 举例：一种统计

```
import pandas as pd

data = [
    [1001, "小杰", "男", 650, "一班"],
    [1002, "小红", "女", 645, "一班"],
    [1003, "小明", "男", 590, "二班"],
    [1004, "小华", "男", 640, "二班"],
    [1005, "小莉", "女", 635, "二班"]
]
df = pd.DataFrame(data, columns=["学号", "姓名", "性别", "成绩", "班级"])
result = df.pivot_table(index="班级", columns="姓名", values="成绩",
                        aggfunc="mean",
                        margins=True,
                        margins_name="平均分")

pd.set_option("display.unicode.east_asian_width", True)
print(result)
```

输出结果如下：

```
姓名      小华    小明    小杰    小红    小莉        平均分
班级
一班       NaN     NaN   650.0   645.0     NaN   647.500000
二班     640.0   590.0     NaN     NaN   635.0   621.666667
平均分   640.0   590.0   650.0   645.0   635.0   632.000000
```

◤ 分析

aggfunc="mean" 表示求平均数，这里会对行和列都进行计算。当然，也可以同时进行多种统计，例如同时求平均数、最大值和最小值，实现代码如下：

```
result = df.pivot_table(index="班级", columns="姓名", values="成绩",
                        aggfunc=["mean", "max", "min"],
                        margins=True)
```

10.2 交叉表

交叉表是一种特殊的透视表，它专门用于计算分组的频率。在 Pandas 中，虽然 pivot_table() 也可以实现交叉表，但是最好的方式还是使用 crosstab()。其中，crosstab() 默认统计个数（次数）。

语法

```
pd.crosstab(index=行数据, columns=列数据)
```

说明

crosstab()是Pandas下的一个方法。需要注意的是，这里index的值是行数据，而不是行名；columns 的值是列数据，而不是列名。

举例

```
import pandas as pd

data = [
    [1001, "小杰", "男", 650, "一班"],
    [1002, "小红", "女", 645, "一班"],
    [1003, "小明", "男", 590, "二班"],
    [1004, "小华", "男", 640, "二班"],
    [1005, "小莉", "女", 635, "二班"],
]
df = pd.DataFrame(data, columns=["学号", "姓名", "性别", "成绩", "班级"])
result = pd.crosstab(index=df["班级"], columns=df["性别"])

pd.set_option("display.unicode.east_asian_width", True)
print(result)
```

输出结果如下：

```
性别  女  男
班级
一班   1   1
二班   1   2
```

分析

从结果可以看出，一班女生1人、男生1人，二班女生1人、男生2人。

举例

```
import pandas as pd

data = [
    ["张三", "男", "本科"],
    ["李四", "男", "大专"],
    ["王五", "男", "研究生"],
    ["小芳", "女", "本科"],
    ["小红", "女", "大专"],
    ["小明", "男", "研究生"],
    ["小华", "男", "大专"],
    ["小莉", "女", "本科"],
    ["小英", "女", "研究生"],
    ["小军", "男", "本科"]
]
df = pd.DataFrame(data, columns=["姓名", "性别", "学历"])
result = pd.crosstab(index=df["性别"], columns=df["学历"])
```

```
pd.set_option("display.unicode.east_asian_width", True)
print(result)
```

输出结果如下：

```
学历  大专  本科  研究生
性别
女       1     2       1
男       2     2       2
```

10.3 层次化索引

10.3.1 层次化索引简介

Pandas有两种数据结构：Series和DataFrame。其中，Series用于处理一维数据，而DataFrame用于处理二维数据。但是在实际工作中，可能会遇到处理更多维数据的情况。

处理多维数据时，可以使用“层次化索引”将高维数据转换成低维数据，一般是转换成二维数据（即DataFrame）。对于DataFrame来说，行和列都可以使用层次化索引，不过行的层次化索引比较常见。

默认情况下，DataFrame的行索引或列索引是一维数组。想要实现层次化索引，最常用也是最简单的方法是：在使用DataFrame()创建一个DataFrame时，给index参数或columns参数传递一个多维数组。如果是给index传递，那就是实现行的层次化索引；如果是给columns传递，那就是实现列的层次化索引。

综上所述，普通索引的DataFrame的index或columns是一维数组，而层次化索引的DataFrame的index或columns是多维数组。

层次化索引也叫作“层级索引”“多重索引”“多级索引”。

▼ 举例：层次化索引

```
import pandas as pd

data = [
    ["2.50万亿", "2.7%"],
    ["2.76万亿", "3.1%"],
    ["1.48万亿", "4.6%"],
    ["2.01万亿", "3.4%"],
    ["1.61万亿", "3.9%"],
    ["1.24万亿", "3.3%"]
]
df = pd.DataFrame(
    data,
    columns=["GDP", "增速"],
    index = [["广东", "广东", "江苏", "江苏", "浙江", "浙江"], ["广州", "深圳", "南京", "
苏州", "杭州", "宁波"]]
```

```
)

pd.set_option("display.unicode.east_asian_width", True)
print(df)
```

输出结果如下:

```
              GDP   增速
广东 广州   2.50万亿  2.7%
     深圳   2.76万亿  3.1%
江苏 南京   1.48万亿  4.6%
     苏州   2.01万亿  3.4%
浙江 杭州   1.61万亿  3.9%
     宁波   1.24万亿  3.3%
```

▼ 分析

创建层次化索引非常简单，当 index 或 columns 是二维列表或更多维列表时，系统就会“自动”创建一个带层次化索引的 DataFrame。执行 print(type(df.index))，可以看到 DataFrame 索引的类型为 MultiIndex（层次化索引对象）:

```
<class 'pandas.core.indexes.multi.MultiIndex'>
```

对于这个例子来说，index 的值是一个二维列表，它有两种元素：第 1 种元素是省份，作为第 1 层索引；第 2 种元素是城市，作为第 2 层索引。该 DataFrame 的分析如图 10-3 所示。

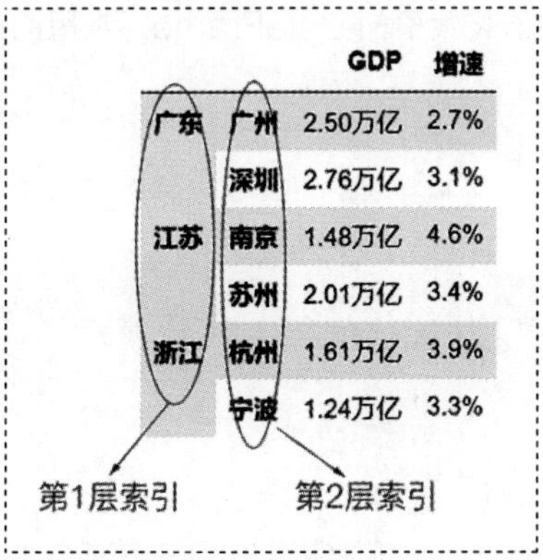

图10-3

可能有些读者就会说了：对于上面这种数据结构，使用普通索引也能把数据展示出来。确实如此，我们可以拿下面这个例子来对比一下。

▼ 举例：普通索引

```
import pandas as pd

data = [
    ["广东", "广州", "2.50万亿", "2.7%"],
    ["广东", "深圳", "2.76万亿", "3.1%"],
    ["江苏", "南京", "1.48万亿", "4.6%"],
    ["江苏", "苏州", "2.01万亿", "3.4%"],
```

```
    ["浙江", "杭州", "1.61万亿", "3.9%"],
    ["浙江", "宁波", "1.24万亿", "3.3%"]
]
df = pd.DataFrame(data, columns=["省份", "城市", "GDP", "增幅"])

pd.set_option("display.unicode.east_asian_width", True)
print(df)
```

输出结果如下：

```
   省份  城市       GDP   增幅
0  广东  广州  2.50万亿  2.7%
1  广东  深圳  2.76万亿  3.1%
2  江苏  南京  1.48万亿  4.6%
3  江苏  苏州  2.01万亿  3.4%
4  浙江  杭州  1.61万亿  3.9%
5  浙江  宁波  1.24万亿  3.3%
```

分析

同一份数据有两种展示方式：使用普通索引；使用层次化索引。但是从结果来看，对于上面这份数据，使用层次化索引展示出来的效果更为直观。

10.3.2 常用操作

在 Pandas 中，对于使用层次化索引的 DataFrame，常用的操作有以下 6 种。

- 获取行数据。
- 获取列数据。
- 使用统计函数。
- 索引排序。
- 重置索引。
- 交换位置。

1. 获取行数据

对于带层次化索引的 DataFrame，可以使用 loc[] 来获取行数据。

语法

```
df.loc[第1层行名, 第2层行名, ……, 第n层行名]
```

举例

```
import pandas as pd

data = [
    ["2.50万亿", "2.7%"],
    ["2.76万亿", "3.1%"],
    ["1.48万亿", "4.6%"],
    ["2.01万亿", "3.4%"],
    ["1.61万亿", "3.9%"],
```

```
        ["1.24万亿", "3.3%"]
    ]
    df = pd.DataFrame(
        data,
        columns=["GDP", "增速"],
        index = [["广东", "广东", "江苏", "江苏", "浙江", "浙江"], ["广州", "深圳", "南京", "苏州", "杭州", "宁波"]]
    )

    pd.set_option("display.unicode.east_asian_width", True)
    print(df.loc["广东"])
```

输出结果如下：

```
            GDP   增速
广州  2.50万亿  2.7%
深圳  2.76万亿  3.1%
```

◤ 分析

df.loc[" 广东 "] 表示获取“广东”的数据。如果想要获取“广州”的数据，可以使用下面这种方式：

```
df.loc["广东", "广州"]
```

2. 获取列数据

对于带层次化索引的 DataFrame，可以使用 df[] 来获取列数据。

◤ 语法

```
df[列名或列表]
```

◤ 举例

```
import pandas as pd

data = [
    ["2.50万亿", "2.7%"],
    ["2.76万亿", "3.1%"],
    ["1.48万亿", "4.6%"],
    ["2.01万亿", "3.4%"],
    ["1.61万亿", "3.9%"],
    ["1.24万亿", "3.3%"]
]
df = pd.DataFrame(
    data,
    columns=["GDP", "增速"],
    index = [["广东", "广东", "江苏", "江苏", "浙江", "浙江"], ["广州", "深圳", "南京", "苏州", "杭州", "宁波"]]
)

pd.set_option("display.unicode.east_asian_width", True)
print(df["GDP"])
```

输出结果如下：

```
广东  广州    2.50万亿
      深圳    2.76万亿
江苏  南京    1.48万亿
      苏州    2.01万亿
浙江  杭州    1.61万亿
      宁波    1.24万亿
Name: GDP, dtype: object
```

分析

df["GDP"] 表示获取 GDP 这一列的所有数据。如果只想获取“广东 - 广州”的“GDP”，应该怎么做呢？其实也非常简单，首先选中“广东 - 广州”这一行，然后再选中“GDP”这一列即可，实现代码如下：

```
df.loc["广东", "广州"]["GDP"]
```

3. 使用统计函数

使用层次化索引的 DataFrame，其实和使用普通索引的 DataFrame 没什么两样，它同样可以使用各种统计函数。

举例

```
import pandas as pd

data = [
    ["2.50万亿", "2.7%"],
    ["2.76万亿", "3.1%"],
    ["1.48万亿", "4.6%"],
    ["2.01万亿", "3.4%"],
    ["1.61万亿", "3.9%"],
    ["1.24万亿", "3.3%"]
]
df = pd.DataFrame(
    data,
    columns=["GDP", "增速"],
    index = [["广东", "广东", "江苏", "江苏", "浙江", "浙江"], ["广州", "深圳", "南京", "
苏州", "杭州", "宁波"]]
)
# 去除“%”
df["增速"] = df["增速"].str.replace("%", "")
# 转换成float类型
df["增速"] = df["增速"].astype(float)
# 求平均数
mean = df["增速"].mean()
# 构建结果
result = "平均增速：" + str(mean) + "%"

pd.set_option("display.unicode.east_asian_width", True)
print(result)
```

输出结果如下：

```
平均增速：3.5%
```

分析

这个例子实现的效果是：求“增速”这一列的平均值。需要注意的是，“增速”这一列的类型是字符串型，所以要先将类型转换成数字型，然后才能求平均值。

4. 索引排序

在 Pandas 中，对于使用普通索引的 DataFrame，可以使用 sort_index() 来对其索引进行排序，而 sort_index() 同样适用于使用层次化索引的 DataFrame。

语法

```
df.sort_index()
```

举例：中文索引

```
import pandas as pd

data = [
    ["2.50万亿", "2.7%"],
    ["2.76万亿", "3.1%"],
    ["1.48万亿", "4.6%"],
    ["2.01万亿", "3.4%"],
    ["1.61万亿", "3.9%"],
    ["1.24万亿", "3.3%"]
]
df = pd.DataFrame(
    data,
    columns=["GDP", "增速"],
    index = [["广东", "广东", "江苏", "江苏", "浙江", "浙江"], ["广州", "深圳", "南京", "
苏州", "杭州", "宁波"]]
)
# 索引排序
df.sort_index(inplace=True)

pd.set_option("display.unicode.east_asian_width", True)
print(df)
```

输出结果如下：

```
                GDP   增速
广东 广州  2.50万亿  2.7%
     深圳  2.76万亿  3.1%
江苏 南京  1.48万亿  4.6%
     苏州  2.01万亿  3.4%
浙江 宁波  1.24万亿  3.3%
     杭州  1.61万亿  3.9%
```

分析

df.sort_index(inplace=True) 中的参数 inplace 表示直接修改原来的 DataFrame。sort_ index() 更多用于对英文索引或者数字索引进行排序，很少用于对中文索引进行排序。

5. 重置索引

在 Pandas 中，可以使用 reset_index() 将层次化索引重置成普通索引。

语法

```
df.reset_index()
```

举例

```
import pandas as pd

data = [
    ["2.50万亿", "2.7%"],
    ["2.76万亿", "3.1%"],
    ["1.48万亿", "4.6%"],
    ["2.01万亿", "3.4%"],
    ["1.61万亿", "3.9%"],
    ["1.24万亿", "3.3%"]
]
df = pd.DataFrame(
    data,
    columns=["GDP", "增速"],
    index = [["广东", "广东", "江苏", "江苏", "浙江", "浙江"], ["广州", "深圳", "南京", "苏州", "杭州", "宁波"]]
)
# 重置索引
df.reset_index(inplace=True)

pd.set_option("display.unicode.east_asian_width", True)
print(df)
```

输出结果如下：

```
  level_0 level_1        GDP  增速
0    广东    广州  2.50万亿  2.7%
1    广东    深圳  2.76万亿  3.1%
2    江苏    南京  1.48万亿  4.6%
3    江苏    苏州  2.01万亿  3.4%
4    浙江    杭州  1.61万亿  3.9%
5    浙江    宁波  1.24万亿  3.3%
```

分析

使用 reset_index() 将层次化索引重置成普通索引时，有多少层索引，就会重置成多少列。对于这个例子来说，第 1 层索引重置后的列名为“level_0”，第 2 层索引重置后的列名为“level_1”，因此我们还需要对列名做一点修改：

```
# 重置索引
df.reset_index(inplace=True)
# 修改列名
df.columns = ["省份", "城市", "GDP", "增速"]
```

再次运行代码之后，输出结果如下：

```
   省份  城市       GDP   增速
0  广东  广州  2.50万亿  2.7%
1  广东  深圳  2.76万亿  3.1%
2  江苏  南京  1.48万亿  4.6%
3  江苏  苏州  2.01万亿  3.4%
4  浙江  杭州  1.61万亿  3.9%
5  浙江  宁波  1.24万亿  3.3%
```

6. 交换位置

在 Pandas 中，可以使用 swaplevel() 来交换层次化索引中不同层索引的位置。

语法

```
df.swaplevel(m, n)
```

说明

m和n表示层数，它们都是大于或等于0的整数。其中0表示第1层，1表示第2层，以此类推。

需要注意的是，swaplevel() 不会修改原来的 DataFrame，而是会返回一个新的 DataFrame，并且它本身是没有 inplace 参数的。

举例

```
import pandas as pd

data = [
    ["2.50万亿", "2.7%"],
    ["2.76万亿", "3.1%"],
    ["1.48万亿", "4.6%"],
    ["2.01万亿", "3.4%"],
    ["1.61万亿", "3.9%"],
    ["1.24万亿", "3.3%"]
]
df = pd.DataFrame(
    data,
    columns=["GDP", "增速"],
    index = [["广东", "广东", "江苏", "江苏", "浙江", "浙江"], ["广州", "深圳", "南京", "
苏州", "杭州", "宁波"]]
)
# 交换位置
result = df.swaplevel(0, 1)

pd.set_option("display.unicode.east_asian_width", True)
print(result)
```

输出结果如下：

```
                GDP   增速
广州 广东  2.50万亿  2.7%
深圳 广东  2.76万亿  3.1%
南京 江苏  1.48万亿  4.6%
```

```
苏州 江苏  2.01万亿  3.4%
杭州 浙江  1.61万亿  3.9%
宁波 浙江  1.24万亿  3.3%
```

分析

df.swaplevel(0, 1) 表示将第 1 层索引和第 2 层索引交换位置。

最后需要说明的是，层次化索引不仅可以用于“行索引”（即行名），同样也可以用于“列索引”（即列名）。列的层次化索引的操作方式与行的层次化索引是一样的，这里就不展开介绍了。

10.4 离散化处理

10.4.1 离散化简介

在实际开发中，我们可能会碰到这样的需求：将年龄分成几个区间，或将身高分成几个区间。这类操作，其实就是将数据进行离散化处理。

所谓的离散化，指的是将连续的值域划分为若干个区间。离散化的目的是简化数据结构。在 Pandas 中，可以使用 cut() 来实现数据的离散化。

语法

```
pd.cut(data, bins=列表)
```

说明

cut() 是 Pandas 下的一个方法，它的基本参数有两个：data 和 bins。

data 表示需要被划分的数据，它必须是一维数据，而不能是二维数据（如 DataFrame）。bins 是一个列表，表示离散化的区间范围。

举例

```
import pandas as pd

data = [
    ["张三", 24],
    ["李四", 18],
    ["王五", 37],
    ["小芳", 24],
    ["小红", 12],
    ["小明", 42],
    ["小华", 56],
    ["小莉", 67],
    ["小英", 45],
    ["小军", 80]
]
df = pd.DataFrame(data, columns=["姓名", "年龄"])
result = pd.cut(df["年龄"], bins=[0, 18, 40, 65, 100])

pd.set_option("display.unicode.east_asian_width", True)
```

```
print(result)
```

输出结果如下：

```
0     (18, 40]
1      (0, 18]
2     (18, 40]
3     (18, 40]
4      (0, 18]
5     (40, 65]
6     (40, 65]
7    (65, 100]
8     (40, 65]
9    (65, 100]
Name: 年龄, dtype: category
Categories (4, interval[int64]): [(0, 18] < (18, 40] < (40, 65] < (65, 100]]
```

▼ 分析

pd.cut(df["年龄"], bins=[0, 18, 40, 65, 100]) 表示针对“年龄”这一列进行离散化处理，其中 bins=[0, 18, 40, 65, 100] 表示划分的区间为：(0, 18], (18, 40], (40, 65], (65, 100]。cut() 返回一个 category 对象，该对象说明了划分的区间为 4 个，以及各个区间分别是多少。

10.4.2 常用参数

对于 cut() 方法，我们还可以使用它提供的各种参数来进行自定义设置。

▼ 语法

```
pd.cut(data, bins=列表, right=布尔值, labels=列表, retbins=布尔值)
```

▼ 说明

right 是一个可选参数，用于定义区间的边界，默认值为 True。当 right=True 时，表示区间是“左开右闭”；当 right=False 时，表示区间是“左闭右开”。

labels 是一个可选参数，用于定义每一个区间的标签说明。需要注意的是，它的值是一个列表，并且列表个数需要和 bins 的区间个数相同。

retbins 是一个可选参数，表示是否返回区间说明，默认值为 False。当 retbins=True 时，表示返回区间说明；当 retbins=False 时，表示不返回区间说明。

▼ 举例：左闭右开

```
import pandas as pd

data = [
    ["张三", 24],
    ["李四", 18],
    ["王五", 37],
    ["小芳", 24],
    ["小红", 12],
    ["小明", 42],
```

```
    ["小华", 56],
    ["小莉", 67],
    ["小英", 45],
    ["小军", 80]
]
df = pd.DataFrame(data, columns=["姓名", "年龄"])
result = pd.cut(df["年龄"], bins=[0, 18, 40, 65, 100], right=False)

pd.set_option("display.unicode.east_asian_width", True)
print(result)
```

输出结果如下：

```
0      [18, 40)
1      [18, 40)
2      [18, 40)
3      [18, 40)
4       [0, 18)
5      [40, 65)
6      [40, 65)
7     [65, 100)
8      [40, 65)
9     [65, 100)
Name: 年龄, dtype: category
Categories (4, interval[int64]): [[0, 18) < [18, 40) < [40, 65) < [65, 100)]
```

◤ 分析

right=False 表示区间“左闭右开”，因此“李四”的年龄属于 [18, 40) 这个区间，对比 right=True 的情况就知道两者的不同了。

◤ 举例：标签说明

```
import pandas as pd

data = [
    ["张三", 24],
    ["李四", 18],
    ["王五", 37],
    ["小芳", 24],
    ["小红", 12],
    ["小明", 42],
    ["小华", 56],
    ["小莉", 67],
    ["小英", 45],
    ["小军", 80]
]
df = pd.DataFrame(data, columns=["姓名", "年龄"])
result = pd.cut(df["年龄"], bins=[0, 18, 40, 65, 100], labels=["少年", "青年", "中年", "
老年"])

pd.set_option("display.unicode.east_asian_width", True)
print(result)
```

输出结果如下：

```
0    青年
1    少年
2    青年
3    青年
4    少年
5    中年
6    中年
7    老年
8    中年
9    老年
Name: 年龄, dtype: category
Categories (4, object): ['少年' < '青年' < '中年' < '老年']
```

▼ 分析

labels 的元素个数必须和区间的个数相同，每一个元素对应一个区间。对于这个例子，“少年”代表的区间是 (0, 18]，“青年”代表的区间是 (18, 40]，“中年”代表的区间是 (40, 65]，“老年”代表的区间是 (65, 100]。

▼ 举例：区间说明

```
import pandas as pd

data = [
    ["张三", 24],
    ["李四", 18],
    ["王五", 37],
    ["小芳", 24],
    ["小红", 12],
    ["小明", 42],
    ["小华", 56],
    ["小莉", 67],
    ["小英", 45],
    ["小军", 80]
]
df = pd.DataFrame(data, columns=["姓名", "年龄"])
result = pd.cut(df["年龄"], bins=[0, 18, 40, 65, 100], labels=["少年", "青年", "中年", "老年"], retbins=True)

pd.set_option("display.unicode.east_asian_width", True)
print(result)
```

输出结果如下：

```
(0    青年
1    少年
2    青年
3    青年
4    少年
5    中年
```

```
6      中年
7      老年
8      中年
9      老年
Name: 年龄, dtype: category
Categories (4, object): ['少年' < '青年' <'中年' < '老年'], array([   0,   18,   40,   65,
100]))
```

◤ 分析

retbins=True 表示返回区间说明，从结果可以看出，多了一个 array([0,18,40,65,100])。

10.5 哑变量处理

哑变量，又叫作“虚拟变量”，它其实是人为设置的一种变量，专门用来反映变量的不同类别。例如某个变量“职业”有 5 种取值：医生、教师、画家、作家、学生。如果使用哑变量来表示，结果如图 10-4 所示。

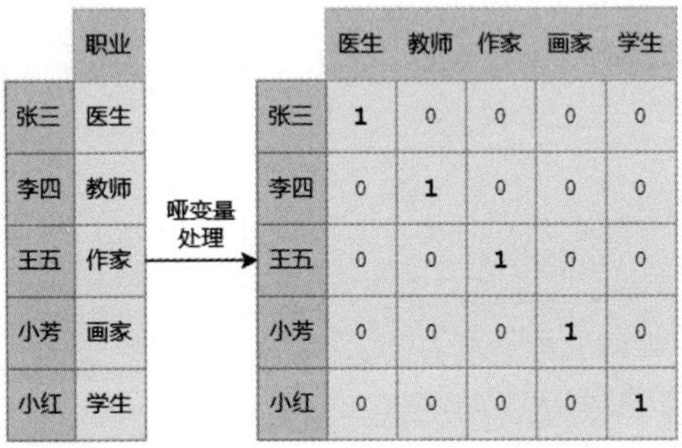

图 10-4

在 Pandas 中，可以使用 get_dummies() 对变量进行哑变量处理。

◤ 语法

```
pd.get_dummies(data, prefix)
```

◤ 说明

data 是必选参数，它一般是 DataFrame 的一列。prefix 是可选参数，用于定义哑变量处理后的列名的前缀。

◤ 举例

```
import pandas as pd

data = [
    [1001, "小杰", "男", 650, "一班"],
    [1002, "小红", "女", 645, "一班"],
    [1003, "小明", "男", 590, "二班"],
    [1004, "小华", "男", 640, "二班"],
    [1005, "小莉", "女", 635, "二班"],
```

```
]
df = pd.DataFrame(data, columns=["学号", "姓名", "性别", "成绩", "班级"])
# 设置“姓名”为行名
df.set_index("姓名", inplace=True)
# 哑变量处理
result = pd.get_dummies(df["班级"], prefix="col_")

pd.set_option("display.unicode.east_asian_width", True)
print(result)
```

输出结果如下：

```
      col__一班  col__二班
姓名
小杰          1          0
小红          1          0
小明          0          1
小华          0          1
小莉          0          1
```

◤ 分析

从结果可以看出，对某一列进行哑变量处理之后，如果原始数据的值在矩阵中出现，就会以“1”来表示；如果没有出现，就会以“0”来表示。

◤ 举例

```
import pandas as pd

data = [
    ["张三", 24, "教师"],
    ["李四", 18, "学生"],
    ["王五", 37, "画家"],
    ["小芳", 24, "作家"],
    ["小红", 12, "学生"],
    ["小明", 42, "医生"],
    ["小华", 56, "医生"],
    ["小莉", 67, "作家"],
    ["小英", 45, "医生"],
    ["小军", 70, "画家"]
]
df = pd.DataFrame(data, columns=["姓名", "年龄", "职业"])
# 设置“姓名”为行名
df.set_index("姓名", inplace=True)
# 哑变量处理
result = pd.get_dummies(df["职业"], prefix="col_")

pd.set_option("display.unicode.east_asian_width", True)
print(result)
```

输出结果如下：

```
      col__作家  col__医生  col__学生  col__教师  col__画家
姓名
```

张三	0	0	0	1	0
李四	0	0	1	0	0
王五	0	0	0	0	1
小芳	1	0	0	0	0
小红	0	0	1	0	0
小明	0	1	0	0	0
小华	0	1	0	0	0
小莉	1	0	0	0	0
小英	0	1	0	0	0
小军	0	0	0	0	1

▼ 分析

要掌握哑变量处理，读者需要认真理解上面两个例子。

10.6 实战题：创建透视表

当前项目的data文件夹中有一个visits.csv文件，项目结构如图10-5所示。其中，visits.csv文件保存的是某动物园一天内访客量的数据，其内容如图10-6所示。请创建这样一个透视表：行是“区域”，列是“动物”，值是“访客”。

图10-5

动物,数量,访客,区域
大熊猫,3,781,A区
大象,1,527,B区
犀牛,8,422,C区
老虎,6,319,B区
黑熊,2,253,C区

图10-6

实现代码如下：

```
import pandas as pd

data = [
    ["大熊猫", 3, 781, "A区"],
    ["大象", 1, 527, "B区"],
    ["犀牛", 8, 422, "C区"],
    ["老虎", 6, 319, "B区"],
    ["黑熊", 2, 253, "C区"],
]
df = pd.DataFrame(data, columns=["动物", "数量", "访客", "区域"])
result = df.pivot_table(index="区域", columns="动物", values="访客")

pd.set_option("display.unicode.east_asian_width", True)
print(result)
```

输出结果如下：

```
动物    大象    大熊猫    犀牛    老虎    黑熊
```

```
区域
A区      NaN  781.0    NaN    NaN    NaN
B区    527.0    NaN    NaN  319.0    NaN
C区      NaN    NaN  422.0    NaN  253.0
```

10.7 本章练习

一、单选题

1. 如果想要将一个层次化索引的 DataFrame 转换成一个普通索引的 DataFrame，可以使用（　　）来实现。

A. set_index()　　B. reset_index()

C. sort_index()　　D. rename()

2. 下面有关层次化索引的说法中，不正确的是（　　）。

A. 普通索引的 DataFrame 的 index 是一个一维数组

B. 层次化索引的 DataFrame 的 index 是一个多维数组

C. 层次化索引的 DataFrame 无法使用统计函数

D. 可以使用 sort_index() 对层次化索引进行排序

3. 如果想要对 DataFrame 进行哑变量处理，可以使用（　　）来实现。

A. cut()　　B. pivot()

C. crosstab()　　D. get_dummies()

二、问答题

1. 离散化处理指的是什么？它的目的又是什么？

2. 哑变量处理指的是什么？它的目的又是什么？

第 11 章 其他操作

11.1 广播机制

Pandas 是基于 NumPy 来实现的，所以它继承了 NumPy 的广播机制。在 Pandas 中，可以利用广播机制，轻松对 DataFrame 的某一行或某一列所有数据项执行相同的加、减等操作。

举例

```
import pandas as pd

data = [
    ["小杰", 90, 100, 95],
    ["小红", 100, 90, 90],
    ["小明", 95, 95, 80],
    ["小华", 95, 90, 80],
    ["小莉", 95, 100, 80]
]
df = pd.DataFrame(data, columns=["姓名", "语文", "数学", "英语"])
df["数学"] = df["数学"] + 50

pd.set_option("display.unicode.east_asian_width", True)
print(df)
```

输出结果如下：

```
   姓名  语文  数学  英语
0  小杰    90   150    95
1  小红   100   140    90
2  小明    95   145    80
3  小华    95   140    80
4  小莉    95   150    80
```

分析

df[" 数学 "]+50 表示对“数学”这一列所有数据项都加上 50。例如，某次考试所有学生都被漏算了某一道题的得分，此时就可以使用这种方式来实现。

11.2 索引对象

在 Pandas 中，索引（即行名）这一列其实都是一类对象，叫作 Index 对象。在 Pandas 中，常见的索引对象如表 11-1 所示。表 11-1 中的索引对象，除了 Index 对象之外，其他对象都继承于 Index 对象。

表 11-1 常见的索引对象

对象	说明
Index	最基础的 Index 对象
RangeIndex	从 0 开始的连续整数
Int64Index	整数型的 Index 对象
MultiIndex	层次化索引
DatetimeIndex	时间类的 Index 对象（时间序列索引）
PeriodIndex	时间间隔 Index 对象

对于 Pandas 中的索引，我们需要清楚以下 3 点。

- 索引是可以重复的。
- 索引只能整体替换，而不能部分修改。
- 索引可以转换成一个列表。

举例：常见的索引对象

```
import pandas as pd

data = [
    [1001, "小杰", "男", 650, "一班"],
    [1002, "小红", "女", 645, "一班"],
    [1003, "小明", "男", 590, "二班"],
    [1004, "小华", "男", 640, "二班"],
    [1005, "小莉", "女", 635, "二班"],
]
df = pd.DataFrame(data, columns=["学号", "姓名", "性别", "成绩", "班级"])
print(type(df.index))
```

输出结果如下：

```
<class 'pandas.core.indexes.range.RangeIndex'>
```

分析

默认情况下，索引是从 0 开始的连续整数。在这个例子中，索引是一个 RangeIndex 类。

如果使用 df.set_index(" 学号 ",inplace=True) 将“学号”这一列设置为行名，输出结果如下：

```
<class 'pandas.core.indexes.numeric.Int64Index'>
```

如果使用 df.set_index(" 姓名 ",inplace=True) 将“姓名”这一列设置为行名，输出结果如下：

```
<class 'pandas.core.indexes.base.Index'>
```

◤ 举例：重复的索引

```
import pandas as pd

data = [
    [1001, "小杰", "男", 650, "一班"],
    [1002, "小红", "女", 645, "一班"],
    [1003, "小明", "男", 590, "二班"],
    [1004, "小华", "男", 640, "二班"],
    [1005, "小莉", "女", 635, "二班"],
]
df = pd.DataFrame(data, index=["s1", "s1", "s3", "s4", "s5"], columns=["学号", "姓名", "性别", "成绩", "班级"])

pd.set_option("display.unicode.east_asian_width", True)
print(df)
```

输出结果如下：

```
     学号  姓名 性别  成绩  班级
s1   1001  小杰   男   650  一班
s1   1002  小红   女   645  一班
s3   1003  小明   男   590  二班
s4   1004  小华   男   640  二班
s5   1005  小莉   女   635  二班
```

◤ 分析

虽然很多时候都要求索引是唯一的，但是 Pandas 也允许重复的索引，并且也不会报错。为什么 Pandas 要这样做呢？这是因为在合并多个 DataFrame 时，经常会遇到索引重复的情况，如果 Pandas 报错，就无法继续下一步操作了。

此外，可以使用索引对象的 is_unique 属性来判断索引是否唯一，请看下面的例子。

◤ 举例：判断索引是否唯一

```
import pandas as pd

data = [
    [1001, "小杰", "男", 650, "一班"],
    [1002, "小红", "女", 645, "一班"],
    [1003, "小明", "男", 590, "二班"],
    [1004, "小华", "男", 640, "二班"],
    [1005, "小莉", "女", 635, "二班"],
]
df = pd.DataFrame(data, index=["s1", "s1", "s3", "s4", "s5"], columns=["学号", "姓名", "性别", "成绩", "班级"])
print(df.index.is_unique)
```

输出结果如下：

```
False
```

分析

df.index.is_unique 的结果为 False，也就是说 DataFrame 中的索引并不是唯一的，存在重复的索引。

举例：整体替换索引

```
import pandas as pd

data = [
    [1001, "小杰", "男", 650, "一班"],
    [1002, "小红", "女", 645, "一班"],
    [1003, "小明", "男", 590, "二班"],
    [1004, "小华", "男", 640, "二班"],
    [1005, "小莉", "女", 635, "二班"],
]
df = pd.DataFrame(data, columns=["学号", "姓名", "性别", "成绩", "班级"])
df.index = ["s1", "s2", "s3", "s4", "s5"]

pd.set_option("display.unicode.east_asian_width", True)
print(df)
```

输出结果如下：

```
    学号  姓名 性别  成绩  班级
s1  1001  小杰   男   650  一班
s2  1002  小红   女   645  一班
s3  1003  小明   男   590  二班
s4  1004  小华   男   640  二班
s5  1005  小莉   女   635  二班
```

分析

对于 DataFrame 的索引来说，只能整体替换所有的索引，而不能单独修改其中的几个索引。想要修改 DataFrame 的索引，除了使用 index 属性之外，还可以使用 rename()。

当然，像使用 set_index() 这种设置某一列为索引，本质上也是整体替换所有的索引。

举例：将索引转换为列表

```
import pandas as pd

data = [
    [1001, "小杰", "男", 650, "一班"],
    [1002, "小红", "女", 645, "一班"],
    [1003, "小明", "男", 590, "二班"],
    [1004, "小华", "男", 640, "二班"],
    [1005, "小莉", "女", 635, "二班"],
]
df = pd.DataFrame(data, columns=["学号", "姓名", "性别", "成绩", "班级"])
df.set_index("姓名", inplace=True)
```

```
name_list = list(df.index)

pd.set_option("display.unicode.east_asian_width", True)
print(name_list)
```

输出结果如下：

```
['小杰','小红','小明','小华','小莉']
```

分析

在这个例子中，DataFrame 的索引是“姓名”这一列，使用 list() 将其转换成一个列表。

11.3 inplace 参数

在之前的学习中，能修改 DataFrame 数据的方法绝大多数是返回一个新的 DataFrame，而不是直接修改原来的 DataFrame。实际上，这些方法本身还带有一个特殊的参数：inplace。

inplace 是一个可选参数，表示是否修改原来的 DataFrame，默认值为 False。当 inplace=True 时，表示会直接修改原来的 DataFrame；当 inplace=False 时，表示不会修改原来的 DataFrame，而是会返回一个新的 DataFrame。

在 Pandas 中，常见的带有 inplace 参数的方法如表 11-2 所示。

表 11-2　常见带有 inplace 参数的方法

方法	说明
append()	添加行或列
drop()	删除行或列
set_index()	设置某一列为行名
reset_index()	重置行名
rename()	修改行名或列名
sort_values()	大小排序
replace()	数据替换
shift()	数据移动
dropna()	删除缺失值
fillna()	填充缺失值
drop_duplicates()	删除重复值
concat()	轴向合并
merge()	主键合并
join()	行列连接

需要说明的是，字符串方法、统计函数等都是没有 inplace 这个参数的。

举例：默认情况

```
import pandas as pd

data = [
```

```
    ["小杰", "男", 20],
    ["小红", "女", 19],
    ["小明", "男", 21]
]
df = pd.DataFrame(data, columns=["name", "gender","age"])
df.rename(columns = {"name":"姓名","gender": "性别","age": "年龄"})

pd.set_option("display.unicode.east_asian_width", True)
print(df)
```

输出结果如下:

```
  name gender  age
0 小杰     男   20
1 小红     女   19
2 小明     男   21
```

◤ 分析

默认情况下，rename() 不会修改原来的 DataFrame，而是会返回一个新的 DataFrame。如果想要修改原来的 DataFrame，有以下两种方式。

- 覆盖原来的 DataFrame。
- 使用 inplace 参数。

◤ 举例：覆盖原来的 DataFrame

```
import pandas as pd

data = [
    ["小杰", "男", 20],
    ["小红", "女", 19],
    ["小明", "男", 21]
]
df = pd.DataFrame(data, columns=["name", "gender", "age"])
df = df.rename(columns = {"name": "姓名", "gender": "性别", "age": "年龄"})

pd.set_option("display.unicode.east_asian_width", True)
print(df)
```

输出结果如下:

```
  姓名 性别  年龄
0 小杰   男    20
1 小红   女    19
2 小明   男    21
```

◤ 举例：使用 inplace 参数

```
import pandas as pd

data = [
    ["小杰", "男", 20],
    ["小红", "女", 19],
    ["小明", "男", 21]
]
```

```
df = pd.DataFrame(data, columns=["name", "gender", "age"])
df.rename(columns = {"name": "姓名", "gender": "性别", "age": "年龄"}, inplace=True)

pd.set_option("display.unicode.east_asian_width", True)
print(df)
```

输出结果如下:

```
   姓名 性别  年龄
0  小杰   男    20
1  小红   女    19
2  小明   男    21
```

11.4 缺失值

任何形式的数据集其实都可能存在缺失值（缺失数据），不过表现形式会不一样。对于数据库来说，缺失值使用 NULL 来表示。而对于 Pandas 来说，缺失值使用 NaN 来表示。

Pandas 中的 NaN 来自 NumPy。在 NumPy 中，缺失值有 3 种表示形式: np.NaN、np.NAN、np.nan。这 3 种写法是等价的。

在实际工作中，Pandas 中的缺失值一般来源于两个方面：加载包含缺失值的文件或数据库；手动指定缺失值。

▶ 举例：缺失值

```
import numpy as np

print(np.NaN == 0)
print(np.NaN == False)
print(np.NaN == "")
print(np.NaN == np.NaN)
```

输出结果如下:

```
False
False
False
False
```

▶ 分析

缺失值代表的是不存在，它并不等同于 0、False 或 ""（空字符串）。此外，一个缺失值和另一个缺失值也是不相等的。

▶ 举例: isnull()

```
import numpy as np
import pandas as pd

print(pd.isnull(0))
print(pd.isnull(False))
print(pd.isnull(""))
print(pd.isnull(np.NaN))
```

输出结果如下：

```
False
False
False
True
```

分析

Pandas 提供了 isnull()，该方法用于判断某个值是否为缺失值。除了 isnull() 之外，还可以使用 notnull()，该方法用于判断某个值是否不为缺失值。

举例：3 种形式

```
import numpy as np
import pandas as pd

print(pd.isnull(np.NaN))
print(pd.isnull(np.NAN))
print(pd.isnull(np.nan))
```

输出结果如下：

```
True
True
True
```

分析

np.NaN、np.NAN、np.nan 这 3 种形式都可以表示缺失值，它们是等价的。

11.5 实战题：统计每一列的缺失值个数

当前项目的 data 文件夹中有一个 student_miss.xlsx 文件，项目结构如图 11-1 所示。student_miss.xlsx 文件的内容如图 11-2 所示。现在我们尝试统计该文件中每一列的缺失值个数。

图 11-1

	A	B	C	D	E
1	学号	姓名	性别	成绩	班级
2	1001	小杰	男	650	一班
3	1002	小红	女		一班
4	1003	小明	男	590	
5	1004		男	640	二班
6	1005	小莉	女		二班

图 11-2

实现代码如下：

```
import pandas as pd

df = pd.read_excel(r"data/student_miss.xlsx")
# 获取行数
rows = df.shape[0]
# 获取每列非缺失值的个数
counts = df.count()
# 总行数减去非缺失值的个数
miss = rows - counts

pd.set_option("display.unicode.east_asian_width", True)
print(miss)
```

输出结果如下：

```
学号    0
姓名    1
性别    0
成绩    2
班级    1
dtype: int64
```

分析

对于这个例子，rows 是一个数值，counts 是一个 Series。rows-counts 其实是使用了 Pandas 的广播机制。

11.6　本章练习

一、单选题

1. 对于带层次化索引的 DataFrame 来说，它的索引是（　　）对象。

A. RangeIndex　　B. MultiIndex

C. DatetimeIndex　　D. PeriodIndex

2. 如果想要判断某个值是否为缺失值，应该使用（　　）。

A. is()　　B. not()

C. isnull()　　D. isnan()

3. 下面有关 DataFrame 的索引的说法中，正确的是（　　）。

A. 时间序列的索引是 RangeIndex 对象

B. 不允许有重复的索引

C. 可以使用 list() 将索引转换成列表

D. 可以只修改索引的一部分

4. 下面有关缺失值的说法中，正确的是（　　）。

A. 缺失值有 3 种表示形式：np.NaN、np.NAN、np.nan

B. NaN 可以等价于 False

C. np.NaN==np.NaN 返回的结果是 True

D. pd.notnull(np.NaN) 返回的结果是 True

二、编程题

1. 下面有一个 DataFrame，请将列名改为“水果”“价格”“季节”。要求至少使用两种方式来实现。

```
import pandas as pd
data = [
    ["苹果", 6.4, "秋季"],
    ["西瓜", 2.5, "夏季"],
    ["香蕉", 7.8, "四季"],
    ["李子", 12.4, "夏秋"],
    ["芒果", 3.5, "夏季"]
]
df = pd.DataFrame(data, columns=["fruit", "price", "season"])
```

2. 下面有一个数据集，请将“成绩”这一列的每一个元素都减去该列的平均值。

```
import pandas as pd
data = [
    [1001, "小杰", "男", 650, "一班"],
    [1002, "小红", "女", 645, "一班"],
    [1003, "小明", "男", 590, "二班"],
    [1004, "小华", "男", 640, "二班"],
    [1005, "小莉", "女", 635, "二班"]
]
df = pd.DataFrame(data, columns=["学号", "姓名", "性别", "成绩", "班级"])
```

第三部分
Matplotlib 篇

第 12 章 基础图表

12.1 Matplotlib 简介

对于 Python 数据分析“三剑客”，已经学习了 NumPy 和 Pandas。从这一章开始，我们来学习“最后一个剑客”：Matplotlib。

Pandas 是用来处理数据的，数据处理完之后，仅从数据本身很难看出其中的规律。但是如果能将数据以图表的形式展示，就可以清楚地发现很多有用的信息。

例如想要查看某个城市一天的气温变化，仅仅通过查看数据，并不容易看出其中的变化趋势。但是如果把数据以折线图的形式展示出来，就变得非常直观了，如图 12-1 所示。

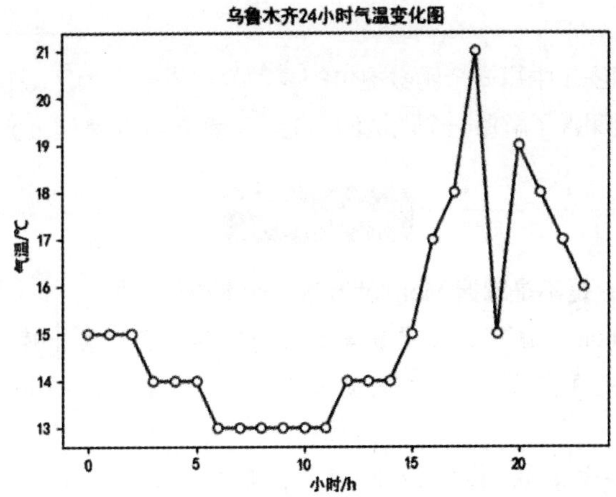

图 12-1

在 Python 中，可以使用 Matplotlib 库来实现数据的可视化。所谓数据可视化，指的就是将数据以图表的形式展示。Python 的可视化库非常多，常用的有 Matplotlib、Seaborn、Pyecharts 等。在众多可视化库中，Matplotlib 是最基础的一个，也是必学的一个。

Matplotlib 借鉴了很多 Matlab 中的函数，可以轻松绘制各种高质量的图表，例如折线图、散点图、柱状图等。同时，Matplotlib（见图 12-2）不仅可以绘制二维图，还可以绘制三维图，以及实现各种图形动画等。

图 12-2

由于 Matplotlib 是第三方库，因此需要手动安装。打开 VSCode 终端窗口，输入命令“pip install matplotlib”，按 Enter 键即可安装。

各种图表的绘制都是借助 Matplotlib 的子库 pyplot 的各种绘图函数来实现的，常用的绘图函数如表 12-1 所示。

表 12-1 常用的绘图函数

基础图表	
plot()	折线图
scatter()	散点图
bar()	柱形图
hist()	直方图
pie()	饼状图
高级图表	
boxplot()	箱线图
stackplot()	面积图
stem()	棉棒图
imshow()	热力图
subplot()	子图表

需要说明的是，表 12-1 中每一个函数提供的参数都非常多，为了减轻学习负担，我们只介绍最常用的参数。如果想更深入了解每一个函数的功能，读者要多查阅 Matplotlib 的官方文档。

【常见问题】

对于数据可视化，是不是掌握 Matplotlib 这一个库就够了？

Matplotlib 是 Python 数据可视化中最重要的一个库，能把这个库认真掌握好，其实就可以走得很远了。但是真实的工作需求是复杂多变的，只靠 Matplotlib 无法满足某些的工作需求。

如果想要成为一名真正的数据分析师，还得学习更多的可视化库，例如 Seaborn、Pyecharts、Bokeh、Plotline 等。数据可视化本身是一门独立的技术，想要深入了解的读者，可以阅读本书同系列的相关图书。

12.2 基本绘图（折线图）

在 Matplotlib 中，最基本的图表是折线图。这一节先简单介绍如何绘制折线图，后面再学习如何绘制其他图表。

12.2.1 基本语法

在 Matplotlib 中，可以使用 plot() 来绘制折线图。折线图的主要作用是展示“因变量 *y*”随着“自变量 *x*”改变的趋势。所以折线图特别适用于展示随时间变化的连续数据。

语法

```
plt.plot(x, y)
```

说明

x 和 y 都是必选参数，它们可以是列表、数组、系列（Series）或其他可迭代对象（例如 range 对象）。其中，数组是 NumPy 的数据类型，Series 是 Pandas 的数据类型。

举例：绘制一条折线

```
# 导入库
import matplotlib.pyplot as plt

# 绘图
x = [1, 2, 3, 4]
y = [16, 15, 18, 17]
plt.plot(x, y)

# 显示
plt.show()
```

效果如图 12-3 所示。

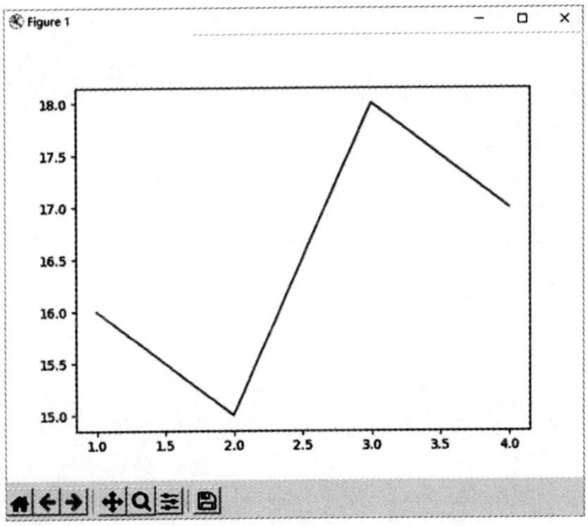

图 12-3

分析

如果想要使用 Matplotlib 来绘制一个图表，至少要经历 3 步：导入库；绘图；显示。

```
# 第1步：导入库
import matplotlib.pyplot as plt
```

首先，使用上面这句代码来导入 Matplotlib 库中的 pyplot 子库，并将其取别名为 plt。因为 Matplotlib 大部分的绘图功能在 pyplot 子库中，所以通常只需要导入 pyplot 子库就可以了。

```
# 第2步：绘图
x = [1, 2, 3, 4]
y = [16, 15, 18, 17]
plt.plot(x, y)
```

接下来，使用上面的代码来绘制一个折线图。根据 x 和 y 这两个列表可知 4 个折点坐标：(1, 16)、(2, 15)、(3, 18)、(4, 17)。

```
# 第3步：显示
plt.show()
```

仅仅只有第 1 步和第 2 步，运行代码之后并不会有任何效果，还需要调用 plt 的 show()，把图表显示出来。

Matplotlib 窗口除了展示图表之外，还提供了很多便捷的功能，如图 12-4 所示。这些功能包括将图表保存成一张图片、对窗口进行配置等，读者可以自行摸索一下。

图 12-4

举例：绘制多条折线

```
import matplotlib.pyplot as plt

# 绘图
x1 = [1, 2, 3, 4]
y1 = [16, 15, 18, 17]
x2 = [1, 2, 3, 4]
y2 = [15, 19, 17, 16]
plt.plot(x1, y1)
plt.plot(x2, y2)

# 显示
plt.show()
```

效果如图 12-5 所示。

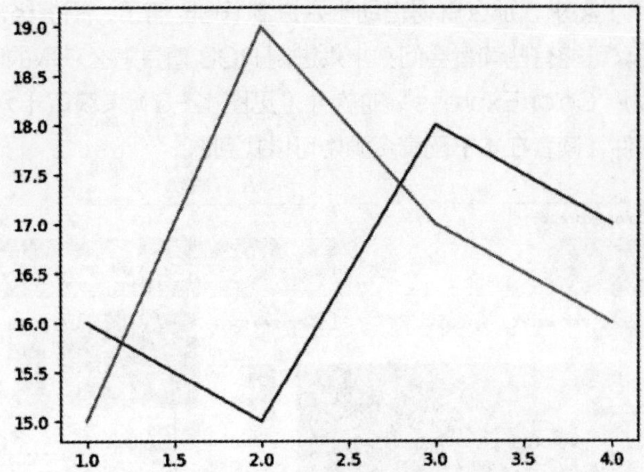

图12-5

分析

在一个图表中，不仅可以绘制一条折线，还可以同时绘制多条折线。想要在一个图表中绘制多条折线，只需要调用多次 plot() 就可以了。

实际上，调用一次 plot() 也能绘制多条折线。对于上面这个例子，下面两种方式是等价的：

```
# 方式1：调用多次plot()
plt.plot(x1, y1)
plt.plot(x2, y2)

# 方式2：调用一次plot()
plt.plot(x1, y1, x2, y2)
```

12.2.2 定义样式

为了让折线图更加美观，plot() 还提供了很多用于定义样式的参数。这些参数主要分为两类：用于定义线条样式的参数；用于定义节点样式的参数。

1. 用于定义线条样式的参数

在 Matplotlib 中，用于定义线条样式的参数有 3 个，如表 12-2 所示。

表 12-2 用于定义线条样式的参数

参数	说明
color	线条颜色
linestyle	线条外观
linewidth	线条宽度

参数 color 用于定义线条的颜色，它常用的取值有两类：关键字；十六进制 RGB 值。其中，关键字指的是颜色的英文名称，例如 red、green、blue 等。而十六进制 RGB 值指的是类似 #FBF9D0 这样的值。

如果关键字满足不了需求，那么就得借助十六进制RGB值了，相信经常使用Photoshop的读者对这种值不会陌生。可能有些读者会问：十六进制RGB值是怎么获取的呢？

可以使用一个名为“Color Express”的软件（见图12-6）来获取十六进制RGB值。对于Color Express这个软件，读者在本书配套资源中可以找到。

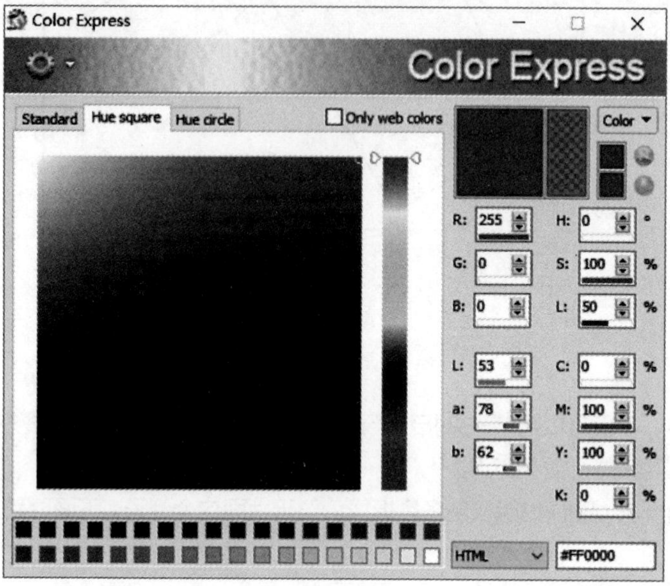

图12-6

参数linestyle用于定义线条的外观，它的取值有两类，一类是“关键字”，另一类是“字符”，如表12-3所示。

表12-3　参数linestyle的取值

关键字	
solid（默认值）	实线
dashed	虚线
dotted	点线
dashdot	点划线
字符	
-（默认值）	实线
--	虚线
:	点线
-.	点划线

参数linewidth用于定义线条的宽度，例如linewidth=2表示定义线条宽度为2像素。linewidth的默认值为1，也就是1像素。

举例：线条外观

```
import matplotlib.pyplot as plt

# 绘图
x = [1, 2, 3, 4]
y = [16, 15, 18, 17]
plt.plot(x, y, linestyle="dashed")

# 显示
plt.show()
```

效果如图 12-7 所示。

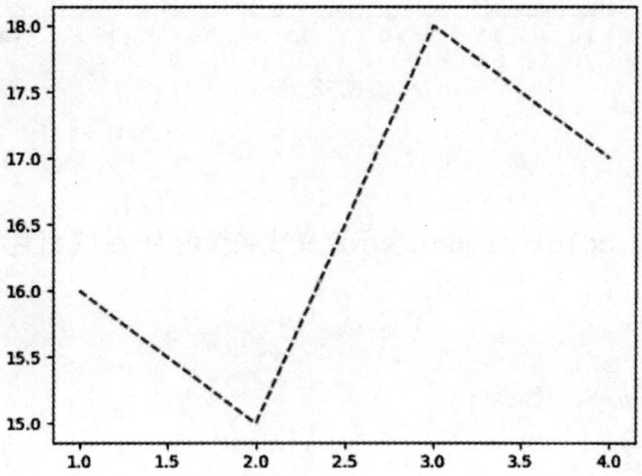

图 12-7

分析

对于这个例子来说，以下两种方式是等价的：

```
# 方式 1
plt.plot(x, y, linestyle="dashed")

# 方式 2
plt.plot(x, y, linestyle="--")
```

至于参数 linestyle 取其他值时的效果，读者可以自行尝试一下。

举例：线条颜色

```
import matplotlib.pyplot as plt

# 绘图
x = [1, 2, 3, 4]
y = [16, 15, 18, 17]
plt.plot(x, y, color="red")

# 显示
plt.show()
```

效果如图 12-8 所示。

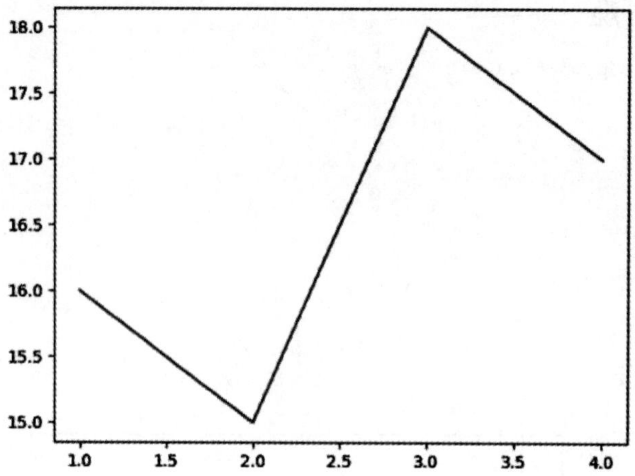

图12-8

分析

plt.plot(x, y, color="red")表示定义线条颜色为red（红色），当然我们也可以使用十六进制RGB值：

```
# 十六进制RGB值
plt.plot(x, y, color="#10CBC8")
```

举例：线条宽度

```
import matplotlib.pyplot as plt

# 绘图
x = [1, 2, 3, 4]
y = [16, 15, 18, 17]
plt.plot(x, y, linewidth=3)

# 显示
plt.show()
```

效果如图12-9所示。

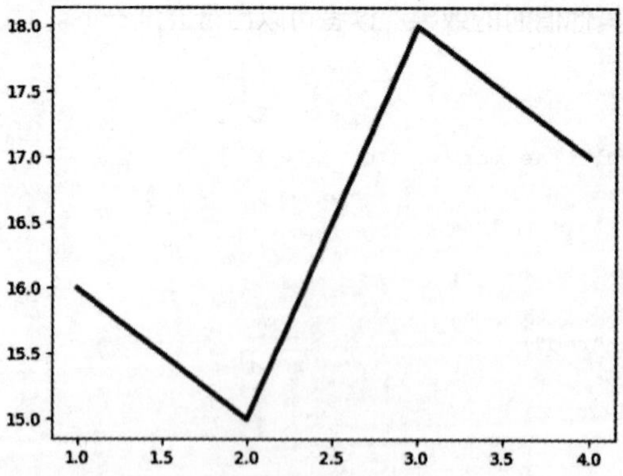

图12-9

分析

在这个例子中，linewidth=3 表示定义线条的宽度为 3 像素。

2. 用于定义节点样式的参数

在 Matplotlib 中，用于定义节点样式的参数有 4 个，如表 12-4 所示。

表 12-4 用于定义节点样式的参数

参数	说明
marker	节点外观
markersize 或 ms	节点大小
markerfacecolor 或 mfc	节点颜色
markeredgecolor 或 mec	边框颜色

参数 marker 用于定义节点外观，其常见取值如表 12-5 所示。

表 12-5 参数 marker 的常见取值

取值	说明
.	点
,	像素
o	实心圆
v	下三角
^	上三角
<	左三角
>	右三角
1	下花三角
2	上花三角
3	左花三角
4	右花三角
s	实心正方形
p	实心五角星
*	星形
h	竖六边形
H	横六边形
+	加号
x	叉号
d	小菱形
D	大菱形
|	垂直线

参数 marker 的取值非常多，我们并不需要都记住，在实际开发中需要用到的时候回来这里查一下就可以了。

参数 markersize 用于定义节点大小，它还可以简写为 ms。参数 markerfacecolor 用于定义节点颜色，它还可以简写为 mfc。参数 markeredgecolor 用于定义边框颜色，它还可以简写为 mec。

▼ 举例：实心圆

```
import matplotlib.pyplot as plt

# 绘图
x = [1, 2, 3, 4]
y = [16, 15, 18, 17]
plt.plot(x, y, marker="o")

# 显示
plt.show()
```

效果如图 12-10 所示。

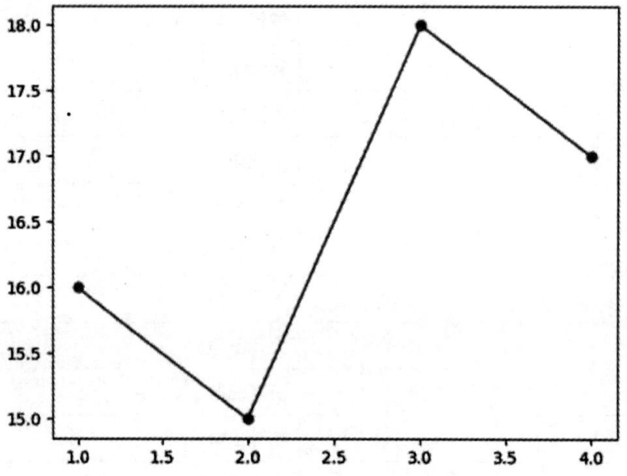

图 12-10

▼ 分析

如果想要把节点定义成空心圆，该怎么做呢？只需要将 markerfacecolor 设置为白色就可以了，代码如下：

```
plt.plot(x, y, marker="o", markerfacecolor="white")            # 节点为空心圆
```

效果如图 12-11 所示。

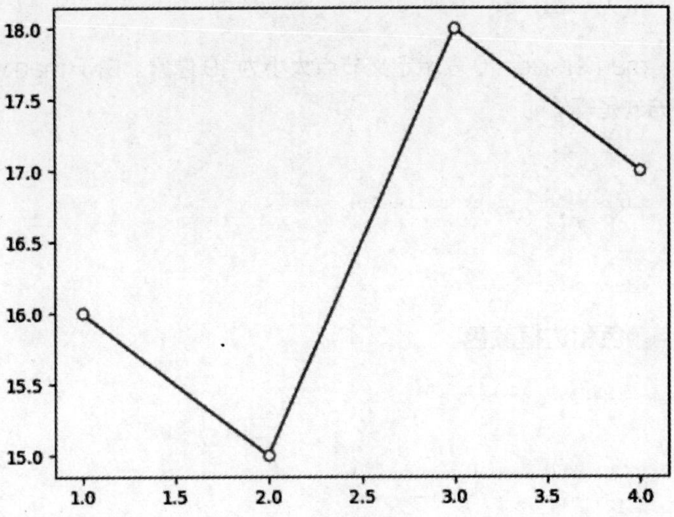

图 12-11

◤ 举例：节点大小

```
import matplotlib.pyplot as plt

# 绘图
x = [1, 2, 3, 4]
y = [16, 15, 18, 17]
plt.plot(x, y, marker="o", markersize=10)

# 显示
plt.show()
```

效果如图 12-12 所示。

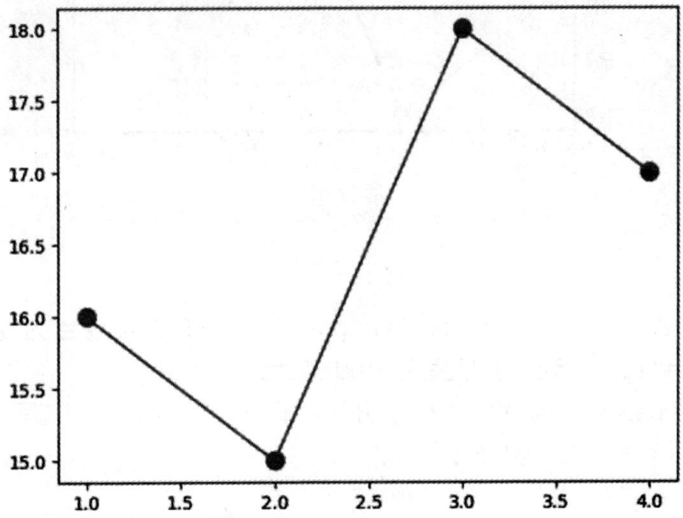

图 12-12

分析

在这个例子中，markersize=10 表示定义节点大小为 10 像素。由于 markersize 可以简写为 ms，所以以下两种方式是等价的：

```
# 方式1
plt.plot(x, y, marker="o", markersize=10)

# 方式2
plt.plot(x, y, marker="o", ms=10)
```

举例：节点颜色和边框颜色

```
import matplotlib.pyplot as plt

# 绘图
x = [1, 2, 3, 4]
y = [16, 15, 18, 17]
plt.plot(x, y, marker="o", markersize=10, markerfacecolor="orange",
markeredgecolor="red")

# 显示
plt.show()
```

效果如图 12-13 所示。

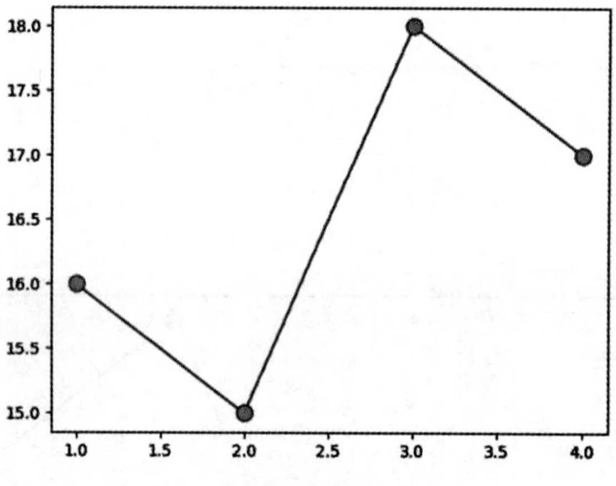

图 12-13

分析

在这个例子中，markerfacecolor="orange" 表示定义节点颜色为 orange（橙色），markeredgecolor="red" 表示定义边框颜色为 red（红色）。

由于 markerfacecolor 可以简写为 mfc，并且 markeredgecolor 可以简写为 mec，所以对于这个例子来说，以下两种方式是等价的：

```
# 方式1
plt.plot(x, y, marker="o", markersize=10, markerfacecolor="orange",
markeredgecolor="red")
```

```
# 方式2
plt.plot(x, y, marker="o", markersize=10, mfc="orange", mec="red")
```

12.3 通用设置

在介绍如何绘制其他图表之前，先来介绍一下通用设置。这些设置不仅可以用于折线图，可以用于其他大多数图表。通用设置的大多数函数都是直接通过 pyplot 子库来调用的：

```
import matplotlib.pyplot as plt
plt.函数名()
```

在 Matplotlib 中，用于通用设置的函数比较多，常见的如表 12-6 所示。这一节的内容很重要，也是后文的基础，读者要认真掌握。

表 12-6 用于通用设置的常见函数

函数	说明
figure()	画布样式
title()、xlabel()、ylabel()	定义标题
legend()	定义图例
xticks()、yticks()	刻度标签
xlim()、ylim()	刻度范围
grid()	网格线
axhline()、axvline()	参考线
axhspan()、axvspan()	参考区域
annotate()	注释内容（有指向）
text()	注释内容（无指向）

12.3.1 画布样式

在 Matplotlib 中，可以使用 figure() 来定义画布的样式，包括大小、颜色、边框等。

语法

```
plt.figure(figsize, facecolor, edgecolor)
```

说明

参数 figsize 用于定义画布的大小，它的取值是一个元组，例如 figsize=(10, 20) 表示定义画布的宽度为 10 英寸、高度为 20 英寸（注：1 英寸≈ 2.54 厘米）。

参数 facecolor 用于定义画布颜色，参数 edgecolor 用于定义边框颜色。它们的取值可以是关键字，也可以是十六进制 RGB 值。

举例

```
import matplotlib.pyplot as plt
```

```
# 画布样式
plt.figure(figsize=(5, 4), facecolor="lightskyblue")

# 绘图
x = [1, 2, 3, 4]
y = [16, 15, 18, 17]
plt.plot(x, y)

# 显示
plt.show()
```

效果如图12-14所示。

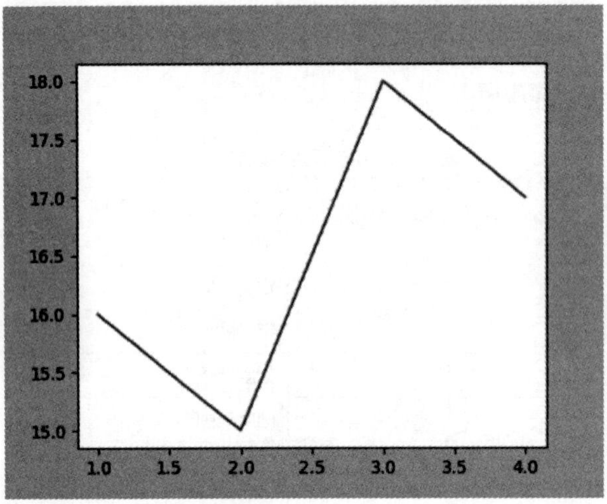

图12-14

▼ 分析

需要特别注意的一点是，由于画布样式针对的是全局，因此figure()必须在绘图函数之前调用，不然就会有问题。读者可以尝试把figure()放在plot()之后调用，看看效果是怎样的。

除了figure()比较特殊之外，对于其他用于通用设置的函数，如果没有特别说明，那么它们既可以在绘图函数之前调用，也可以在绘图函数之后调用。

12.3.2 定义标题

在Matplotlib中，可以使用title()、xlabel()、ylabel()来分别定义主标题、*x*轴标题、*y*轴标题。

▼ 语法

```
plt.title(label, loc)                    # 定义主标题
plt.xlabel(label, loc)                   # 定义x轴标题
plt.ylabel(label, loc)                   # 定义y轴标题
```

▼ 说明

title()、xlabel()、ylabel()都有label和loc这两个参数。label用于定义标题内容，loc用于定

义标题位置。不同函数的 loc 参数取值是不一样的，说明分别如下。

- title() 的 loc 参数取值有 3 种：left、center、right。
- xlabel() 的 loc 参数取值有 3 种：left、center、right。
- ylabel() 的 loc 参数取值有 3 种：top、center、bottom。

举例：常规设置

```
import matplotlib.pyplot as plt

# 解决中文乱码
plt.rcParams["font.family"] = ["SimHei"]
# 解决负号不显示
plt.rcParams["axes.unicode_minus"] = False

# 绘图
x = [1, 2, 3, 4]
y = [16, 15, 18, 17]
plt.plot(x, y)

# 定义标题
plt.title("一个折线图")
plt.xlabel("x轴标题")
plt.ylabel("y轴标题")

# 显示
plt.show()
```

效果如图 12-15 所示。

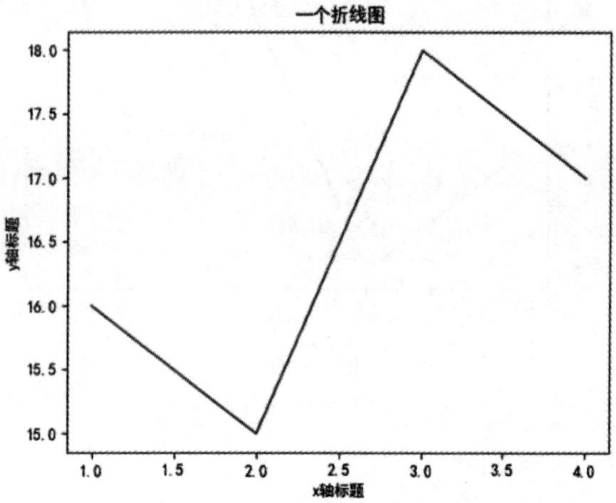

图 12-15

分析

如果图表中包含中文，就必须使用 plt.rcParams["font.family"] 来设置中文字体，不然就会出现乱码。如果图表中包含负号（-），则必须设置 plt.rcParams["axes.unicode_minus"] 为 False。

在实际工作中，建议在绘图代码的开始处，统一加上下面这两句代码：

```
plt.rcParams["font.family"] = ["SimHei"]                    # 解决中文乱码
plt.rcParams["axes.unicode_minus"] = False                  # 解决负号不显示
```

▶ 举例：主标题位置

```
import matplotlib.pyplot as plt

# 设置
plt.rcParams["font.family"] = ["SimHei"]
plt.rcParams["axes.unicode_minus"] = False

# 绘图
x = [1, 2, 3, 4]
y = [16, 15, 18, 17]
plt.plot(x, y)

# 定义标题
plt.title("一个折线图", loc="left")
plt.xlabel("x轴标题")
plt.ylabel("y轴标题")

# 显示
plt.show()
```

效果如图 12-16 所示。

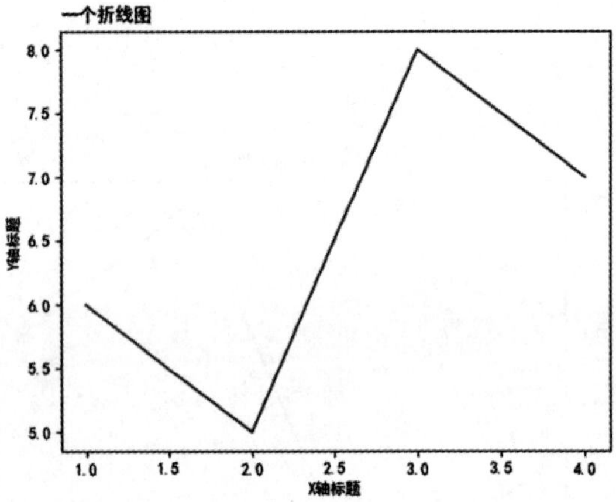

图 12-16

▶ 分析

在这个例子中，title() 中的 loc="left" 表示定义主标题的位置靠左。

▶ 举例：轴标题位置

```
import matplotlib.pyplot as plt

# 设置
plt.rcParams["font.family"] = ["SimHei"]
plt.rcParams["axes.unicode_minus"] = False

# 绘图
```

```
x = [1, 2, 3, 4]
y = [16, 15, 18, 17]
plt.plot(x, y)

# 定义标题
plt.title("一个折线图")
plt.xlabel("x轴标题", loc="right")
plt.ylabel("y轴标题", loc="top")

# 显示
plt.show()
```

效果如图 12-17 所示。

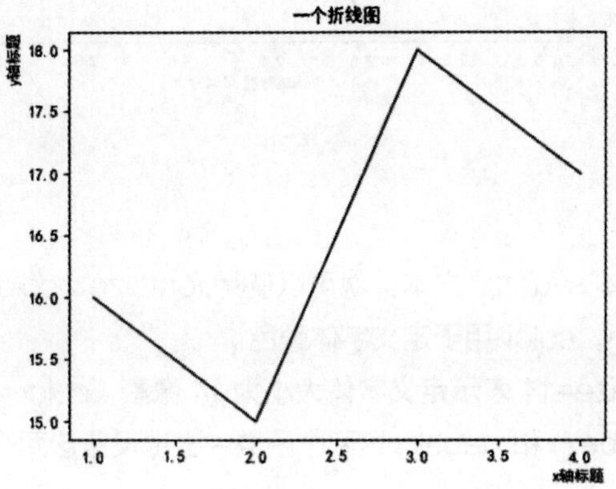

图 12-17

◤ 分析

x 轴标题默认水平居中，如果想要将其定义在最右边，可以使用 loc="right" 来实现。*y* 轴标题默认垂直居中，如果想要将其定义在最顶部，可以使用 loc="top" 来实现。

◤ 举例：字体样式

```
import matplotlib.pyplot as plt

# 设置
plt.rcParams["font.family"] = ["SimHei"]
plt.rcParams["axes.unicode_minus"] = False

# 绘图
x = [1, 2, 3, 4]
y = [16, 15, 18, 17]
plt.plot(x, y)

# 定义标题
plt.title("一个折线图", fontsize=14, color="red")
plt.xlabel("x轴标题")
plt.ylabel("y轴标题")

# 显示
plt.show()
```

效果如图 12-18 所示。

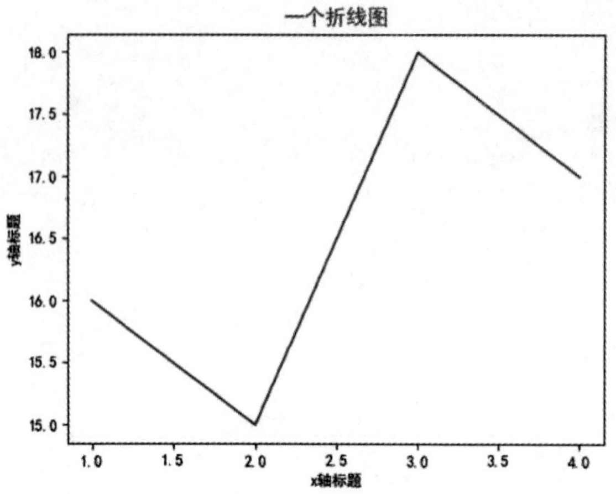

图 12-18

◤ 分析

标题本质上是一个文本，既然是文本，就可以使用 fontsize、color 等参数定义其样式。其中 fontsize 用于定义字体大小，color 用于定义字体颜色。

在这个例子中，fontsize=14 表示定义字体大小为 14 像素，color="red" 表示定义字体颜色为红色。读者可以自行在 xlabel() 和 ylabel() 这两个函数中尝试设置这两个参数。

12.3.3 定义图例

在 Matplotlib 中，可以使用 legend() 来为图表定义图例。

◤ 语法

```
plt.legend(loc)
```

◤ 说明

参数 loc 用于定义图例的位置，loc 是 location 的缩写，其常见取值如表 12-7 和图 12-19 所示。

表 12-7 参数 loc 的常见取值

取值	说明
upper left	左上
upper center	靠上居中
upper right	右上
center left	居中靠左
center	正中
center right	居中靠右
lower left	左下
lower center	靠下居中
lower right	右下

upper left	upper center	upper right
center left	center	center right
lower left	lower center	lower right

图 12-19

◤ 举例：定义图例

```
import matplotlib.pyplot as plt

# 设置
plt.rcParams["font.family"] = ["SimHei"]
plt.rcParams["axes.unicode_minus"] = False

# 绘图
x1 = [1, 2, 3, 4]
y1 = [16, 15, 18, 17]
x2 = [1, 2, 3, 4]
y2 = [15, 19, 17, 16]
plt.plot(x1, y1, label="折线A")
plt.plot(x2, y2, label="折线B")

# 定义图例
plt.legend()

# 显示
plt.show()
```

效果如图 12-20 所示。

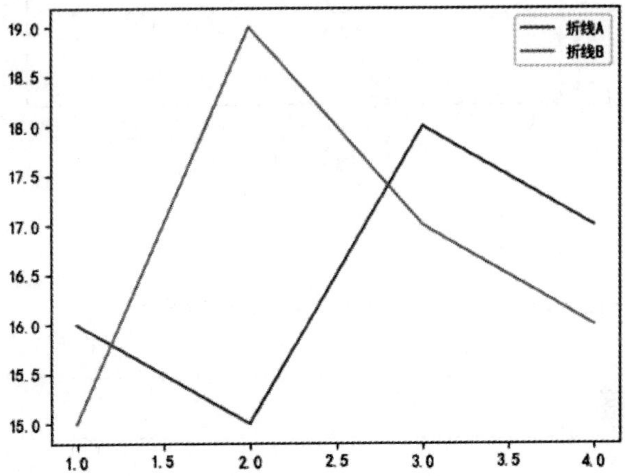

图 12-20

分析

由于 legend() 需要结合绘图函数的 label 参数一起使用，因此 legend() 必须在绘图函数的后面调用，否则就无法生效。

举例：图例位置

```
import matplotlib.pyplot as plt

# 设置
plt.rcParams["font.family"] = ["SimHei"]
plt.rcParams["axes.unicode_minus"] = False

# 绘图
x1 = [1, 2, 3, 4]
y1 = [16, 15, 18, 17]
x2 = [1, 2, 3, 4]
y2 = [15, 19, 17, 16]
plt.plot(x1, y1, label="折线A")
plt.plot(x2, y2, label="折线B")

# 定义图例
plt.legend(loc="upper left")

# 显示
plt.show()
```

效果如图 12-21 所示。

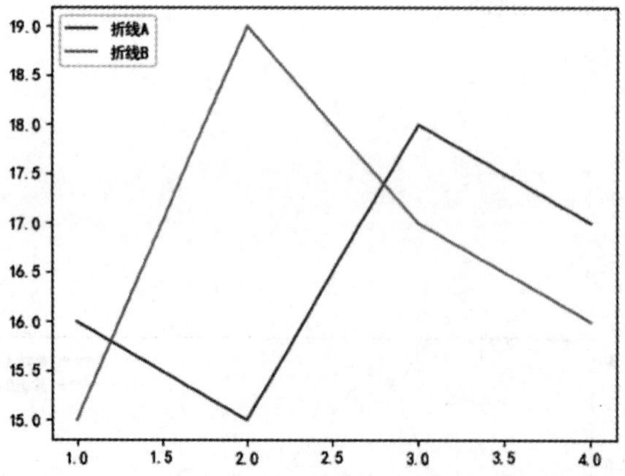

图 12-21

分析

plt.legend(loc="upper left") 表示将图例放在图表的左上角。

12.3.4 刻度标签

有些情况下，坐标轴默认的刻度标签并不能满足我们的开发需求。在 Matplotlib 中，可以使用

xticks() 来定义 *x* 轴的刻度标签，使用 yticks() 来定义 *y* 轴的刻度标签。

语法

```
plt.xticks(ticks, labels)
plt.yticks(ticks, labels)
```

说明

xticks() 和 yticks() 都可以接收两个参数——ticks 和 labels，这两个参数都是列表或可迭代对象（如 range 对象）。ticks 是必选参数，表示"刻度值"。labels 是可选参数，表示"标签值"。其中，labels 是与 ticks 一一对应的。

举例：默认情况

```
import matplotlib.pyplot as plt

# 设置
plt.rcParams["font.family"] = ["SimHei"]
plt.rcParams["axes.unicode_minus"] = False

# 绘图
x = range(1, 16)
y = [36.0, 36.1, 36.6, 36.2, 36.4, 36.5, 36.0, 36.2, 36.4, 36.8, 36.7, 36.1, 36.6, 36.5, 36.7]
plt.plot(x, y, marker="o", markerfacecolor="white")          # 节点为空心圆

# 定义标题
plt.title("15日体温变化")
plt.xlabel("日期")
plt.ylabel("体温")

# 显示
plt.show()
```

效果如图 12-22 所示。

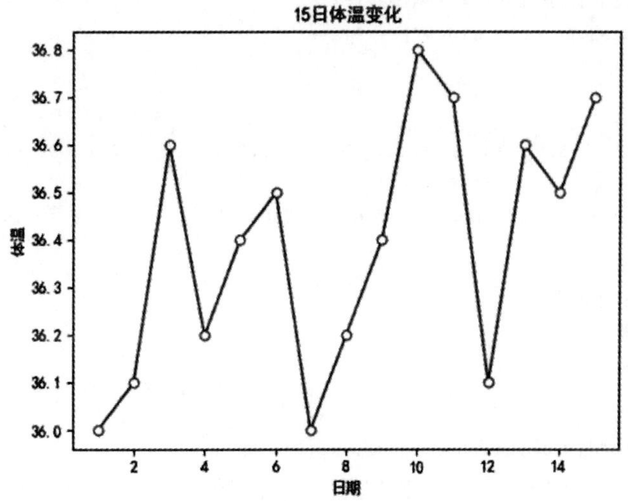

图 12-22

分析

从上图可以看出，x 轴的刻度是 2、4、6 这样的数字。如果我们想要 1、2、3、4 这样更加精确的刻度，可以使用 xticks() 来实现：

```
plt.xticks(ticks=range(1, 16))
```

把上面这句代码添加到“# 显示”的上面，再次运行代码，效果如图 12-23 所示。

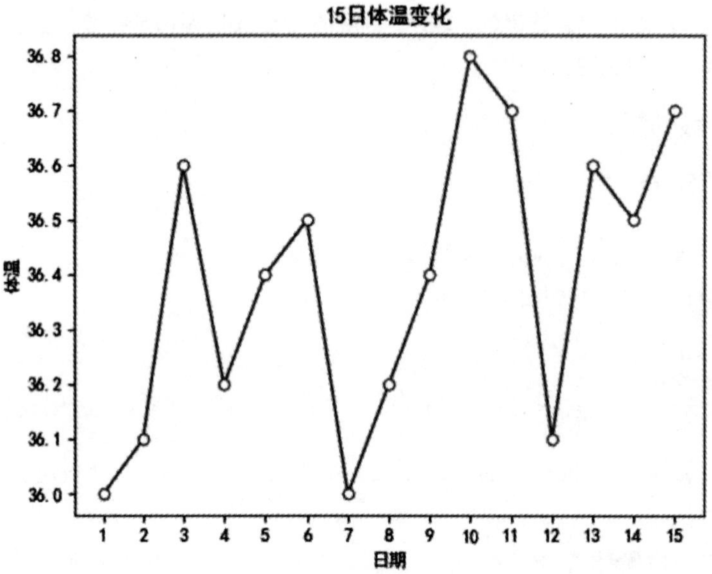

图 12-23

举例：定义 labels

```
import matplotlib.pyplot as plt

# 设置
plt.rcParams["font.family"] = ["SimHei"]
plt.rcParams["axes.unicode_minus"] = False

# 绘图
x = range(1, 16)
y = [36.0, 36.1, 36.6, 36.2, 36.4, 36.5, 36.0, 36.2, 36.4, 36.8, 36.7, 36.1, 36.6,
36.5, 36.7]
plt.plot(x, y, marker="o", markerfacecolor="white")          # 节点为空心圆

# 定义标题
plt.title("15日体温变化")
plt.xlabel("日期")
plt.ylabel("体温")

# 刻度标签
dates = [str(i)+"日" for i in range(1, 16)]
plt.xticks(ticks=range(1, 16), labels=dates)
```

```
# 显示
plt.show()
```

运行之后，效果如图 12-24 所示。

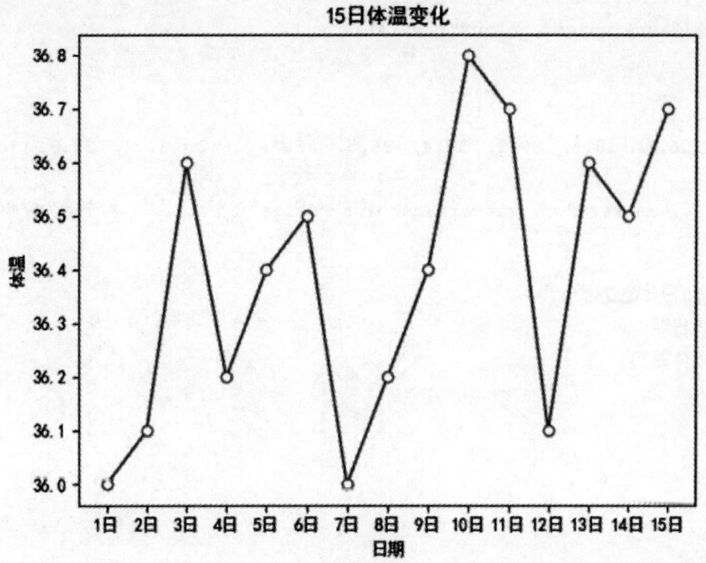

图 12-24

分析

dates=[str(i)+" 日 " for i in range(1, 16)] 使用了列表生成式的语法，主要用于快速生成这样一个列表: ["1 日 ", "2 日 ", … , "15 日 "]。其中，列表生成式属于 Python 进阶技巧，读者可以阅读本系列的相关图书。

对于 plt.xticks(ticks, labels) 来说，如果想要使用第 2 个参数，那么 ticks 和 labels 这两个列表的元素个数必须相同，然后 labels 中的元素会一一替换到 ticks 指定的刻度上去。

12.3.5 刻度范围

刻度范围指的是坐标轴的取值范围，包括 *x* 轴和 *y* 轴的取值范围。刻度范围是否合理，会直接影响图表的展示效果。

在 Matplotlib 中，可以使用 xlim() 来定义 *x* 轴的取值范围，使用 ylim() 来定义 *y* 轴的取值范围。

语法

```
plt.xlim(left, right)
plt.ylim(left, right)
```

说明

xlim() 和 ylim() 的取值范围为 [left, right]。

举例

```
import matplotlib.pyplot as plt

# 设置
plt.rcParams["font.family"] = ["SimHei"]
plt.rcParams["axes.unicode_minus"] = False

# 绘图
x = range(1, 16)
y = [36.0, 36.1, 36.6, 36.2, 36.4, 36.5, 36.0, 36.2, 36.4, 36.8, 36.7, 36.1, 36.6,
36.5, 36.7]
plt.plot(x, y, marker="o", markerfacecolor="white")          # 节点为空心圆

# 定义标题
plt.title("15日体温变化")
plt.xlabel("日期")
plt.ylabel("体温")

# 刻度范围
plt.xlim(1, 14)
plt.ylim(35, 45)

# 显示
plt.show()
```

效果如图12-25所示。

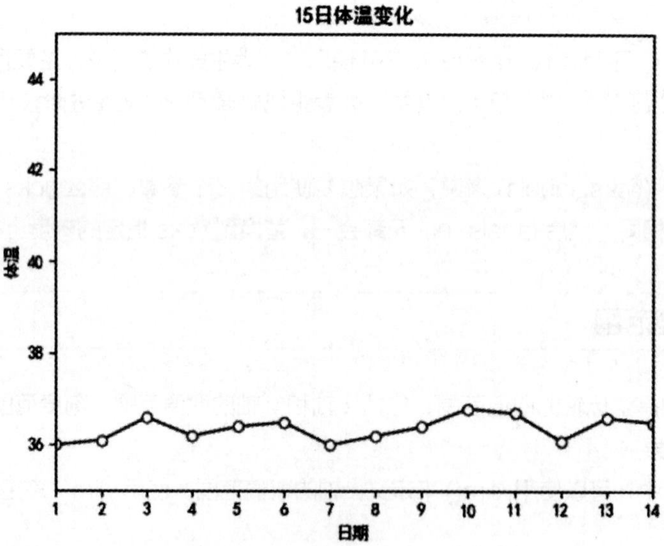

图12-25

分析

“刻度标签”和“刻度范围”是不一样的：“刻度标签”是一一对应到坐标轴上的；“刻度范围”仅仅是定义一个取值范围，然后刻度由Matplotlib自动调整或手动调整。对于这两个概念，读者应该对比理解。

举例：逆序排列

```
import matplotlib.pyplot as plt

# 设置
plt.rcParams["font.family"] = ["SimHei"]
plt.rcParams["axes.unicode_minus"] = False

# 绘图
x = range(1, 16)
y = [36.0, 36.1, 36.6, 36.2, 36.4, 36.5, 36.0, 36.2, 36.4, 36.8, 36.7, 36.1, 36.6,
36.5, 36.7]
plt.plot(x, y, marker="o", markerfacecolor="white")          # 节点为空心圆

# 定义标题
plt.title("15日体温变化")
plt.xlabel("日期")
plt.ylabel("体温")

# 逆序排列
plt.xlim(15, 1)

# 显示
plt.show()
```

效果如图 12-26 所示。

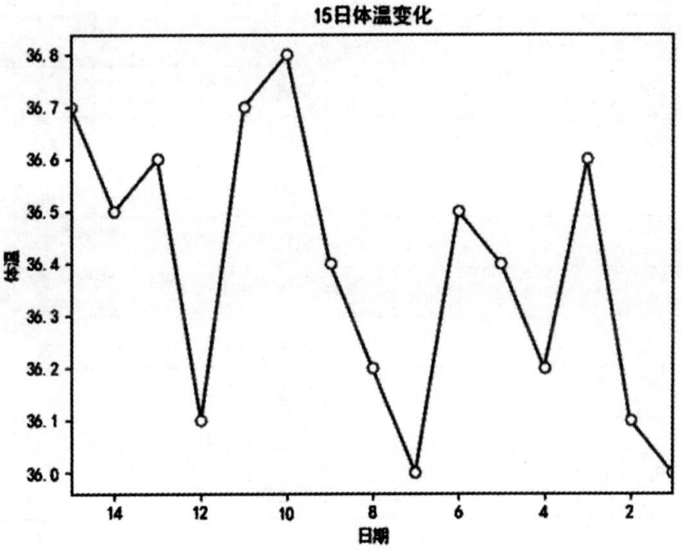

图 12-26

分析

在这个例子中，使用 xlim() 将“日期”的刻度标签值降序排列。实现方式很简单，只需要将原来 xlim(left, right) 中的 left 和 right 调换位置就可以了。

12.3.6 网格线

在 Matplotlib 中，可以使用 grid() 为图表添加网格线。

语法

```
plt.grid(axis, linestyle, color)
```

说明

参数 axis 表示显示哪个方向的网格，它的取值有 3 个，如表 12-8 所示。

表 12-8 参数 axis 的取值

取值	说明
both（默认值）	显示两个方向的网格
x	显示水平网格
y	显示垂直网格

参数 linestyle 用于定义网格的外观，它的取值和折线图中的 linestyle 参数是一样的，如表 12-9 所示。

表 12-9 参数 linestyle 的取值

关键字	
solid（默认值）	实线
dashed	虚线
dotted	点线
dashdot	点划线
字符	
-（默认值）	实线
--	虚线
:	点线
-.	点划线

参数 color 用于定义网格的颜色，它的取值可以是关键字，也可以是十六进制 RGB 值。

举例

```
import matplotlib.pyplot as plt

# 设置
plt.rcParams["font.family"] = ["SimHei"]
plt.rcParams["axes.unicode_minus"] = False
```

```
# 绘图
x = range(1, 16)
y = [36.0, 36.1, 36.6, 36.2, 36.4, 36.5, 36.0, 36.2, 36.4, 36.8, 36.7, 36.1, 36.6,
36.5, 36.7]
plt.plot(x, y, marker="o", markerfacecolor="white")

# 定义标题
plt.title("15日体温变化")
plt.xlabel("日期")
plt.ylabel("体温")

# 网格线
plt.grid(axis="both", linestyle="dashed", color="orangered")

# 显示
plt.show()
```

效果如图 12-27 所示。

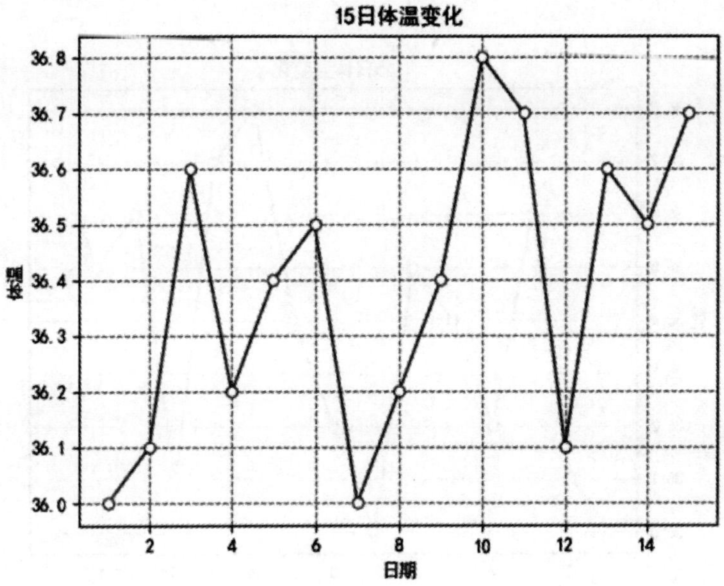

图 12-27

▶ 分析

plt.grid(axis="both", linestyle="dashed", color="orangered") 表示显示两个方向的网格线，定义网格线的外观是虚线、颜色为橙红色。

如果使用 axis="x"，那么效果如图 12-28 所示；如果使用 axis="y"，那么效果如图 12-29 所示。

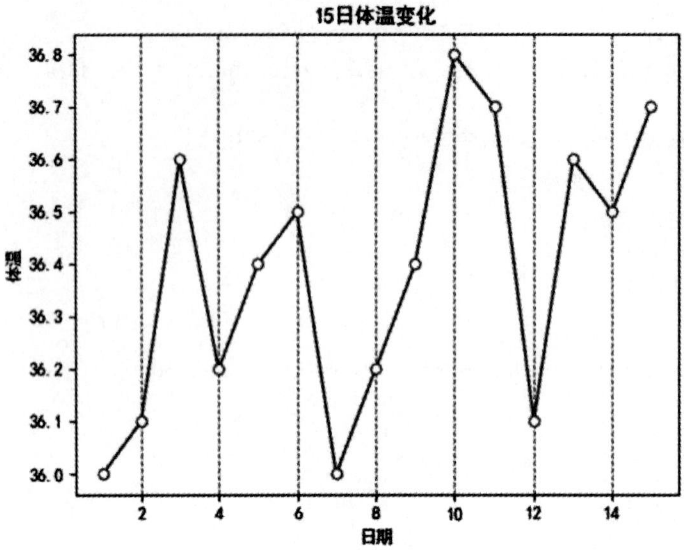

图12-28

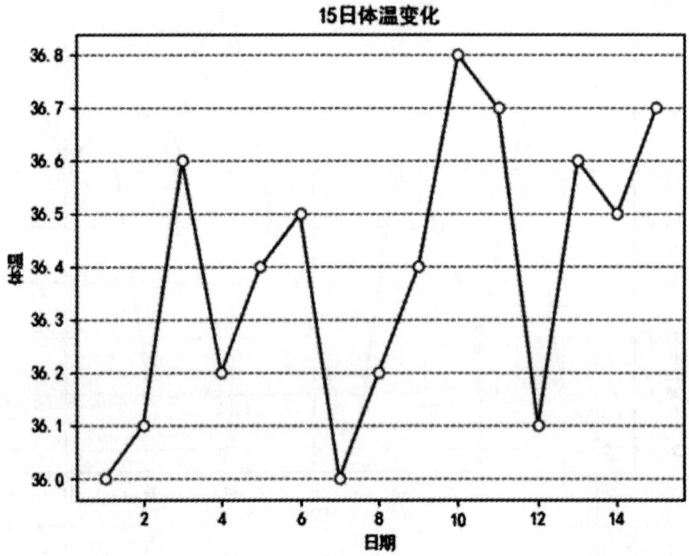

图12-29

12.3.7 参考线

在 Matplotlib 中，可以使用 axhline() 添加一条水平方向的参考线，使用 axvline() 添加一条直方向的参考线。

其中，axhline 是 axis horizontal line（水平参考线）的缩写，axvline 是 axis vertical line（垂直参考线）的缩写。

语法

```
plt.axhline(y, color, linestyle, linewidth)
plt.axvline(x, color, linestyle, linewidth)
```

说明

x和y用于定义参考线的位置，color用于定义线条颜色，linestyle用于定义线条外观，linewidth用于定义线条宽度。

举例

```
import matplotlib.pyplot as plt

# 设置
plt.rcParams["font.family"] = ["SimHei"]
plt.rcParams["axes.unicode_minus"] = False

# 绘图
x = range(1, 16)
y = [36.0, 36.1, 36.6, 36.2, 36.4, 36.5, 36.0, 36.2, 36.4, 36.8, 36.7, 36.1, 36.6, 36.5, 36.7]
plt.plot(x, y, marker="o", markerfacecolor="white")

# 定义标题
plt.title("15日体温变化")
plt.xlabel("日期")
plt.ylabel("体温")

# 水平参考线
plt.axhline(y=36.5, color="red", linestyle="dashed", linewidth=1)

# 显示
plt.show()
```

效果如图12-30所示。

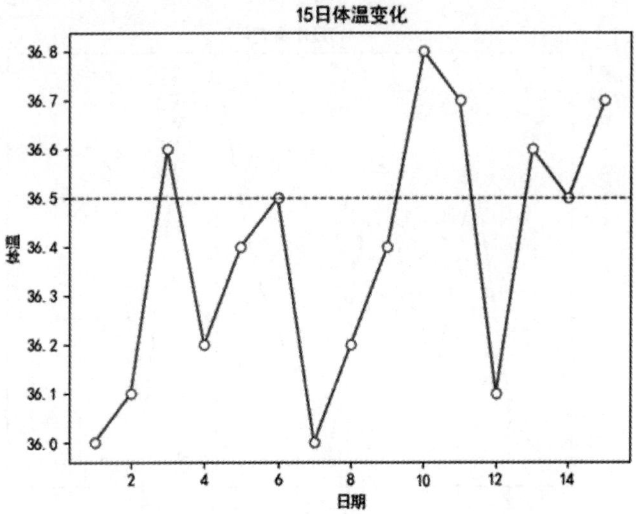

图12-30

◤ 分析

如果想要同时添加多条水平参考线，只需要多次调用 axhline() 就可以了。如果将例子中设置水平参考线的代码换成下面两句代码：

```
plt.axhline(y=36.8, color="red", linestyle="dashed", linewidth=1)
plt.axhline(y=36.0, color="red", linestyle="dashed", linewidth=1)
```

效果如图 12-31 所示。

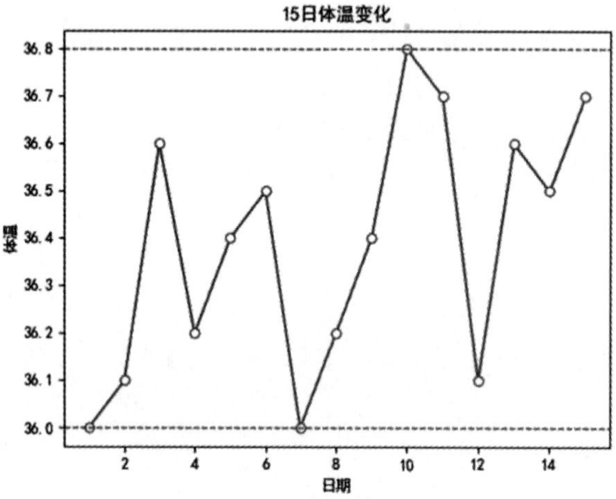

图 12-31

如果想要添加一条垂直方向的参考线，可以使用 axvline() 来实现。如果将例子中设置水平参考线的代码换成下面这句代码：

```
plt.axvline(x=10, color="red", linestyle="dashed", linewidth=1)
```

效果如图 12-32 所示。

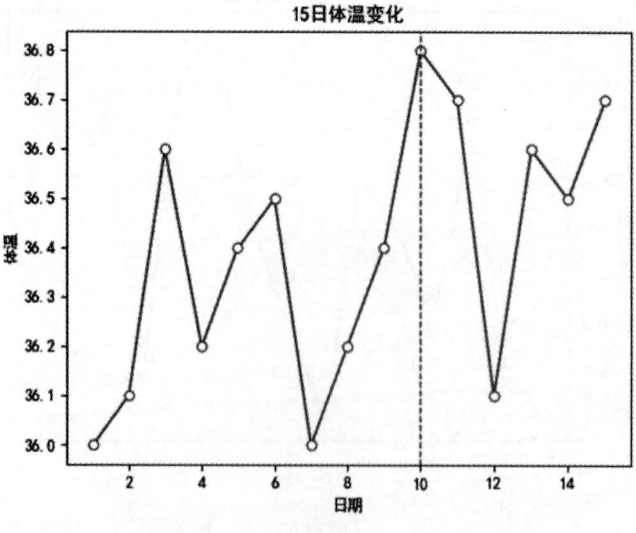

图 12-32

12.3.8 参考区域

在 Matplotlib 中，可以使用 axhspan() 添加一个水平方向的参考区域，使用 axvspan() 添加一个垂直方向的参考区域。

其中，axhspan 是 axis horizontal span（水平参考区域）的缩写，axvspan 是 axis vertical span（垂直参考区域）的缩写。

语法

```
plt.axhspan(ymin, ymax, facecolor, alpha)
plt.axvspan(xmin, xmax, facecolor, alpha)
```

说明

xmin 和 ymin 用于定义区域的开始坐标，xmax 和 ymax 用于定义区域的结束坐标，facecolor 用于定义区域颜色，alpha 用于定义透明度（0.0~1.0）。

举例

```
import matplotlib.pyplot as plt

# 设置
plt.rcParams["font.family"] = ["SimHei"]
plt.rcParams["axes.unicode_minus"] = False

# 绘图
x = range(1, 16)
y = [36.0, 36.1, 36.6, 36.2, 36.4, 36.5, 36.0, 36.2, 36.4, 36.8, 36.7, 36.1, 36.6,
36.5, 36.7]
plt.plot(x, y, marker="o", markerfacecolor="white")

# 定义标题
plt.title("15日体温变化")
plt.xlabel("日期")
plt.ylabel("体温")

# 水平参考区域
plt.axhspan(ymin=36.4, ymax=36.6, facecolor="red", alpha=0.2)

# 显示
plt.show()
```

效果如图 12-33 所示。

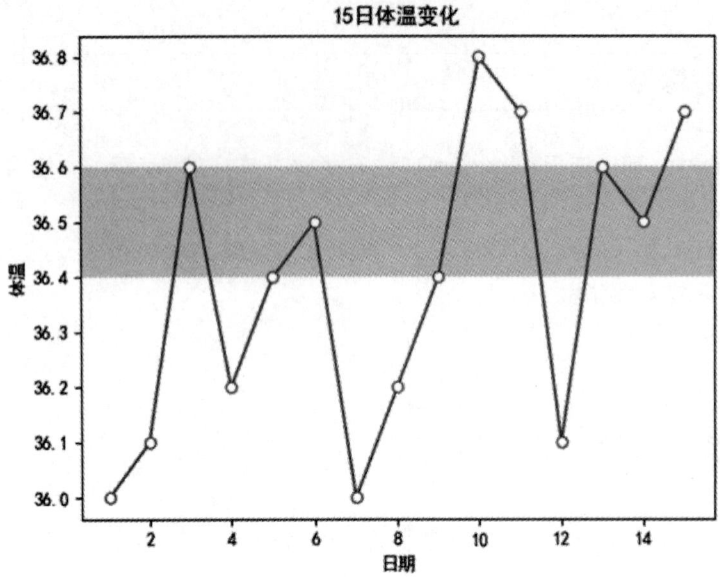

图 12-33

◤ 分析

如果想要添加一个垂直方向的参考区域，可以使用 axvspan() 来实现。如果将例子中设置水平参考区域的代码换成下面这句代码：

```
plt.axvspan(xmin=5, xmax=10, facecolor="red", alpha=0.2)
```

效果如图 12-34 所示。

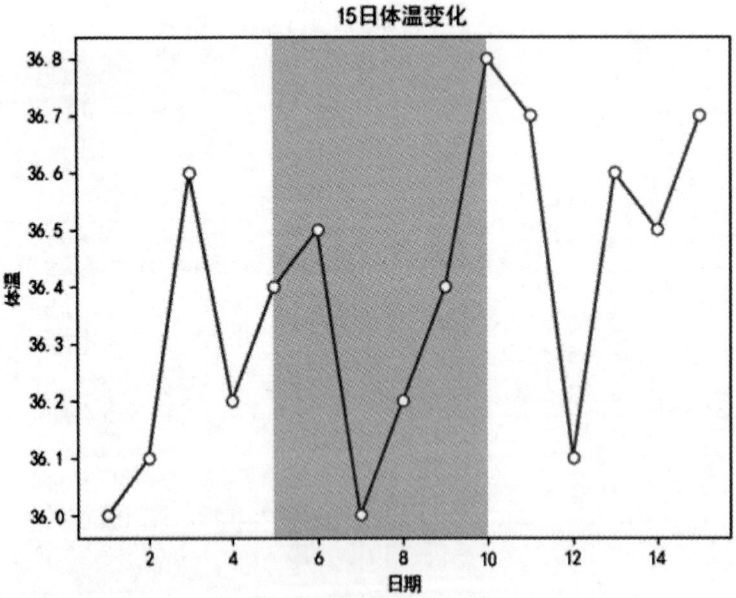

图 12-34

12.3.9 注释文本（有指向）

在 Matplotlib 中，可以使用 annotate() 为一些关键节点添加有指向的注释文本。

语法

```
plt.annotate(text, xy, xytext, arrowprops)
```

说明

text 表示注释文本的内容，xy 表示被注释节点的坐标（元组型），xytext 表示注释文本的坐标（元组型），arrowprops 表示箭头的样式。

其中 arrowprops 的值是一个字典，它常用的键包括 color、width、headwidth、headlength、shrink、arrowstyle 等。其中，arrowstyle 这个键用于定义箭头的形状，其常见取值如表 12-10 所示。

表 12-10 arrowstyle 的常见取值

<table>
<tr><th>取值</th><th>形状</th></tr>
<tr><td>-</td><td> </td></tr>
<tr><td>-></td><td></td></tr>
<tr><td><-</td><td></td></tr>
<tr><td><-></td><td></td></tr>
<tr><td>-|></td><td></td></tr>
<tr><td><|-</td><td></td></tr>
<tr><td><|-|></td><td></td></tr>
<tr><td>-[</td><td>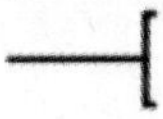</td></tr>
<tr><td>|-|</td><td>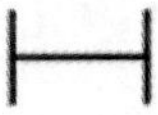</td></tr>
<tr><td>simple</td><td></td></tr>
<tr><td>fancy</td><td></td></tr>
<tr><td>wedge</td><td></td></tr>
</table>

举例

```
import matplotlib.pyplot as plt

# 设置
plt.rcParams["font.family"] = ["SimHei"]
plt.rcParams["axes.unicode_minus"] = False
```

```
# 绘图
x = range(1, 16)
y = [36.0, 36.1, 36.6, 36.2, 36.4, 36.5, 36.0, 36.2, 36.4, 36.8, 36.7, 36.1, 36.6,
36.5, 36.7]
plt.plot(x, y, marker="o", markerfacecolor="white")

# 定义标题
plt.title("15日体温变化")
plt.xlabel("日期")
plt.ylabel("体温")

# 添加注释
plt.annotate(
    text="最高体温",
    xy=(10, 36.8),
    xytext=(6, 36.6),
    arrowprops={"arrowstyle": "->"}
)

# 显示
plt.show()
```

效果如图12-35所示。

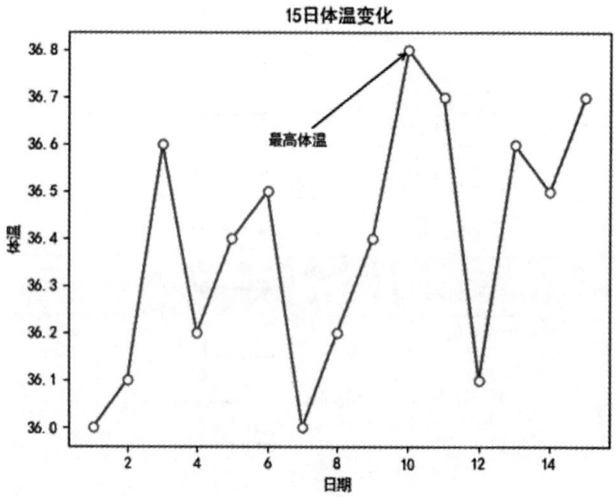

图12-35

◤ 分析

需要注意的是，xy是被注释节点的坐标，xytext是注释文本的坐标。注释文本一般要与被注释节点有一定距离，否则可能会重叠。

默认情况下，注释文本和线条箭头都是黑色，我们可以对它们分别定义颜色。如果将“# 添加注释”部分的代码改成如下代码：

```
plt.annotate(
    text="最高体温",
```

```
    xy=(10, 36.8),
    xytext=(6, 36.6),
    color="red",
    arrowprops={"arrowstyle": "->", "color": "red"}
)
```

效果如图 12-36 所示。

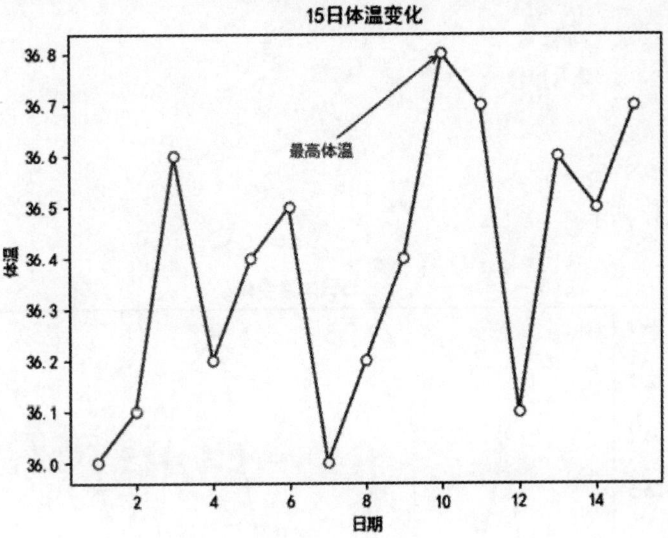

图 12-36

12.3.10 注释文本（无指向）

在 Matplotlib 中，可以使用 text() 给节点添加无指向的注释文本。这种方式可以让图表将数据展示得更加直观。

语法

```
plt.text(x, y, text)
```

说明

x 是 *x* 轴坐标，y 是 *y* 轴坐标，text 是注释文本。

举例

```
import matplotlib.pyplot as plt

# 设置
plt.rcParams["font.family"] = ["SimHei"]
plt.rcParams["axes.unicode_minus"] = False

# 绘图
x = range(1, 16)
y = [36.0, 36.1, 36.6, 36.2, 36.4, 36.5, 36.0, 36.2, 36.4, 36.8, 36.7, 36.1, 36.6,
```

```
36.5, 36.7]
    plt.plot(x, y, marker="o", markerfacecolor="white")

    # 定义标题
    plt.title("15日体温变化")
    plt.xlabel("日期")
    plt.ylabel("体温")

    # 注释文本
    plt.text(10, 36.8, "最高")
    plt.text(1, 36.0, "最低")

    # 显示
    plt.show()
```

效果如图12-37所示。

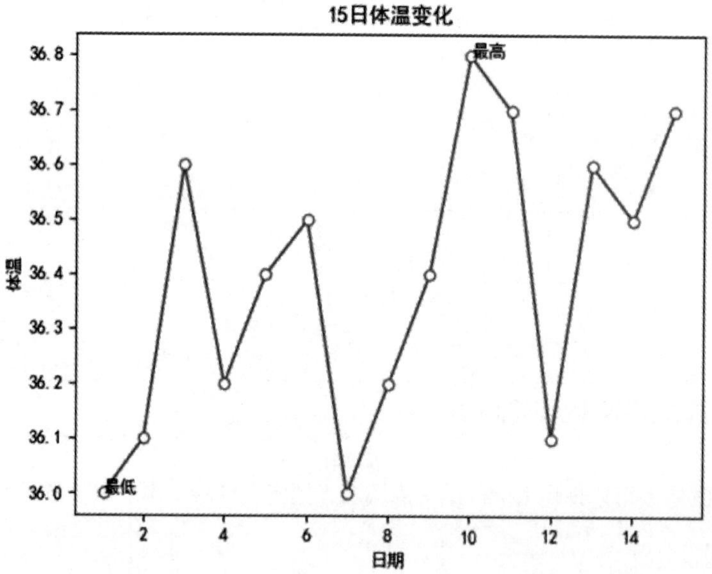

图12-37

▶ 分析

如果想要为多个节点添加注释文本，只需要多次调用text()就可以了。那么为所有节点添加注释文本应该怎么做呢？请看下面的例子。

▶ 举例

```
import matplotlib.pyplot as plt

# 设置
plt.rcParams["font.family"] = ["SimHei"]
plt.rcParams["axes.unicode_minus"] = False

# 绘图
x = range(1, 16)
y = [36.0, 36.1, 36.6, 36.2, 36.4, 36.5, 36.0, 36.2, 36.4, 36.8, 36.7, 36.1, 36.6,
36.5, 36.7]
```

```
plt.plot(x, y, marker="o", markerfacecolor="white")

# 定义标题
plt.title("15日体温变化")
plt.xlabel("日期")
plt.ylabel("体温")

# 注释文本
for a, b in zip(x, y):
    plt.text(a, b, b)

# 显示
plt.show()
```

效果如图 12-38 所示。

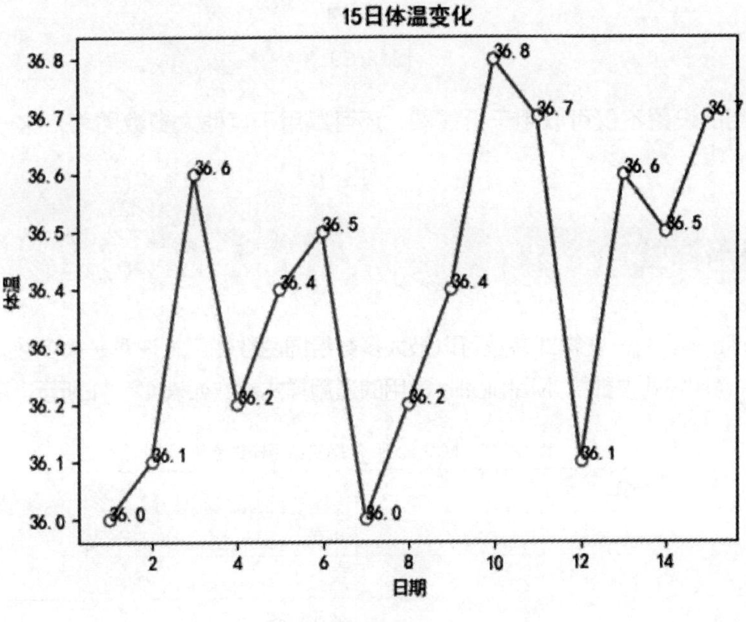

图 12-38

◤ 分析

```
for a, b in zip(x, y):
    plt.text(a, b, b)
```

上面这段代码表示为每一个节点都添加一个注释文本，关键点在于 zip() 的巧妙应用。此外，在默认情况下，注释文本的样式并不是非常美观，我们可以使用 color、fontsize 等参数来自定义样式。

```
for a, b in zip(x, y):
    plt.text(a, b, b, color="red", fontsize=9, ha="center", va="bottom")
```

修改后的代码如上所示。其中 `ha="center"` 表示水平居中，`va="bottom"` 表示处于底部。再次运行代码，效果如图 12-39 所示。

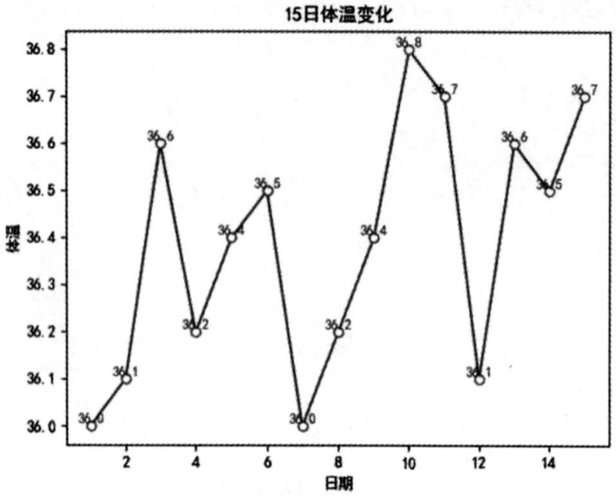

图12-39

这一节介绍的设置不仅可以用于折线图，还可以用于其他大多数图表，这一点读者一定要记住。

12.4 通用样式

在 Matplotlib 中，有一些样式参数可以被大多数绘图函数使用（注意是大多数，并不是所有），这些参数叫作“通用样式参数”。Matplotlib 常用的通用样式参数如表 12-11 所示。

表 12-11 Matplotlib 常用的通用样式参数

参数	说明
color	颜色
fontsize	文本大小
ha	水平对齐
va	垂直对齐
label	图例
alpha	透明度（0~1.0）

ha，指的是 horizontal align（水平对齐）。va，指的是 vertical align（垂直对齐）。

12.5 散点图

12.5.1 基本语法

在 Matplotlib 中，可以使用 scatter() 绘制散点图。散点图的主要作用有以下两个。

- 用于展示变量之间是否存在关联趋势，如果有，这个关联趋势是线性的还是非线性的。
- 判断是否有离群点（也叫异常值），也就是偏移量比较大的点。

语法

```
plt.scatter(x, y)
```

说明

参数 x 存放的是所有点的 *x* 轴坐标，参数 y 存放的是所有点的 *y* 轴坐标，它们可以是列表、数组、Series 等。

举例：基本散点图

```
import matplotlib.pyplot as plt

# 绘图
x = [1, 2, 3, 4, 5, 6, 7, 8]
y = [15, 12, 14, 12, 11, 14, 13, 12]
plt.scatter(x, y)

# 显示
plt.show()
```

效果如图 12-40 所示。

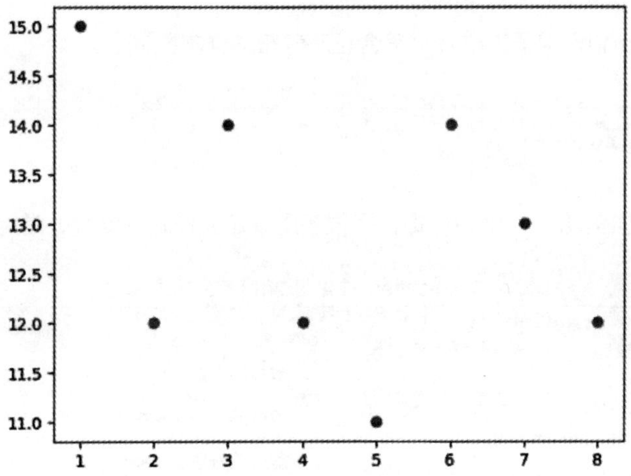

图 12-40

举例：正态分布散点图

```
import matplotlib.pyplot as plt
import numpy as np

# 绘图
x = np.random.randn(1000)
y = np.random.randn(1000)
plt.scatter(x, y, alpha=0.8)
```

```
# 显示
plt.show()
```

效果如图12-41所示。

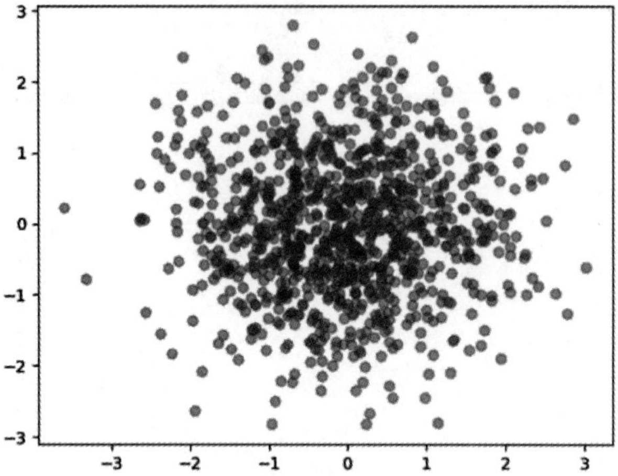

图12-41

◤ 分析

np.random.randn(n) 用于生成 n 个符合正态分布的样本数据。

12.5.2 定义样式

为了让散点图更加美观，scatter() 提供了很多用于定义样式的参数，常用的如表12-12所示。

表12-12 scatter() 中常用的用于定义样式的参数

参数	说明
marker	散点的形状
s	散点的大小（size）
color	散点的颜色（color）
alpha	散点的透明度（0.0~1.0）

◤ 举例：散点的形状

```
import matplotlib.pyplot as plt

# 绘图
x= [1, 2, 3, 4, 5, 6, 7, 8]
y = [15, 12, 14, 12, 11, 14, 13, 12]
plt.scatter(x, y, marker="x")

# 显示
plt.show()
```

效果如图 12-42 所示。

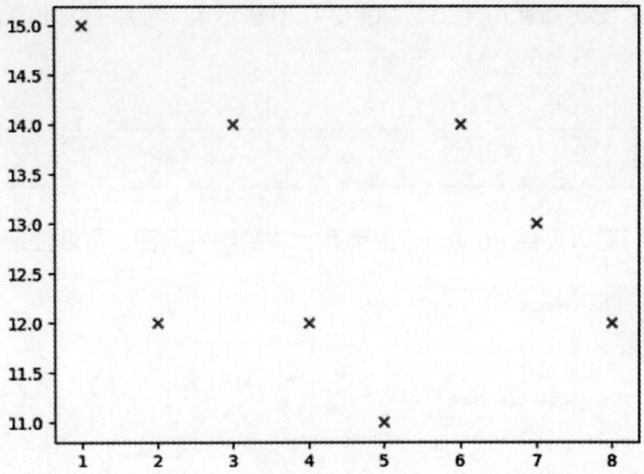

图 12-42

◤ 分析

marker="x" 用于定义散点的形状为 x。marker 参数的取值有非常多种，它的取值和折线图 plot() 中的 marker 参数是一样的，读者可以翻阅一下“12.2 基本绘图（折线图）”这一节的内容。

◤ 举例：颜色、大小、透明度

```
import matplotlib.pyplot as plt

# 绘图
x= [1, 2, 3, 4, 5, 6, 7, 8]
y = [15, 12, 14, 12, 11, 14, 13, 12]
plt.scatter(x, y, s=80, color="red", alpha=0.3)

# 显示
plt.show()
```

效果如图 12-43 所示。

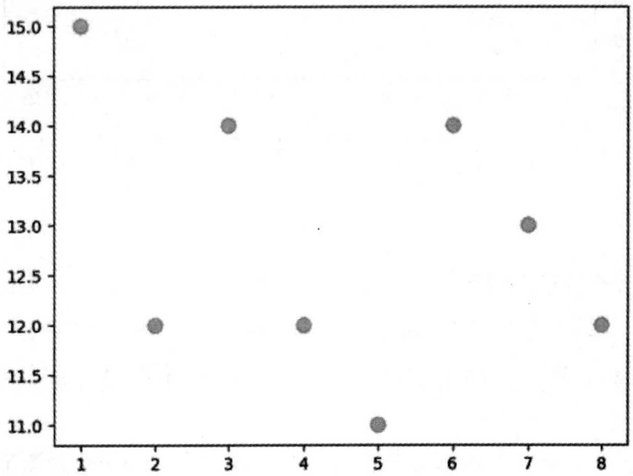

图 12-43

分析

plt.scatter(x, y, s=80, color="red", alpha=0.3) 表示定义散点的大小为 80、颜色为红色、透明度为 0.3。

12.5.3 气泡图

在 Matplotlib 中，可以使用 scatter() 的参数 s 来绘制气泡图。需要注意的是，此时参数 s 的值要求是一个列表。

举例：气泡图

```
import matplotlib.pyplot as plt

# 绘图
x = range(1,11)
y = [8, 38, 22, 43, 10, 39, 54, 33, 52, 16]
plt.scatter(x, y, s=y)

# 显示
plt.show()
```

运行之后，效果如图 12-44 所示。

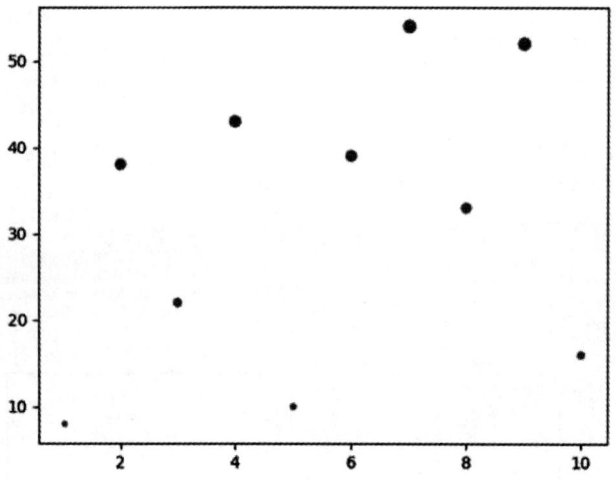

图 12-44

分析

参数 s 代表点的大小，它的值可以是一个整数，也可以是一个列表。当取值为整数时，表示所有点的大小是一样的；当取值为列表时，会根据列表的值来定义每一个点的大小。

如果将参数 s 的值设为一个列表，使散点的大小代表数据的大小，那么呈现出来的效果就是一个“气泡图”。

其实上面这个例子的效果并不是很明显，我们可以让列表 y 中所有元素放大 5 倍，然后再将列表赋给参数 s，请看下面的例子。

举例：改进后

```
import matplotlib.pyplot as plt

# 绘图
x = range(1,11)
y = [8, 38, 22, 43, 10, 39, 54, 33, 52, 16]
# 将元素放大5倍
sizes = [item*5 for item in y]
plt.scatter(x, y, s=sizes)

# 显示
plt.show()
```

效果如图12-45所示。

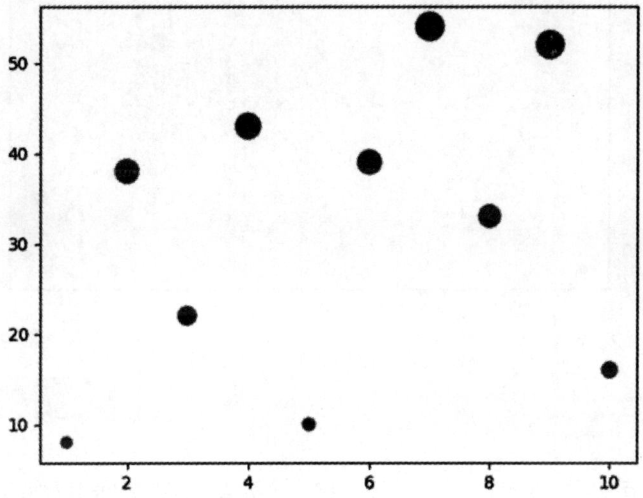

图12-45

举例：气泡使用不同颜色

```
import matplotlib.pyplot as plt
import random

# 生成随机颜色
def randomcolor():
    colorArr = ['1','2','3','4','5','6','7','8','9','A','B','C','D','E','F']
    color = ""
    for i in range(6):
        color += colorArr[random.randint(0,14)]
    return "#"+color

# 生成包含随机颜色的列表
colors = []
for i in range(10):
    colors.append(randomcolor())

# 绘图
```

```
x = range(1,11)
y = [8, 38, 22, 43, 10, 39, 54, 33, 52, 16]
sizes = [item*5 for item in y]
plt.scatter(x, y, s=sizes, color=colors)

# 显示
plt.show()
```

效果如图12-46所示。

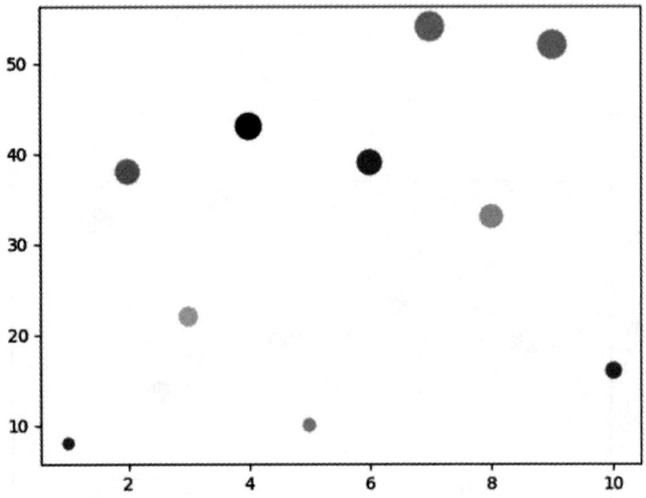

图12-46

◤ 分析

参数color除了可以是一个值之外，还可以是一个列表。当它的值为列表时，表示为每一个元素采用不同的颜色。

12.6 柱形图

12.6.1 基本语法

在Matplotlib中，可以使用bar()绘制柱形图。柱形图也叫作“柱状图”，它的主要作用是展示数据的大小。

◤ 语法

```
plt.bar(x, y, hatch)
```

◤ 说明

参数x存放的是所有点的*x*轴坐标，参数y存放的是所有点的*y*轴坐标，它们可以是列表、数组、Series等。

参数 hatch 用于定义装饰线，常用的取值有：/、|、-、\。每一种符号代表一种几何样式，并且符号的数量越多，几何图形的密集程度就越高。

举例：基本柱形图

```
import matplotlib.pyplot as plt

# 绘图
x = [1, 2, 3, 4, 5]
y = [12, 25, 16, 23, 10]
plt.bar(x, y)

# 显示
plt.show()
```

效果如图 12-47 所示。

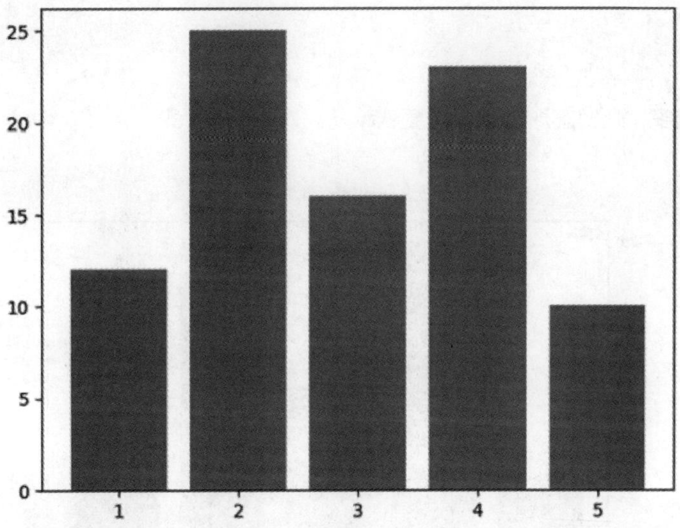

图 12-47

举例：装饰线

```
import matplotlib.pyplot as plt

# 绘图
x = [1, 2, 3, 4, 5]
y = [12, 25, 16, 23, 10]
plt.bar(x, y, hatch="/")

# 显示
plt.show()
```

效果如图 12-48 所示。

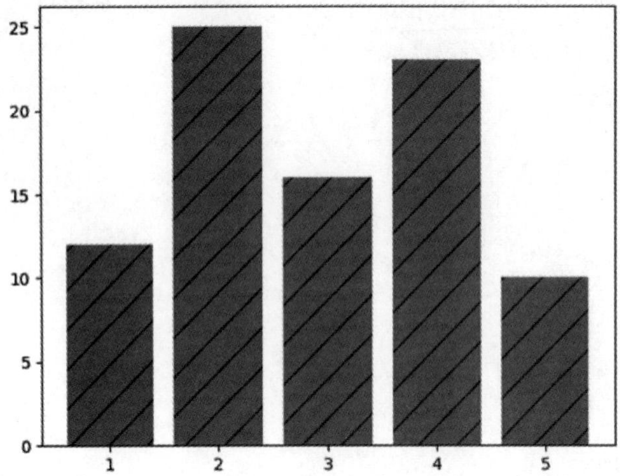

图 12-48

◤ 分析

符号的数量越多，几何图形的密集程度就越高。如果把 hatch="/" 改成 hatch="//"，效果如图 12-49 所示。

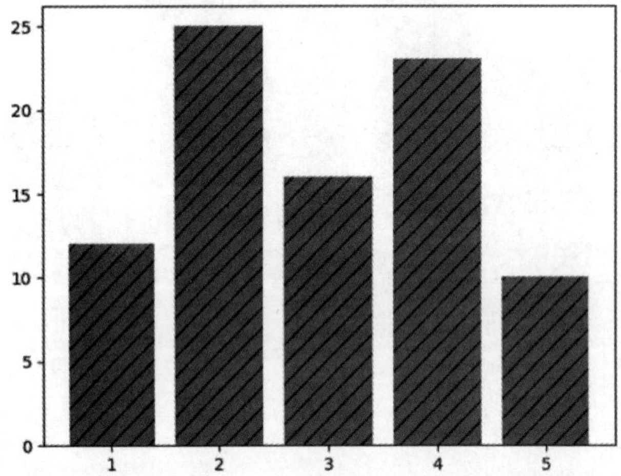

图 12-49

读者可以自行尝试 hatch 的其他取值，看看得到的效果是怎样的。

12.6.2 高级柱形图

在实际开发中，柱形图的使用频率比较高。在某些情况下，基本的柱形图并不能满足需求。所以我们还得掌握一些高级柱形图的绘制，主要包括以下两种。

- 堆叠柱形图。
- 并列柱形图。

举例：堆叠柱形图

```
import matplotlib.pyplot as plt

# 设置
plt.rcParams["font.family"] = ["SimHei"]
plt.rcParams["axes.unicode_minus"] = False

# 绘图
x = [1, 2, 3, 4, 5]
y1 = [3, 2, 4, 7, 1]              # 男
y2 = [1, 5, 3, 8, 3]              # 女
plt.bar(x, y1)
plt.bar(x, y2, bottom=y1)

# 定义标题
plt.title("婴儿出生人数(柱形图)")
plt.xlabel("日期")
plt.ylabel("人数")

# 显示
plt.show()
```

效果如图 12-50 所示。

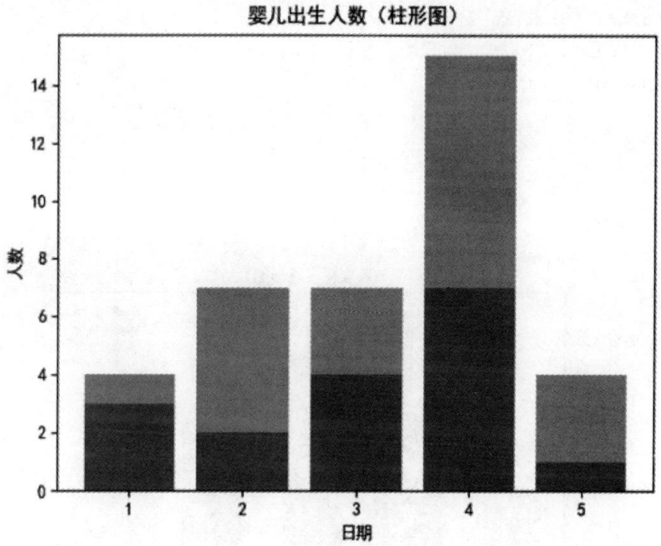

图 12-50

分析

对于堆叠柱形图来说，多个数据的 x 轴坐标必须一致，y 轴坐标可以不同。另外，需要借助 bottom 这个参数，将放在下面的数据的 y 轴坐标设置为 bottom 的值。

当然，我们不仅可以实现两种数据的堆叠，还可以对更多种数据进行堆叠，读者可以自行尝试。

◤ 举例：并列柱形图

```
import matplotlib.pyplot as plt

# 设置
plt.rcParams["font.family"] = ["SimHei"]
plt.rcParams["axes.unicode_minus"] = False

# 绘图
x = [1, 2, 3, 4, 5]
y1 = [11, 13, 16, 10, 6]
y2 = [12, 17, 15, 12, 5]
width = 0.3

x1 = x
x2 = [i+width for i in x]
plt.bar(x1, y1, width=width, label="广州")
plt.bar(x2, y2, width=width, label="深圳")
plt.legend()

# 定义标题
plt.title("气温变化（柱形图）")
plt.xlabel("日期")
plt.ylabel("温度")
# 定义刻度标签
x = x2 = [i+width/2 for i in x]
dates = ["1日", "2日", "3日", "4日", "5日"]
plt.xticks(x, dates)

# 显示
plt.show()
```

效果如图12-51所示。

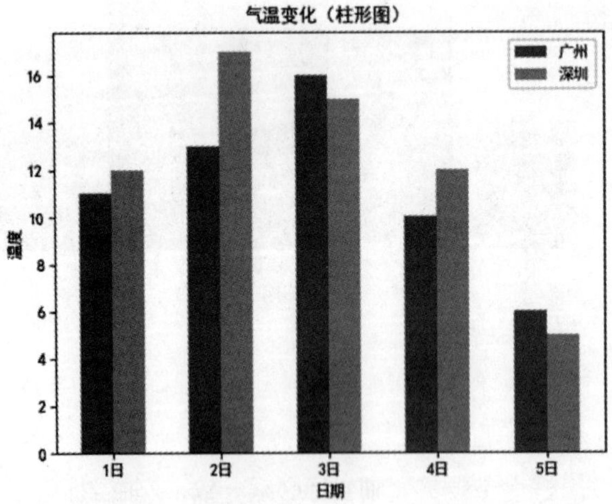

图12-51

◤ 分析

绘制并列柱形图的要点是灵活应用width这个参数。关键代码是定义坐标轴的刻度。

12.6.3 条形图

条形图是一种和柱形图非常相似的图表，它们之间最重要的区别就是：柱形图是纵向的，而条形图是横向的。

在 Matplotlib 中，可以使用 barh() 绘制条形图。其中，barh 是 bar horizontal（水平条）的缩写。

语法

```
plt.barh(x, y, hatch)
```

说明

barh() 的参数和 bar() 是完全一样的，x 和 y 用于定义坐标，hatch 用于定义装饰线。

举例

```
import matplotlib.pyplot as plt

# 绘图
x = [1, 2, 3, 4, 5]
y = [12, 25, 16, 23, 10]
plt.barh(x, y)

# 显示
plt.show()
```

效果如图 12-52 所示。

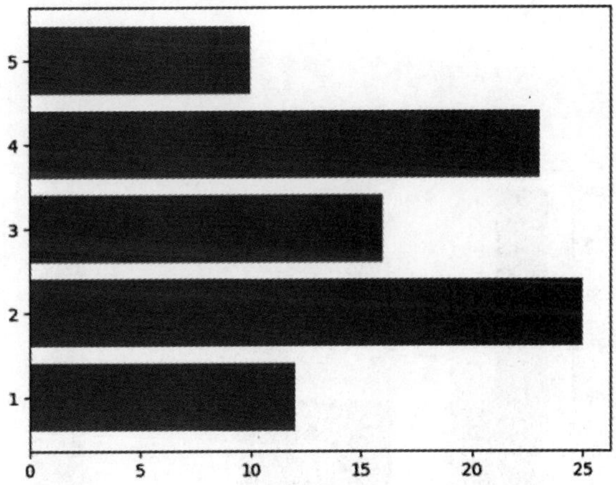

图 12-52

分析

条形图的 barh() 的用法和柱形图的 bar() 是一样的。对于条形图来说，它同样可以实现堆叠条形图、并列条形图，读者可以自行尝试一下。

12.7 直方图

12.7.1 基本语法

在 Matplotlib 中，可以使用 hist() 绘制直方图。直方图又叫作“质量分布图”，它的主要作用是展示数据的分布情况。其中，hist 是 histogram（直方图）的缩写。

语法

```
plt.hist(x, bins)
```

说明

x 是一个必选参数，它表示直方图的数据。bins 是一个可选参数，用于定义如何分组。其中，bins 的常用取值有两种：整数、列表。

- 当 bins 为整数时，表示柱条有 *n* 条。
- 当 bins 为列表时，则列表用于定义每一根柱条的边界。

举例：不分组

```
import matplotlib.pyplot as plt

# 绘图
x = [32, 12, 27, 56, 19, 16, 35, 52]
plt.hist(x)

# 显示
plt.show()
```

效果如图 12-53 所示。

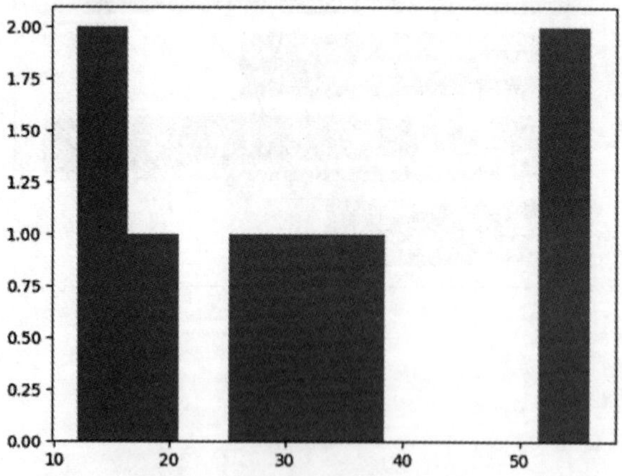

图 12-53

分析

直方图，本质上就是统计处于各个区间的数据的“个数”。如果没有设置第 2 个参数 bins，那么 Matplotlib 就会自动分组。不过在大多数情况下，Matplotlib 自动分组的结果不符合预期的效果，所以还是需要手动地使用 bins 参数来分组。

举例：分组（整数）

```
import matplotlib.pyplot as plt

# 绘图
x = [32, 12, 27, 56, 19, 16, 35, 52]
plt.hist(x, bins=5)

# 显示
plt.show()
```

效果如图 12-54 所示。

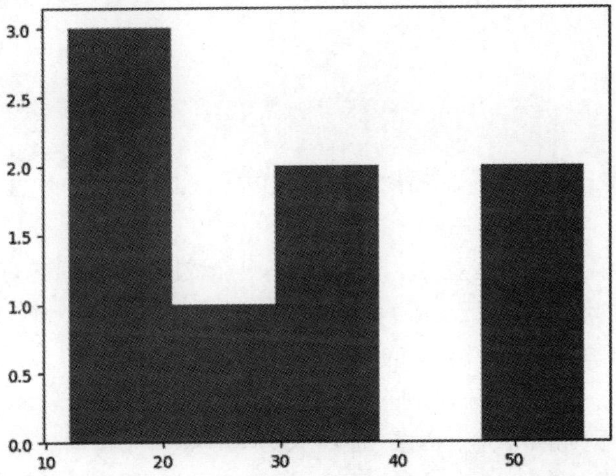

图 12-54

分析

plt.hist(x, bins=5) 表示柱条的个数为 5，需要注意的是，其中有一个区间没有数据，所以这里只显示 4 根柱条。

举例：分组（列表）

```
import matplotlib.pyplot as plt

# 绘图
x = [32, 12, 27, 56, 19, 16, 35, 52]
plt.hist(x, bins=[10, 20, 30, 40, 50, 60])

# 显示
plt.show()
```

效果如图 12-55 所示。

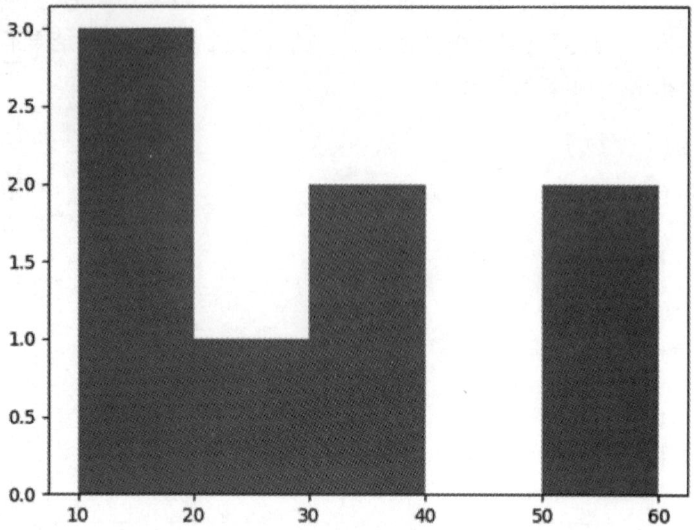

图 12-55

分析

plt.hist(x, bins) 表示将 x 传进来统计每一个分组中有多少个数据，也就是说 x 是通过 bins 来进行分组的。

从上面的结果图可以很直观地看出，10~20 内有 3 个数据，20~30 内有 1 个数据，30~40 内有 2 个数据，40~50 内没有数据，50~60 内有 2 个数据。对于直方图，读者记住一句话就可以了：直方图本质上就是统计每一个分组中数据的个数。

直方图和柱状图十分相似，它们之间的区别主要有以下 3 个方面。

- 柱状图用于展示数据的大小，而直方图用于展示数据的个数（频率）。
- 柱状图用于展示离散型数据的分布，而直方图用于展示连续型数据的分布。
- 柱状图的柱条之间有固定的间隙，而直方图的柱条之间是没有任何间隙的。

12.7.2 定义样式

为了让直方图更加美观，hist() 提供了很多用于定义样式的参数，常用的如表 12-13 所示。

表 12-13 hist() 中常用的用于定义样式的参数

参数	说明
histtype	直方图类型
rwidth	柱条的宽度
facecolor	柱条的颜色
egdecolor	边框的颜色
alpha	透明度

histtype 这个参数的常见取值有：bar（默认值）、barstacked、step、stepfilled。

◤ 举例：直方图类型

```
import matplotlib.pyplot as plt

# 绘图
x = [32, 12, 27, 56, 19, 16, 35, 52]
plt.hist(x, bins=[10, 20, 30, 40, 50, 60], histtype="step")

# 显示
plt.show()
```

效果如图 12-56 所示。

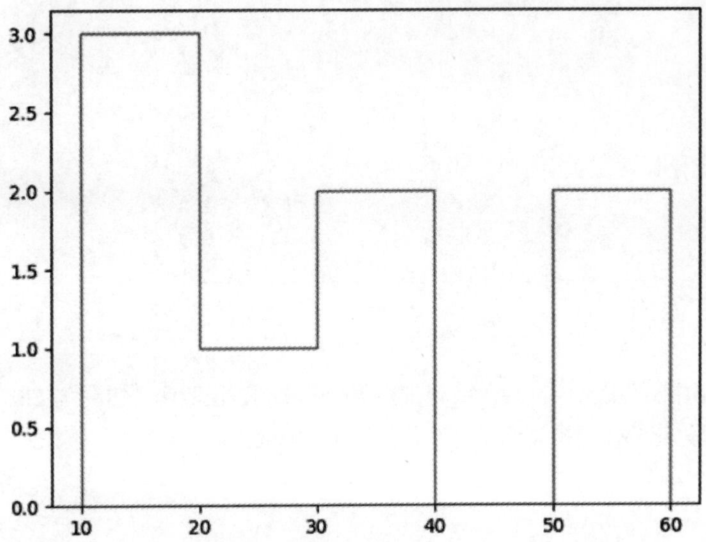

图 12-56

◤ 举例：定义颜色

```
import matplotlib.pyplot as plt

# 绘图
x = [32, 12, 27, 56, 19, 16, 35, 52]
plt.hist(x, bins=[10, 20, 30, 40, 50, 60], facecolor="#10A6CB", edgecolor="black")

# 显示
plt.show()
```

效果如图 12-57 所示。

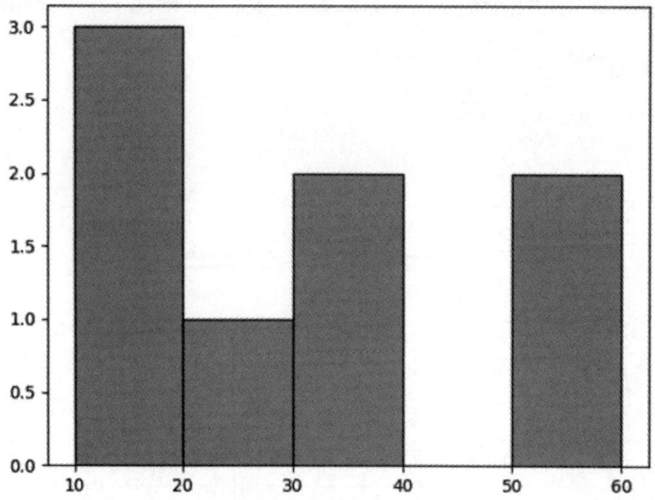

图 12-57

12.8 饼状图

12.8.1 基本语法

在 Matplotlib 中，可以使用 pie() 绘制饼状图。饼状图，也叫作“饼图”。饼状图有点特殊，它是没有坐标的，因为它的作用是展示各个部分在整体中的比例。

语法

```
plt.pie(x)
```

说明

x 是一个必选参数，它表示饼状图的数据部分。

举例

```
import matplotlib.pyplot as plt

# 绘图
x= [8, 4, 6, 10]                # 各部分的值
plt.pie(x)                      # 绘制饼状图

# 显示
plt.show()
```

效果如图 12-58 所示。

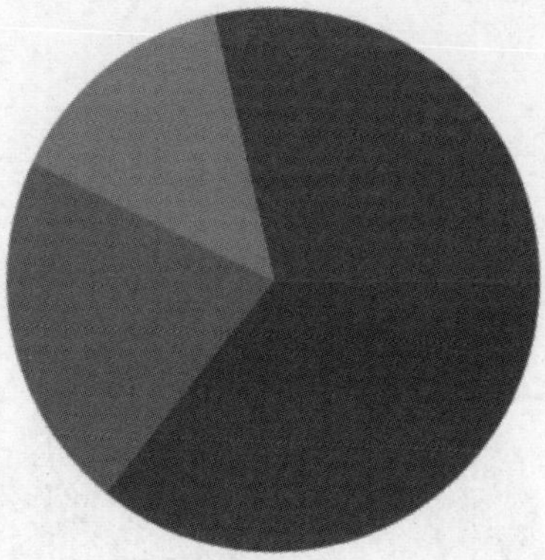

图 12-58

12.8.2 定义样式

为了让饼状图更加美观，pie() 提供了很多用于定义样式的参数，常用的如表 12-14 所示。

表 12-14 pie() 中常用的用于定义样式的参数

参数	说明
labels	各部分的标题（列表）
colors	各部分的颜色（列表）
autopct	显示百分比
explode	是否拉出某部分（元组）
shadow	是否显示阴影（元组）

举例：添加标题和百分比

```
import matplotlib.pyplot as plt

# 设置
plt.rcParams["font.family"] = ["SimHei"]
plt.rcParams["axes.unicode_minus"] = False

# 各部分的数据（单位：亿美元）
x = [8.9, 4.1, 12.1, 8.5, 11.5]
# 各部分的标题
movies = ["蜘蛛侠", "蝙蝠侠", "钢铁侠", "毒液", "海王"]
# 绘制饼状图
plt.pie(x,
    labels = movies,
    autopct = "%1.1f%%"
)
plt.title("电影票房占比")

# 显示
plt.show()
```

效果如图12-59所示。

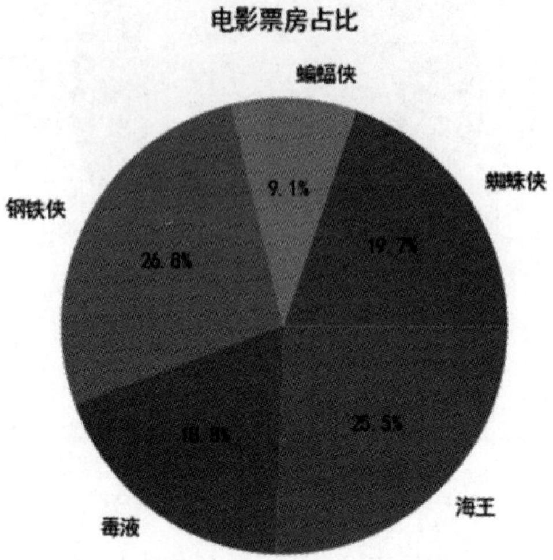

图12-59

◤ 分析

参数autopct表示项目百分比的格式，语法为："%格式%%"。例如，"%1.1f%%"表示整数占1位，小数占1位；"%2.1f%%"表示整数占2位，小数占1位。

◤ 举例：改变颜色

```
import matplotlib.pyplot as plt

# 设置
plt.rcParams["font.family"] = ["SimHei"]
plt.rcParams["axes.unicode_minus"] = False

# 各部分的数据(单位：亿美元)
x = [8.9, 4.1, 12.1, 8.5, 11.5]
# 各部分的标题
movies = ["蜘蛛侠", "蝙蝠侠", "钢铁侠", "毒液", "海王"]
# 绘制饼状图
plt.pie(x,
    labels = movies,
    autopct = "%1.1f%%",
    colors=["lightskyblue", "orangered", "purple", "hotpink", "yellow"]
)
plt.title("电影票房占比")

# 显示
plt.show()
```

效果如图12-60所示。

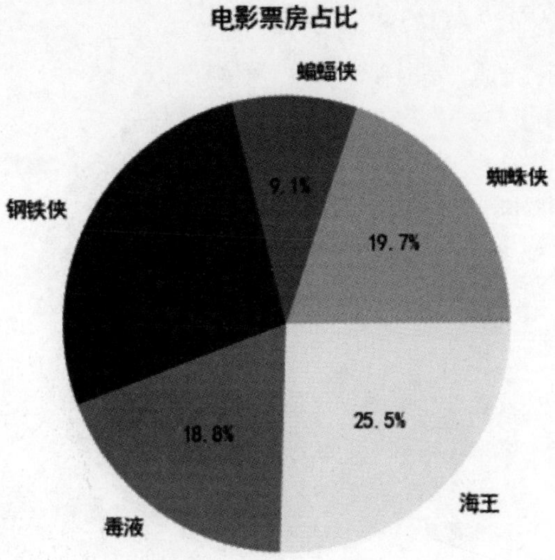

图 12-60

▼ 分析

如果觉得饼状图默认的颜色不够美观，那么可以使用 colors 这个参数来定义每一个扇形的颜色。

▼ 举例：拉出某部分

```
import matplotlib.pyplot as plt

# 设置
plt.rcParams["font.family"] = ["SimHei"]
plt.rcParams["axes.unicode_minus"] = False

# 各部分的数据（单位：亿美元）
x = [8.9, 4.1, 12.1, 8.5, 11.5]
# 各部分的标题
movies = ["蜘蛛侠", "蝙蝠侠", "钢铁侠", "毒液", "海王"]
# 绘制饼状图
plt.pie(x,
    labels = movies,
    autopct = "%1.1f%%",
    explode = (0.1, 0, 0, 0, 0)
)
plt.title("电影票房占比")

# 显示
plt.show()
```

效果如图 12-61 所示。

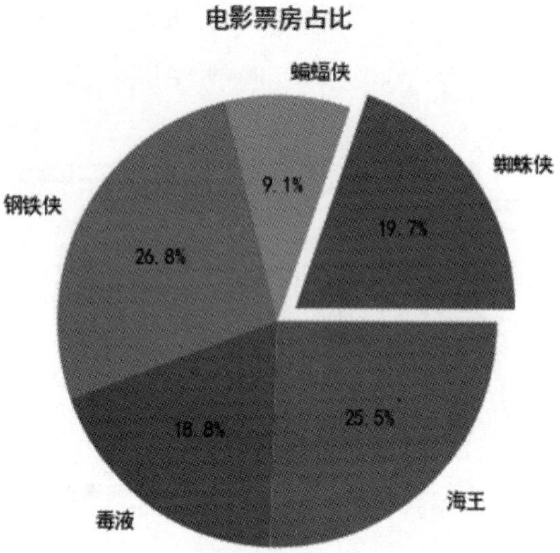

图 12-61

◤ 分析

explode=(0.1, 0, 0, 0, 0) 表示将第 1 部分拉出来。如果想要将第 2 部分拉出来，可以这样写：explode=(0, 0.1, 0, 0, 0)。此时效果如图 12-62 所示。

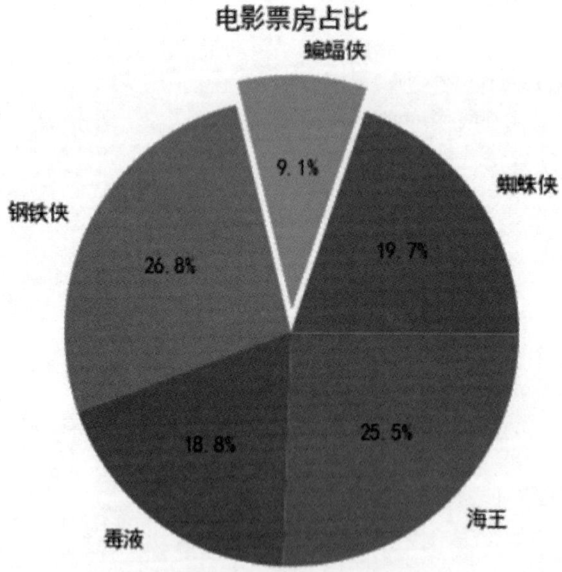

图 12-62

如果想要改变拉出的距离，只需要改变小数部分的数值就可以了。例如将 explode=(0.1, 0, 0,

0, 0) 改为 explode=(0.5, 0, 0, 0, 0) 之后，效果如图 12-63 所示。

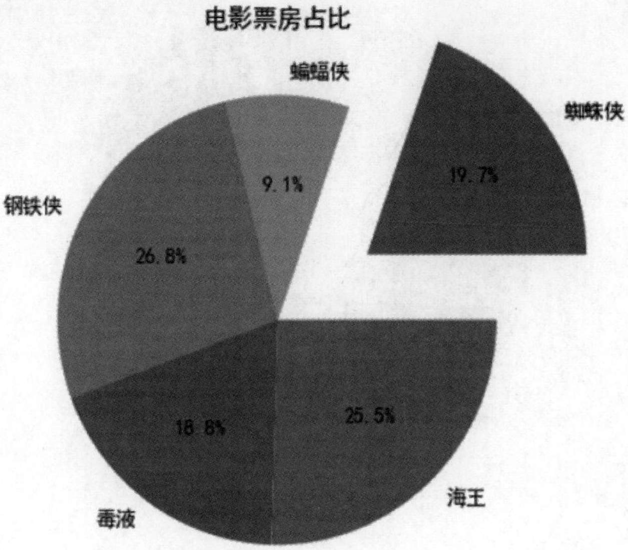

图 12-63

◤ 举例：添加阴影效果

```
import matplotlib.pyplot as plt

# 设置
plt.rcParams["font.family"] = ["SimHei"]
plt.rcParams["axes.unicode_minus"] = False

# 各部分的数据（单位：亿美元）
x = [8.9, 4.1, 12.1, 8.5, 11.5]
# 各部分的标题
movies = ["蜘蛛侠", "蝙蝠侠", "钢铁侠", "毒液", "海王"]
# 绘制饼状图
plt.pie(x,
    labels = movies,
    autopct = "%1.1f%%",
    explode = (0.1, 0, 0, 0, 0),
    shadow=True
)
plt.title("电影票房占比")

# 显示
plt.show()
```

效果如图 12-64 所示。

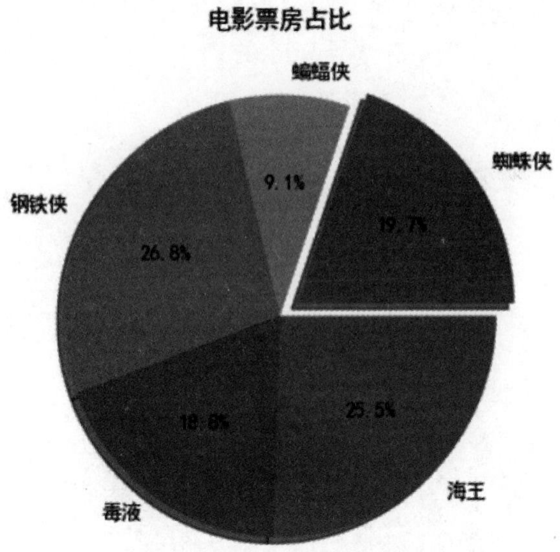

图12-64

分析

最后要说明的是，虽然饼状图的展示效果不错，但它仅适用于少量数据的呈现。大量数据不适合使用饼状图。因为如果将饼状图分块太多，那么比例太小的数据就会看不清楚。

12.8.3 圆环图

圆环图，也叫作“环形图”。在 Matplotlib 中，可以使用 pie() 的 radius 和 wedgeprops 这两个参数来绘制出圆环图。

举例

```
import matplotlib.pyplot as plt

# 设置
plt.rcParams["font.family"] = ["SimHei"]
plt.rcParams["axes.unicode_minus"] = False

# 各部分的数据（单位：亿美元）
x = [8.9, 4.1, 12.1, 8.5, 11.5]
# 各部分的标题
movies = ["蜘蛛侠", "蝙蝠侠", "钢铁侠", "毒液", "海王"]
# 绘制饼状图
plt.pie(x,
    labels = movies,
    autopct = "%1.1f%%",
    radius=1.0,
    wedgeprops={"width": 0.6}
)
plt.title("电影票房占比")
```

```
# 显示
plt.show()
```

效果如图 12-65 所示。

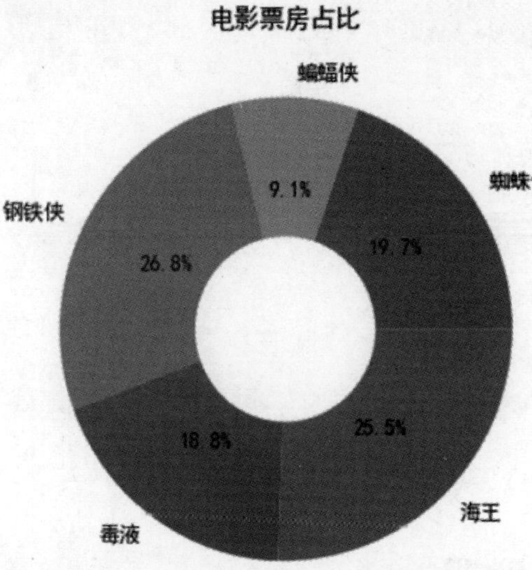

图 12-65

分析

radius=1.0 表示定义外圆半径的值为默认值的 100%。wedgeprops={"width":0.6} 表示定义内圆半径的值为默认值的 60%。

12.9 实战题：绘制气温折线图

这一节介绍如何使用 Pandas 读取数据，然后使用 Matplotlib 绘制折线图。

首先在当前项目的 data 文件夹中创建一个 guangzhou2.csv 文件，项目结构如图 12-66 所示。guangzhou2.csv 文件保存的是广州一年内每个月的最高温度，内容如图 12-67 所示。

图 12-66

图 12-67

实现代码如下：

```
import pandas as pd
import matplotlib.pyplot as plt

# 设置
plt.rcParams["font.family"] = ["SimHei"]
plt.rcParams["axes.unicode_minus"] = False

# 读取数据
df = pd.read_csv(r"data/guangzhou2.csv")
# 删除“月份”列数据中的“月”
df["月份"] = df["月份"].str.replace("月", "")
# 类型转换
df["月份"] = df["月份"].astype(int)
# 删除“温度”列数据中的“℃”
df["温度"] = df["温度"].str.replace("℃", "")
# 类型转换
df["温度"] = df["温度"].astype(float)
# 绘制图表
plt.plot(df["月份"], df["温度"], marker="o")

# 定义标题
plt.title("广州12个月的最高气温")
plt.xlabel("月份", loc="right")
plt.ylabel("温度", loc="top")
# 刻度标签
plt.xticks(range(1, 13))
# 文本注释
for a, b in zip(df["月份"], df["温度"]):
    plt.text(a, b, b, color="red", fontsize=10, ha="center", va="bottom")

# 显示
plt.show()
```

效果如图12-68所示。

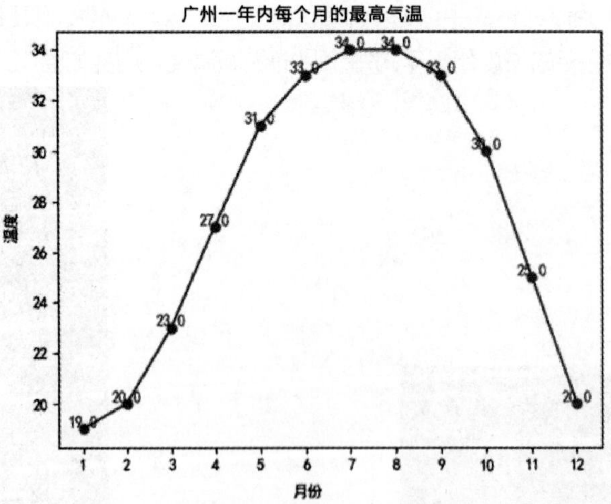

图12-68

◤ 分析

这里要特别注意，plot(x, y) 中的 x 和 y 除了可以是列表之外，还可以是 Series。而我们都知道，DataFrame 的一列本质上就是一个 Series。

读者要记住这么一点：大多数绘图函数的数据除了可以是列表，还可以是 Series。这样我们就可以直接把数据导入绘图函数中去绘制了。

12.10 实战题：浏览器所占市场份额柱形图

这一节我们来绘制主流浏览器所占市场份额的柱形图。当前项目的 data 文件夹中有一个 browser.csv 文件，项目结构如图 12-69 所示。browser.csv 文件的内容如图 12-70 所示。

图 12-69

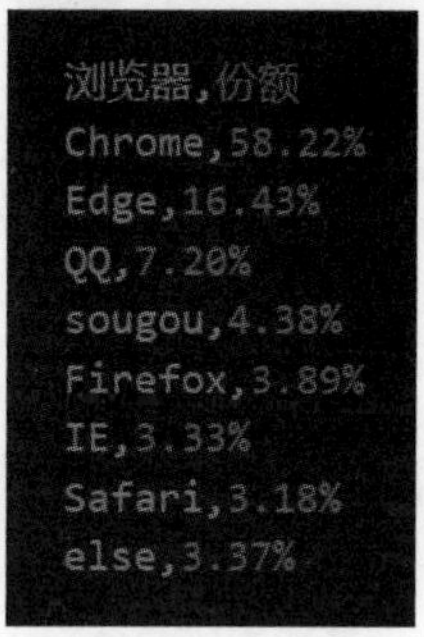

```
浏览器,份额
Chrome,58.22%
Edge,16.43%
QQ,7.20%
sougou,4.38%
Firefox,3.89%
IE,3.33%
Safari,3.18%
else,3.37%
```

图 12-70

实现代码如下：

```
import pandas as pd
import matplotlib.pyplot as plt

# 设置
plt.rcParams["font.family"] = ["SimHei"]
plt.rcParams["axes.unicode_minus"] = False

# 读取数据
df = pd.read_csv(r"data/browser.csv")
# 暂存“份额”这一列
se = df["份额"]
# 删除“份额”列数据中的“%”
df["份额"] = df["份额"].str.replace("%", "")
# 类型转换
df["份额"] = df["份额"].astype(float)
# 获取行数，即有多少种浏览器
length = df.shape[0]
x = range(length)
# 绘制图表
plt.bar(x, df["份额"])

# 定义标题
plt.title("浏览器所占市场份额")
plt.xlabel("浏览器", loc="right")
```

```
plt.ylabel("占比(%)", loc="top")
# 刻度标签
plt.xticks(x, df["浏览器"])
# 注释文本
for a, b in zip(x, df["份额"]):
    plt.text(a, b, b, ha="center", va="bottom")

plt.show()
```

效果如图12-71所示。

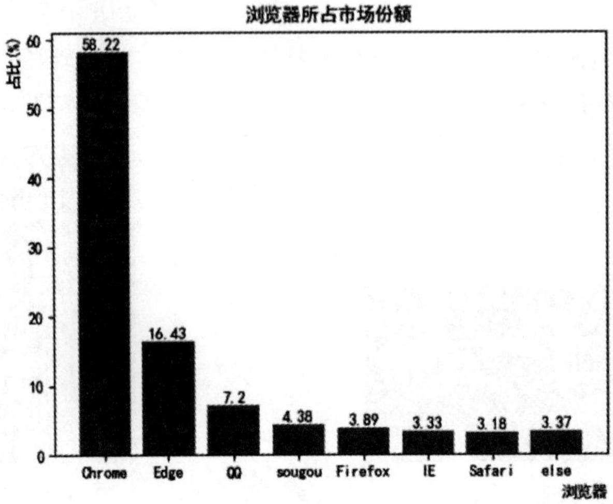

图12-71

◤ 分析

我们需要注意plt.bar(x, df["份额"])这一句代码，柱状图的横坐标是x，也就是[0, 1, 2, 3, 4, 5, 6, 7]。其中，x的长度和文件中浏览器的种类个数是一样的。如果后面没有使用xticks()来定义*x*轴标签说明，得到的效果将如图12-72所示。

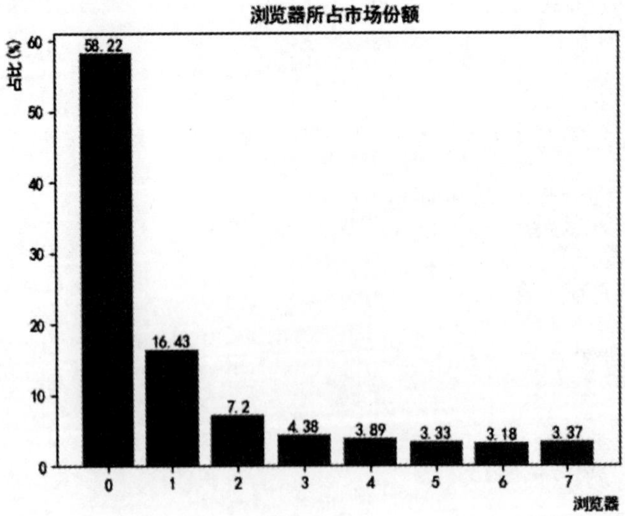

图12-72

很明显，我们更希望 x 轴显示的是浏览器的名字，而不是上图这样的数字。因此，需要使用 xticks() 来将每个坐标轴标签进行一一替换。用 plt.xticks(x, df[" 浏览器 "]) 这句代码就完成了坐标轴标签的替换。这个技巧非常有用，读者要好好琢磨一下，并熟练掌握。

第 13 章 高级图表

13.1 高级图表简介

上一章介绍的是 Matplotlib 中最常用的图表，不过在实际开发中，有时我们会遇到一些特殊的需求。此时，仅依靠基础图表是满足不了工作需求的。

本章介绍 Matplotlib 中的高级图表，主要包括以下 5 种。

- 箱线图。
- 面积图。
- 棉棒图。
- 热力图。
- 子图表。

13.2 箱线图

13.2.1 基本语法

箱线图，也叫作“箱形图”。箱线图使用 6 个统计量来描述数据，分别是最大值、上四分位数、中位数、下四分位数、最小值、异常值，如图 13-1 所示。

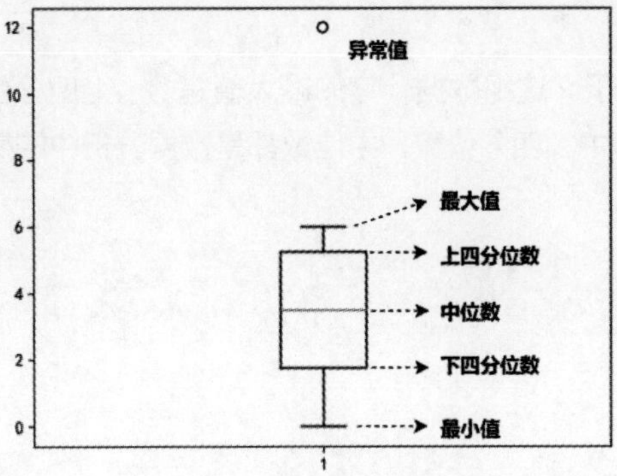

图 13-1

在 Matplotlib 中，可以使用 boxplot() 来绘制箱线图。箱线图的主要作用有两个：展示数据的分布情况；帮助用户发现数据中的异常点。

语法

```
plt.boxplot(x)
```

说明

x 表示箱线图的数据。它可以是一维数据（如一维列表或 Series），也可以是二维数据（如二维列表或 DataFrame）。如果是一维数据，则表示绘制一个箱线图；如果是二维数据，则表示绘制多个箱线图。

举例：一个箱线图

```
import matplotlib.pyplot as plt

# 绘图
x = [0, 8, 1, 3, 6]
plt.boxplot(x)

# 显示
plt.show()
```

效果如图 13-2 所示。

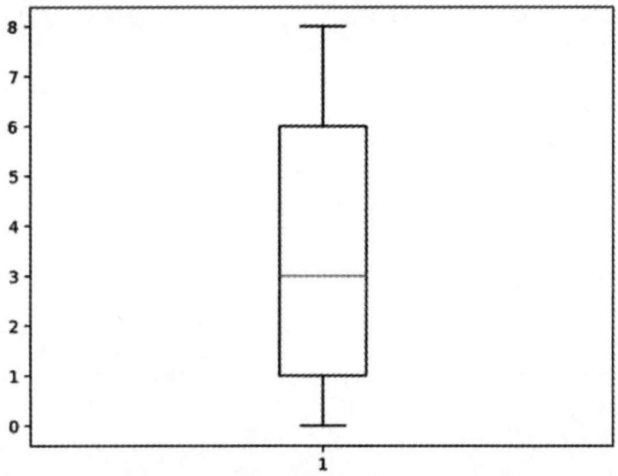

图 13-2

分析

从箱线图可以看出，对于 x 这组数据，它的最大值是 8、上四分位数是 6、中位数是 3、下四分位数是 1、最小值是 0。其中，四分位数、中位数都是数据分析中的概念。

举例：多个箱线图

```
import matplotlib.pyplot as plt

# 绘图
x1 = [0, 8, 1, 3, 6]
x2 = [16, 13, 10, 14, 12]
x3 = [20, 24, 21, 23, 27]
plt.boxplot([x1, x2, x3])

# 显示
plt.show()
```

效果如图 13-3 所示。

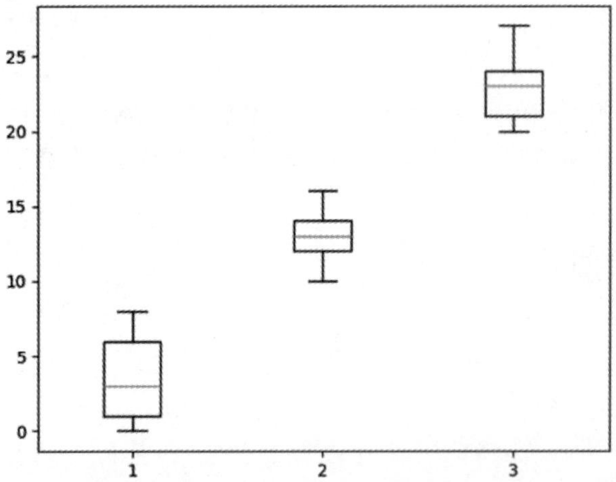

图 13-3

分析

要同时绘制多个箱线图，boxplot() 需要接收一个列表作为参数。列表中的每一个元素本身又是一个列表。

举例：异常值

```
import matplotlib.pyplot as plt

# 绘图
x = [23, 34, 11, 29, 33, 13, 33, 45, 80, 90]
plt.boxplot(x)

# 显示
plt.show()
```

效果如图 13-4 所示。

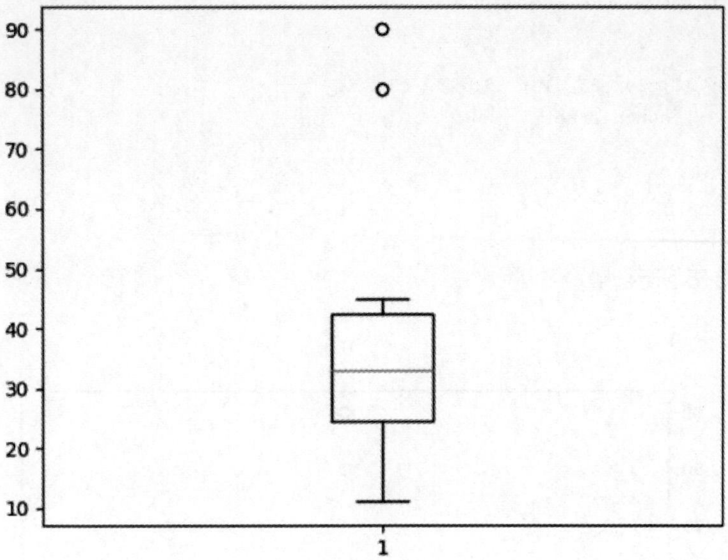

图 13-4

分析

x 中的数据大多数分布在 10~50，但是这里的 80 和 90 已经远远超过这个范围了，所以 Matplotlib 自动把它们标记为异常值。图中的两个小圆圈代表的就是异常值。

需要清楚的是，异常值是箱线图自动识别的，而不是我们手动设置的。一般来说，如果某些数据不在大多数数据所在的范围内，那么它们就会自动被标记为异常值。

13.2.2 样式定义

为了让箱线图更加美观，boxplot() 提供了很多用于定义样式的参数，常用的如表 13-1 所示。

表 13-1 boxplot() 中常用的用于定义样式的参数

参数	说明
notch	是否有缺口，默认为 False（不带缺口）
vert	是否为纵向，默认为 True（纵向）
showmeans	是否显示平均值，默认为 False（不显示）
showfliers	是否显示异常值，默认为 True（显示）
flierprops	异常值的样式，值是一个字典
boxprops	箱子的样式，值是一个字典，需要结合 patch_artist=True 使用
labels	指定每个箱线图的标签

举例：带缺口

```
import matplotlib.pyplot as plt

# 绘图
x = [23, 34, 11, 29, 33, 13, 33, 45, 80, 90]
plt.boxplot(x, notch=True)

# 显示
plt.show()
```

效果如图13-5所示。

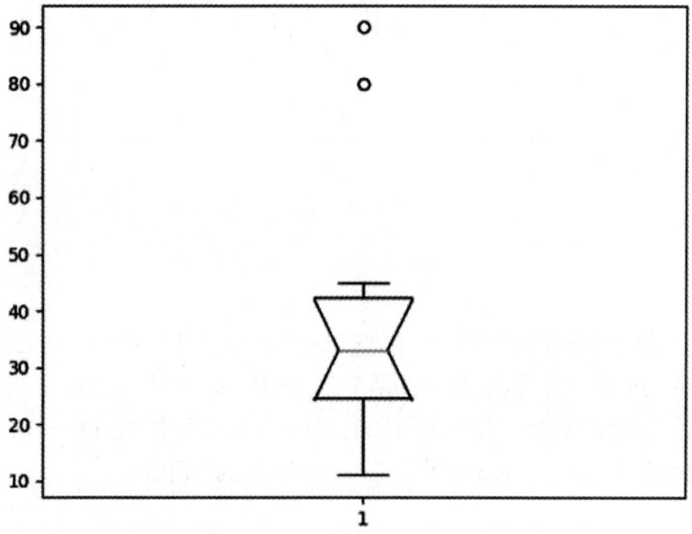

图13-5

分析

notch=True用于设置箱线图有缺口，缺口的作用是突出中位数。

举例：横向显示

```
import matplotlib.pyplot as plt

# 绘图
x = [23, 34, 11, 29, 33, 13, 33, 45, 80, 90]
plt.boxplot(x, vert=False)

# 显示
plt.show()
```

效果如图13-6所示。

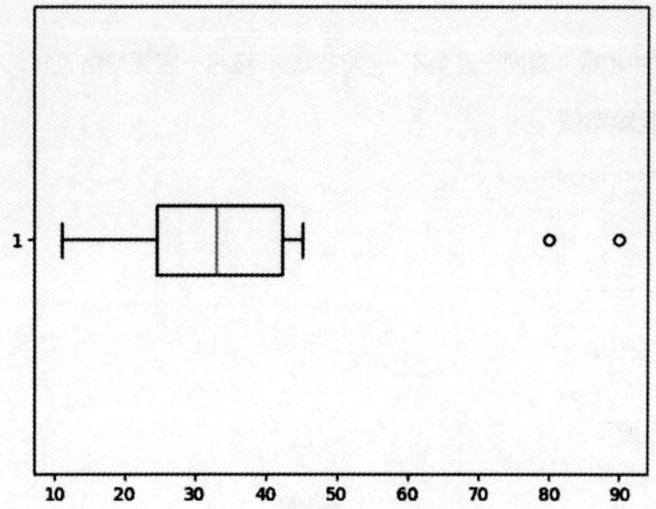

图 13-6

举例：显示平均值

```
import matplotlib.pyplot as plt

# 绘图
x = [23, 34, 11, 29, 33, 13, 33, 45, 80, 90]
plt.boxplot(x, showmeans=True)

# 显示
plt.show()
```

效果如图 13-7 所示。

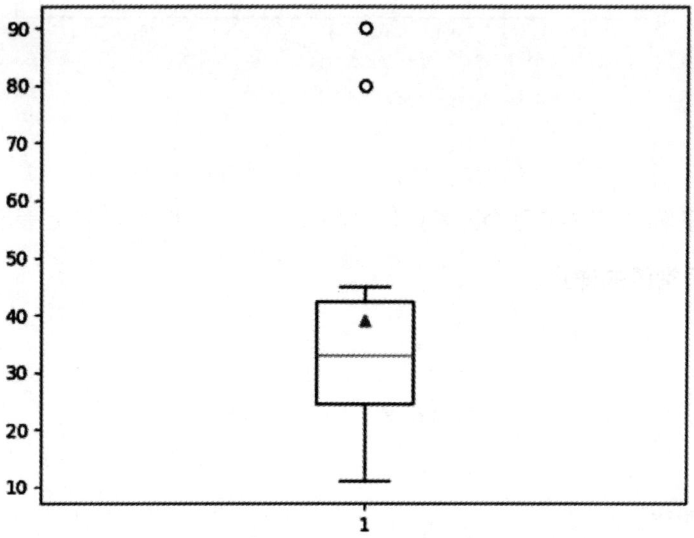

图 13-7

分析

“平均值”和“中位数”是两个完全不一样的概念，读者一定要严格区分。

举例：隐藏异常值

```
import matplotlib.pyplot as plt

#绘图
x = [23, 34, 11, 29, 33, 13, 33, 45, 80, 90]
plt.boxplot(x, showfliers=False)

# 显示
plt.show()
```

效果如图 13-8 所示。

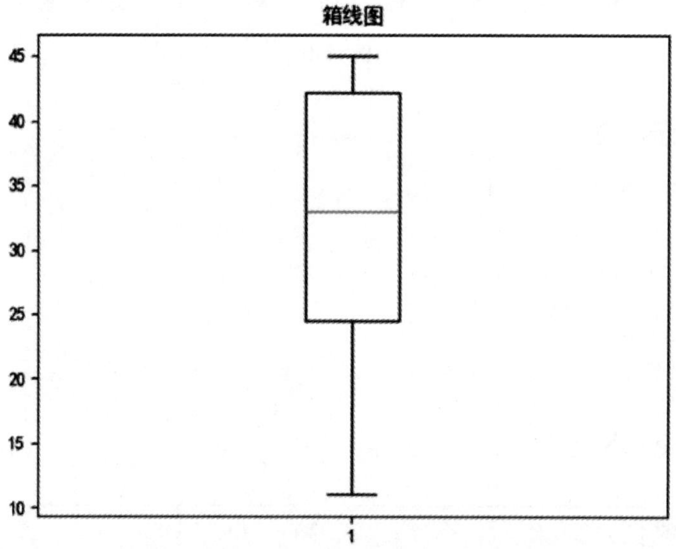

图 13-8

分析

对于这个例子来说，它存在两个异常值（80 和 90），showfliers=False 表示隐藏异常值。

举例：异常值的样式

```
import matplotlib.pyplot as plt

# 绘图
x = [23, 34, 11, 29, 33, 13, 33, 45, 80, 90]
styles = {
    "marker": "D",
    "markersize": 8,
    "markerfacecolor": "orange",
    "markeredgecolor": "red"
}
```

```
plt.boxplot(x, flierprops=styles)

# 显示
plt.show()
```

效果如图 13-9 所示。

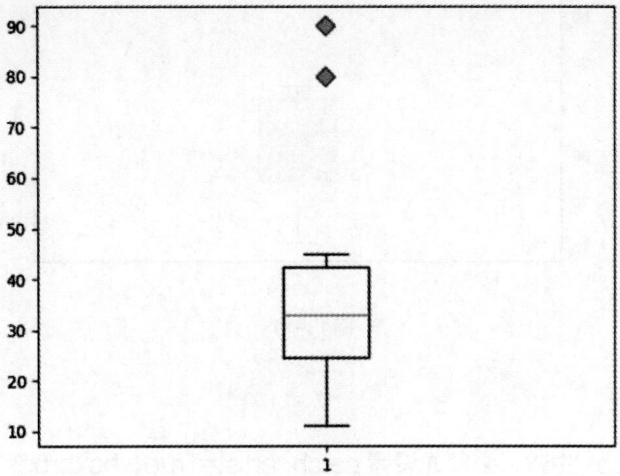

图 13-9

◤ 分析

异常值的样式可以通过 marker、markersize、markerfacecolor、markeredgecolor 这 4 个参数来定义，这 4 个参数的说明如表 13-2 所示。

表 13-2 定义异常值样式的参数

参数	说明
marker	外观
markersize	大小
markerfacecolor	颜色
markeredgecolor	边框颜色

◤ 举例：箱子的样式

```
import matplotlib.pyplot as plt

# 绘图
x = [23, 34, 11, 29, 33, 13, 33, 45, 80, 90]
styles = {
    "facecolor": "pink",
    "edgecolor": "red",
}
plt.boxplot(x, patch_artist=True, boxprops=styles)

# 显示
plt.show()
```

效果如图 13-10 所示。

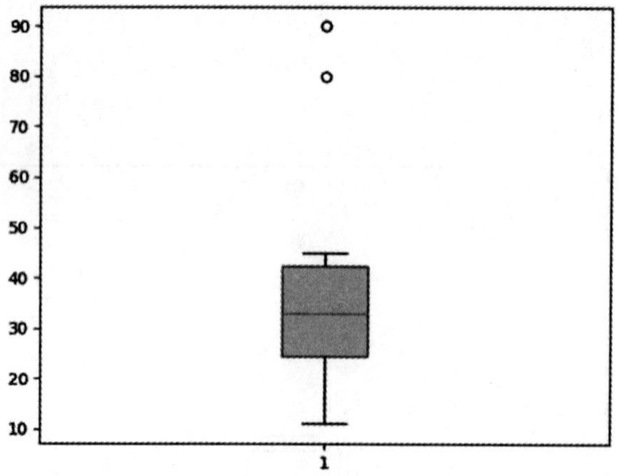

图 13-10

分析

想要使得 boxprops 生效，必须先设置 patch_artist=True。boxprops 和 patch_artist 这两个参数是配合使用的。此外，facecolor 用于定义箱子颜色，edgecolor 用于定义边框颜色。

举例：标签说明

```
import matplotlib.pyplot as plt

# 绘图
x1 = [0, 8, 1, 3, 6]
x2 = [16, 13, 10, 14, 12]
x3 = [20, 24, 21, 23, 27]
plt.boxplot([x1, x2, x3], labels=["A", "B", "C"])

# 显示
plt.show()
```

效果如图 13-11 所示。

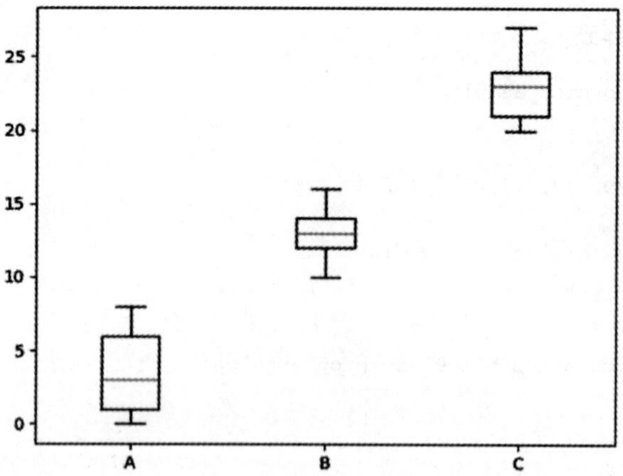

图 13-11

分析

当同时绘制多个箱线图时，可以使用 labels 参数来给每个箱线图添加标签说明。

最后需要说明的是，箱线图和散点图有点类似，它们非常适用于快速找出数据中的异常值，这在数据分析中是非常有用的。

13.3 面积图

13.3.1 基本语法

面积图是一种随时间变化而改变范围的图表，它主要是强调数量与时间的关系，如图 13-12 所示。例如将企业每个月的销售额绘制成面积图后，可以很直观地看出每个月的销售情况，并且整个面积图所占的区域就是年销售额。

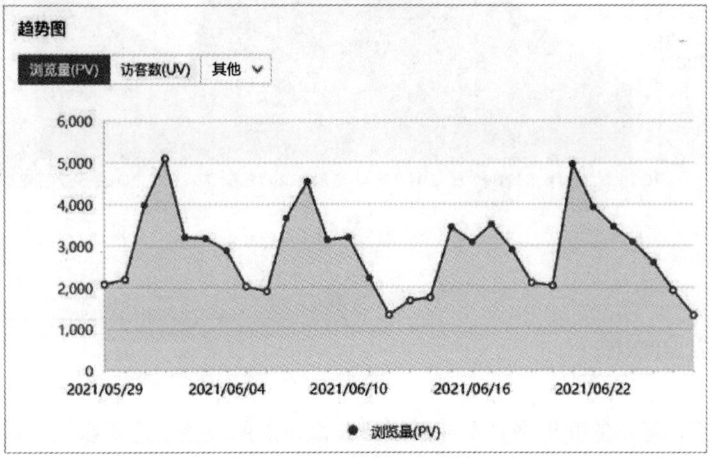

图 13-12

在 Matplotlib 中，可以使用 stackplot() 来绘制面积图。

语法

```
plt.stackplot(x, y)
```

说明

参数 x 存放的是所有点的 *x* 轴坐标，参数 y 存放的是所有点的 *y* 轴坐标，它们可以是列表、数组、Series 等。

举例

```
import matplotlib.pyplot as plt

# 绘图
x = [2016, 2017, 2018, 2019, 2020]
```

```
y = [74, 182.7, 490, 99, 198]
plt.stackplot(x, y)

# 显示
plt.show()
```

效果如图 13-13 所示。

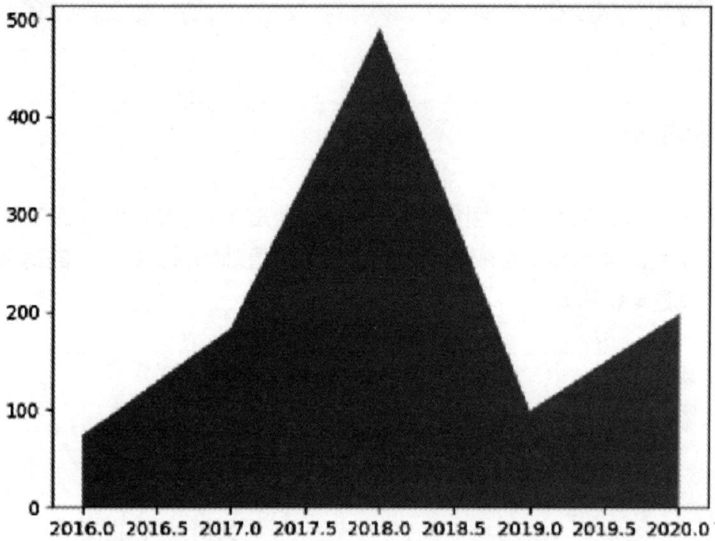

图 13-13

13.3.2 高级面积图

在某些情况下，基本的面积图并不能满足开发需求。所以我们还得掌握高级面积图的绘制方法，常见的高级面积图只有堆叠面积图这一种。

举例：堆叠面积图

```
import matplotlib.pyplot as plt

# 绘制
x = [1, 2, 3, 4, 5]
y1 = [5, 8, 7, 6, 8]
y2 = [3, 7, 6, 5, 7]
y3 = [2, 6, 4, 3, 5]
plt.stackplot(x, y1, y2, y3)

# 显示
plt.show()
```

效果如图 13-14 所示。

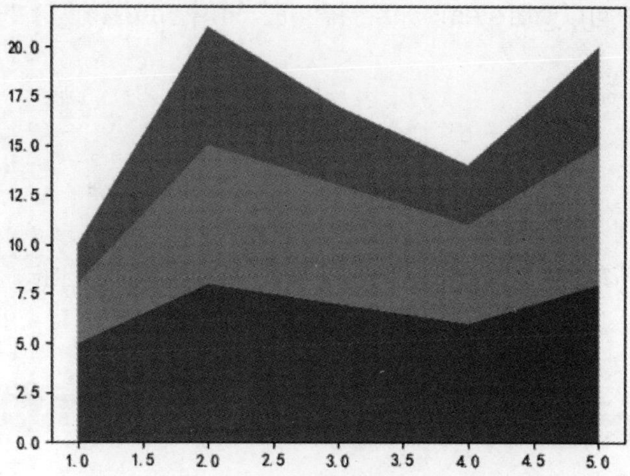

图 13-14

▼ 分析

对于堆叠面积图来说，要求不同面积图的 x 轴坐标相同。

13.4 棉棒图

13.4.1 基本语法

棉棒图，也叫作“棒棒糖图”或“火柴杆图”，它是由成对的“杆”(直线)和“头”(圆点)组成的，如图 13-15 所示。

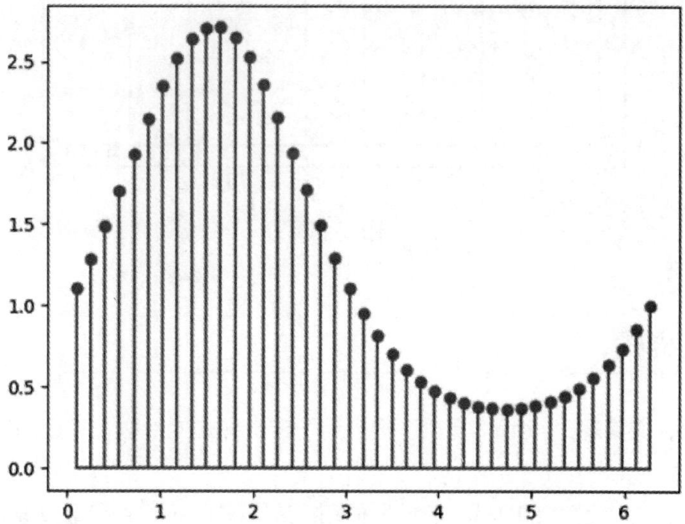

图 13-15

在 Matplotlib 中，可以使用 stem() 来绘制棉棒图。棉棒图是柱形图的变形，可以把它看成特殊的柱形图。

语法

```
plt.stem(x, y)
```

说明

参数 x 存放的是所有点的 *x* 轴坐标，参数 y 存放的是所有点的 *y* 轴坐标，它们可以是列表、数组、Series 等。

举例

```
import matplotlib.pyplot as plt

# 绘图
x = [1, 2, 3, 4, 5, 6, 7, 8, 9, 10]
y = [53, 11, 54, 34, 21, 36, 19, 48, 16, 35]
plt.stem(x, y)

# 显示
plt.show()
```

效果如图 13-16 所示。

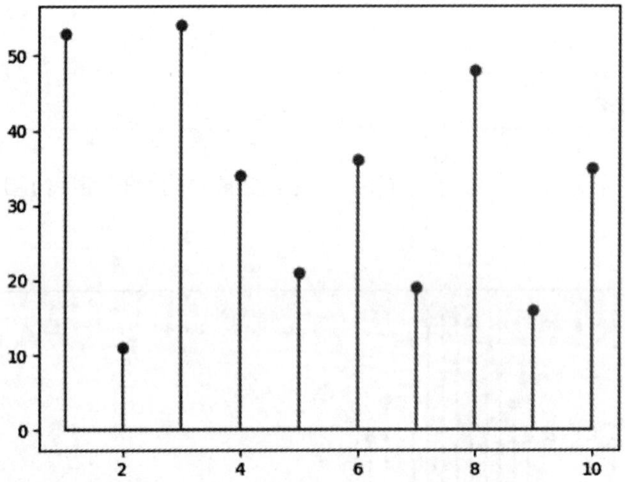

图 13-16

13.4.2 定义样式

为了让棉棒图更加美观，stem() 提供了很多用于定义样式的参数，常用的有两个：linefmt 和 markerfmt。

参数 linefmt 用于定义直线的样式，它的取值和折线图的 linestyle 参数类似，但只能使用字符型的值，如表 13-3 所示。

表13-3　参数 linefmt 的取值

取值	说明
-（默认值）	实线
--	虚线
:	点线
-.	点划线

参数 markerfmt 用于定义圆点的样式，它的取值和折线图的 marker 参数是一样的，如表 13-4 所示。

表13-4　参数 markerfmt 的取值

取值	说明
o（默认值）	实心圆
.	点
,	像素
v	下三角
^	上三角
<	左三角
>	右三角
1	下花三角
2	上花三角
3	左花三角
4	右花三角
s	实心正方形
p	实心五角星
*	星形
h	竖六边形
H	横六边形
+	加号
×	叉号
d	小菱形
D	大菱形
|	垂直线

举例：直线的样式

```
import matplotlib.pyplot as plt

# 绘图
x = [1, 2, 3, 4, 5, 6, 7, 8, 9, 10]
y = [53, 11, 54, 34, 21, 36, 19, 48, 16, 35]
plt.stem(x, y, linefmt="-.")

# 显示
plt.show()
```

效果如图 13-17 所示。

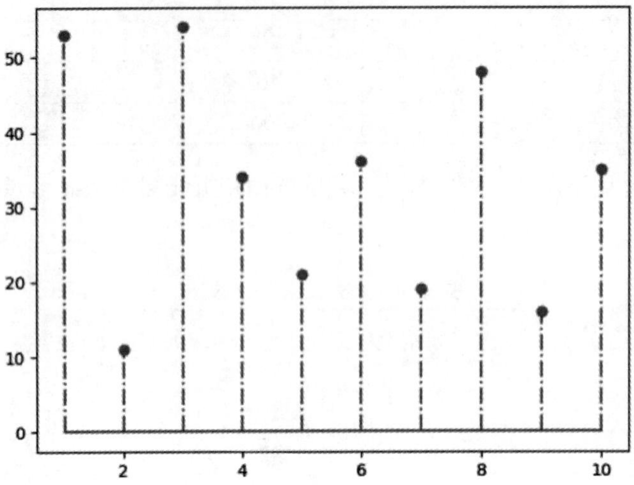

图 13-17

◤ 举例：圆点的样式

```
import matplotlib.pyplot as plt

# 绘图
x = [1, 2, 3, 4, 5, 6, 7, 8, 9, 10]
y = [53, 11, 54, 34, 21, 36, 19, 48, 16, 35]
plt.stem(x, y, markerfmt="D")

# 显示
plt.show()
```

效果如图 13-18 所示。

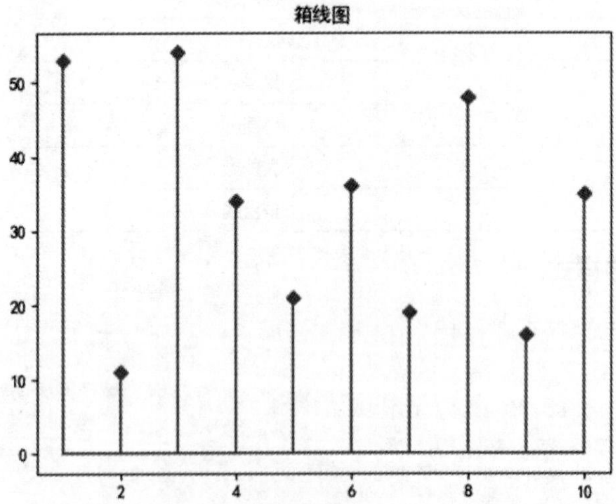

图 13-18

13.5 热力图

13.5.1 基本语法

热力图，指的是以高亮方式显示区域数据的密度情况的图表，常用于展示数据的差异性。在 Matplotlib 中，可以使用 imshow() 来绘制热力图。

语法

```
plt.imshow(x)
```

说明

x 用于定义热力图的数据部分，它是一个二维数据，可以是二维列表、二维数组、DataFrame 等。

举例

```
import matplotlib.pyplot as plt

# 绘图
x = [[1, 2], [3, 4], [5, 6]]
plt.imshow(x)
plt.colorbar()

# 显示
plt.show()
```

效果如图 13-19 所示。

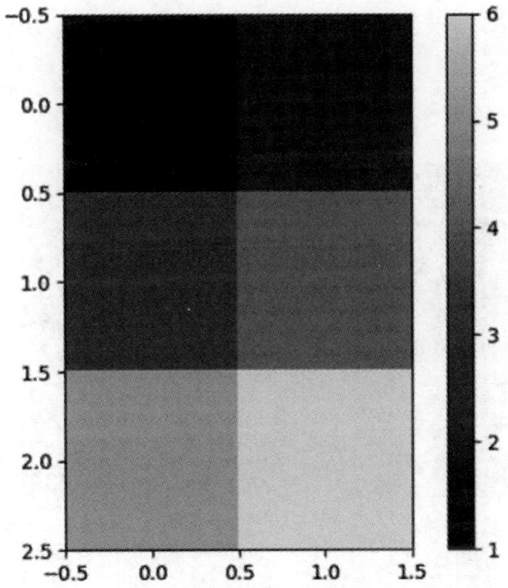

图 13-19

◤ 分析

x是一个3×2的二维列表，所以得到的热力图也是3×2的方块图。其中，最顶部两个方块是[1, 2]，中间的两个方块是[3, 4]，底部的两个方块是[5, 6]；1的颜色最深，6的颜色最浅。

13.5.2 定义样式

可以使用cmap参数来定义热力图的颜色，它的常见取值如表13-5所示。

表13-5 cmap参数的常见取值

取值	效果
plt.cm.gray	黑→灰→白
plt.cm.bone	黑→蓝灰→白
plt.cm.hot	黑→红→白
plt.cm.cool	青绿→浅蓝→品红
plt.cm.spring	品红→橙黄→黄
plt.cm.summer	深绿→浅绿→黄
plt.cm.autumn	红→橙→黄
plt.cm.winter	蓝→青蓝→绿

◤ 举例：热力图颜色

```
import matplotlib.pyplot as plt

# 绘图
data = [[1, 2, 3], [4, 5, 6], [7, 8, 9]]
plt.imshow(data, cmap=plt.cm.spring)
plt.colorbar()

# 显示
plt.show()
```

效果如图13-20所示。

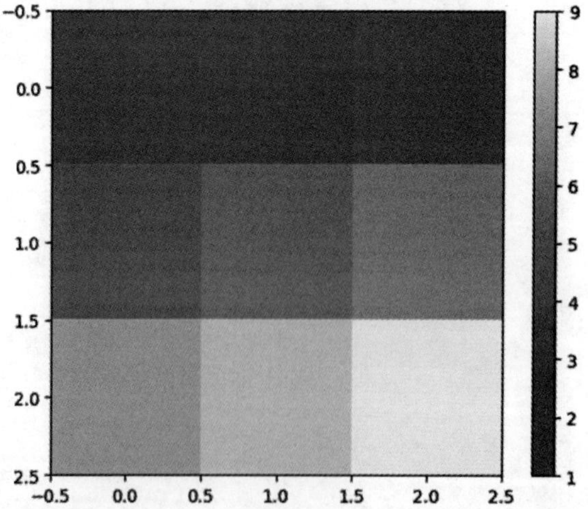

图13-20

举例：颜色条的长宽

```
import matplotlib.pyplot as plt

# 绘图
data = [[1, 2, 3], [4, 5, 6], [7, 8, 9]]
plt.imshow(data, cmap=plt.cm.spring)
plt.colorbar(shrink=0.5)

# 显示
plt.show()
```

效果如图 13-21 所示。

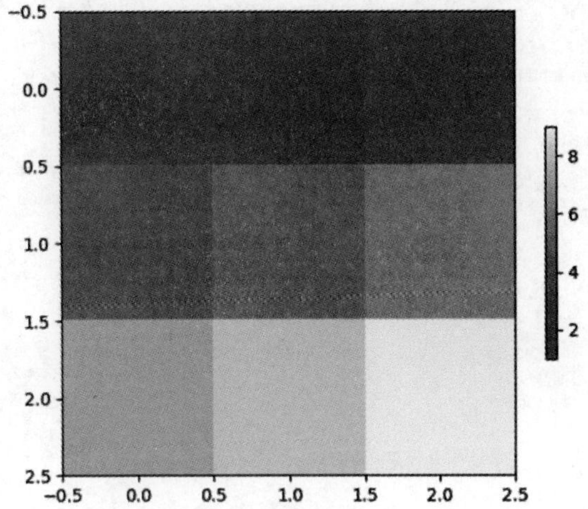

图 13-21

分析

可以使用 shrink 参数来定义颜色条的长宽，shrink=0.5 表示定义颜色条的长宽为默认长宽的一半。

最后需要说明的是，Matplotlib 提供的热力图作用有限，使用起来也比较麻烦。在实际开发中，更推荐使用其他库（如 Seaborn）来实现热力图。

13.6 子图表

13.6.1 基本语法

在 Matplotlib 库中，可以使用 subplot() 来同时绘制多个子图表。

语法

```
plt.subplot(rows, cols, index)
```

说明

subplot() 有 3 个参数：rows 表示行数，cols 表示列数，index 表示子图位置。其中，index 的值从 1 开始，到 rows × cols 结束。

举例

```
import matplotlib.pyplot as plt

# 设置
plt.rcParams["font.family"] = ["SimHei"]
plt.rcParams["axes.unicode_minus"] = False

# 绘制折线图
def drawplot():
    x = [1, 2, 3, 4]
    y = [16, 15, 18, 17]
    plt.plot(x, y)
    plt.title("折线图")
    plt.xlabel("x轴标题")
    plt.ylabel("y轴标题")

plt.subplot(2, 2, 1)
drawplot()

# 显示
plt.show()
```

效果如图 13-22 所示。

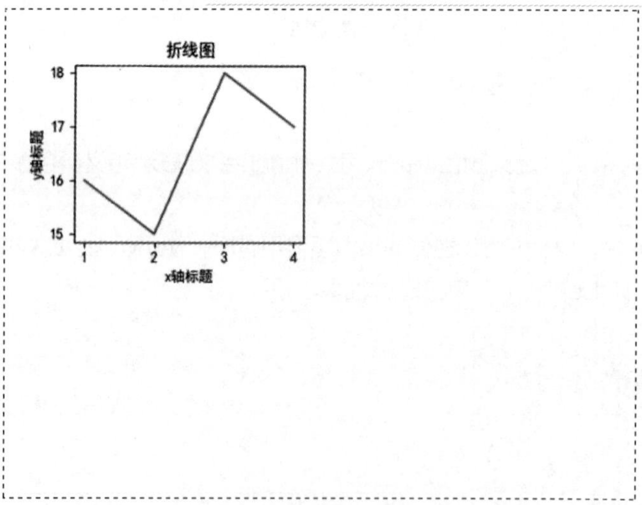

图 13-22

分析

plt.subplot(2, 2, 1) 表示将画布划分为 2 × 2=4 个区域，此时画布布局如图 13-23 所示。参数 1 表示在第 1 个区域绘制当前图表。subplot() 的前两个参数用于确定画布的布局（有多少行多少列），最后一个参数用于定义在哪个子区域绘图。

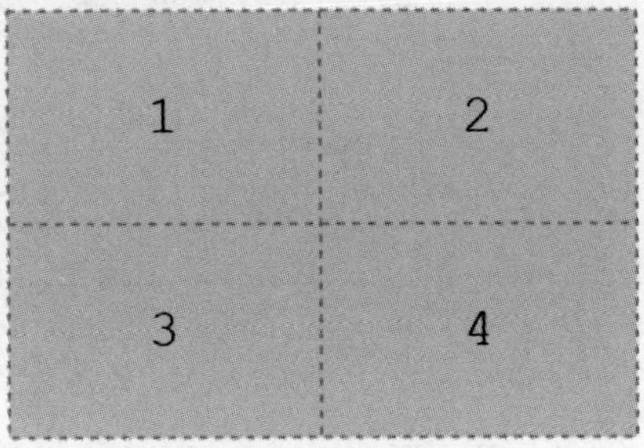

图13-23

当我们将plt.subplot(2, 2, 1)改为plt.subplot(2, 2, 2)后，效果如图13-24所示。将plt.subplot(2, 2, 1)改为plt.subplot(2, 2, 3)后，效果如图13-25所示。

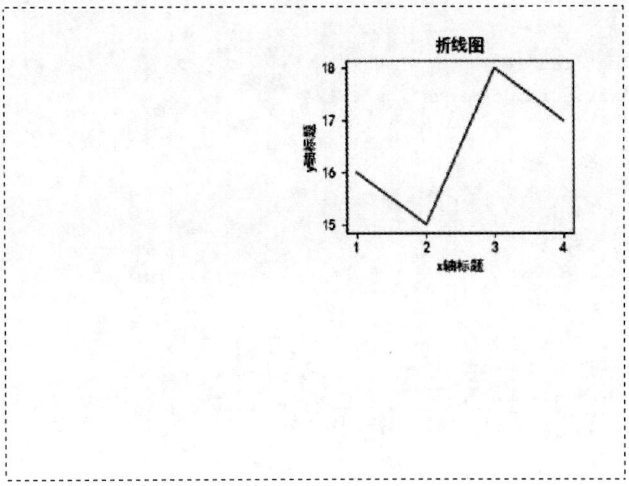

图13-24

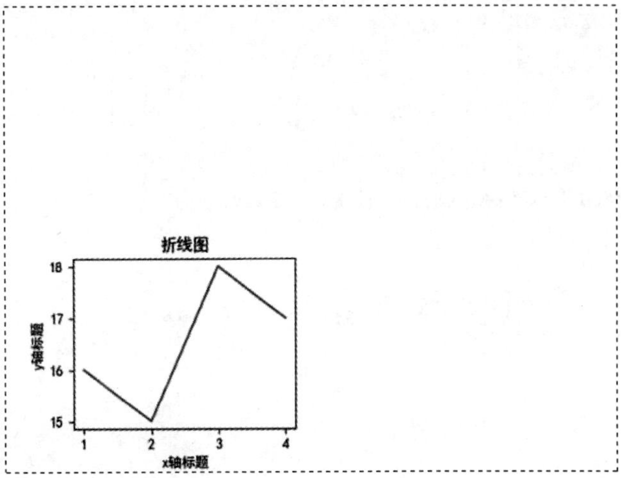

图13-25

subplot() 其实有两种语法形式。对于这个例子来说，以下两种方式是等价的：

```
# 方式1
plt.subplot(2, 2, 1)

# 方式2
plt.subplot(221)
```

13.6.2 实际案例

接下来我们尝试绘制一个 2×2 的组合图表，也就是在同一张画布上绘制 4 种不同的图表：折线图、散点图、柱形图、饼状图。

举例

```
import matplotlib.pyplot as plt

# 设置
plt.rcParams["font.family"] = ["SimHei"]
plt.rcParams["axes.unicode_minus"] = False

# 绘制折线图
def drawplot():
    x = [1, 2, 3, 4]
    y = [16, 15, 18, 17]
    plt.plot(x, y)

# 绘制散点图
def drawscatter():
    x = [1, 2, 3, 4, 5, 6, 7, 8]
    y = [15, 12, 14, 12, 11, 14, 13, 12]
    plt.scatter(x, y)

# 绘制柱形图
def drawbar():
    x = [1, 2, 3, 4, 5]
    y = [12, 25, 16, 23, 10]
    plt.bar(x, y)

# 绘制饼状图
def drawpie():
    x = [8.9, 4.1, 12.1, 8.5, 11.5]
    movies = ["蜘蛛侠", "蝙蝠侠", "钢铁侠", "毒液", "海王"]
    plt.pie(x,
        labels = movies,
        explode = (0.1, 0, 0, 0, 0),
        autopct = "%1.1f%%"
    )

# 绘图
plt.subplot(2, 2, 1)
drawplot()
```

```
plt.subplot(2, 2, 2)
drawscatter()
plt.subplot(2, 2, 3)
drawbar()
plt.subplot(2, 2, 4)
drawpie()

# 调整布局
plt.tight_layout()
# 显示图表
plt.show()
```

效果如图 13-26 所示。

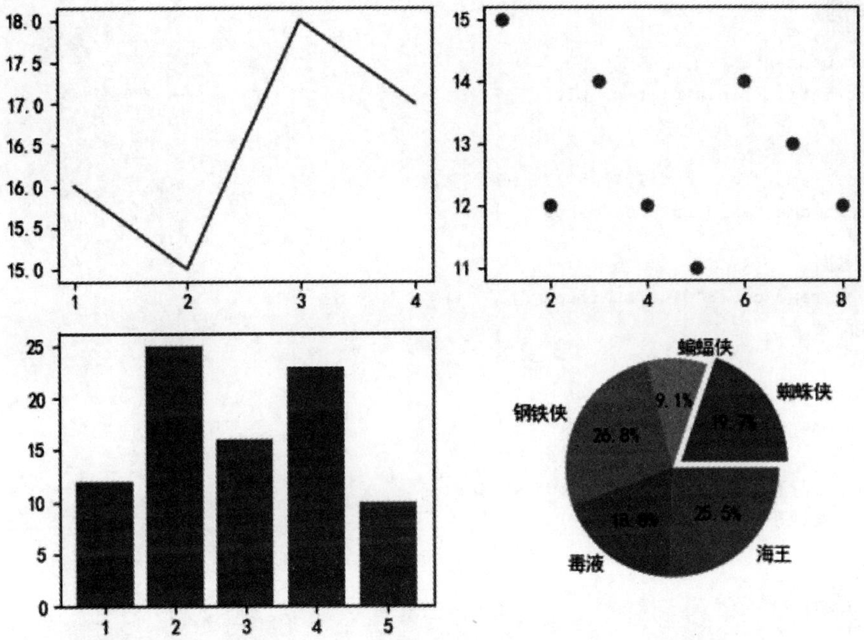

图 13-26

◤ 分析

这个例子代码虽然比较多，但是逻辑是非常清晰、简单的。其中，plt.tight_layout() 用于调整子图表之间的布局，如果没有它，子图表之间就可能出现重叠的情况。

13.7 实战题：使用箱线图查找异常值

当前项目的 data 文件夹中有一个 staff.csv 文件，项目结构如图 13-27 所示。staff.csv 文件保存的是所有员工的年龄，内容如图 13-28 所示。接下来，我们尝试使用箱线图来判断年龄是否存在异常值。

图 13-27

姓名,年龄
张三,24
李四,18
王五,37
小芳,24
小红,150
小明,42
小华,56
小莉,67
小英,45
小军,180

图 13-28

◤ 举例

```
import pandas as pd
import matplotlib.pyplot as plt

# 设置
plt.rcParams["font.family"] = ["SimHei"]
plt.rcParams["axes.unicode_minus"] = False

# 读取数据
df = pd.read_csv(r"data/staff.csv")
# 绘制图表
styles = {
    "markerfacecolor": "red",
    "markeredgecolor": "red"
}
plt.boxplot(df["年龄"], flierprops=styles)
plt.title("员工年龄箱线图")

# 显示
plt.show()
```

效果如图 13-29 所示。

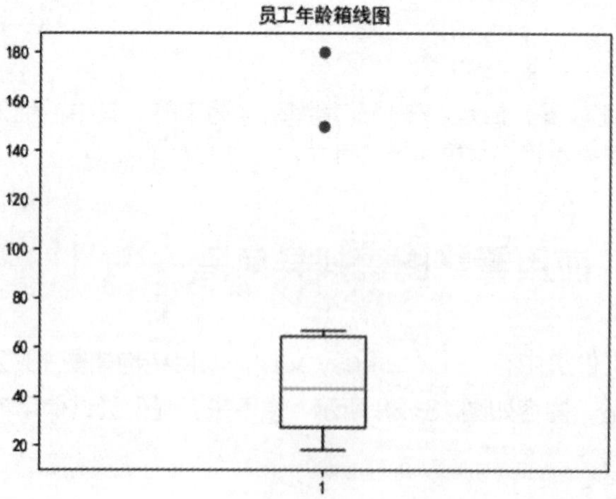

图 13-29

分析

从结果可以看出，“年龄”这一列存在两个异常值。那么是不是通过箱线图就一定能判断出异常值呢？那可不一定。例如将小明的年龄修改成 142 岁，如图 13-30 所示，再次运行代码，此时得到的箱线图如图 13-31 所示。

```
姓名,年龄
张三,24
李四,18
王五,37
小芳,24
小红,150
小明,142
小华,56
小莉,67
小英,45
小军,180
```

图 13-30

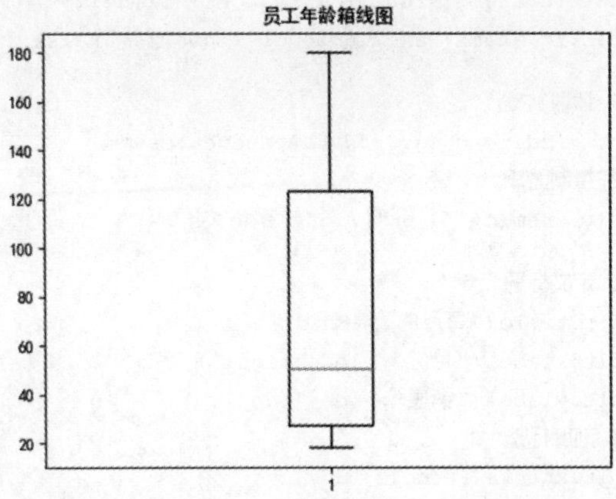

图 13-31

为什么这个时候箱线图就没能把异常值给找出来呢？这是因为对于 staff.csv 这个数据集来说，它的异常值所占比例已经比较大了，此时箱线图会把这些异常值当作正常值。当然，当样本数量足够多时，箱线图还是可以非常准确地判断异常值的。

箱线图只是一个辅助工具，并不能保证一定能判断出异常值。所以在实际工作中，我们除了借助可视化库之外，也要结合自己的业务经验，这样才能准确判断出异常值。

13.8 实战题：绘制每月销量的棉棒图

当前项目的 data 文件夹中有一个 product.csv 文件，项目结构如图 13-32 所示。product.csv 文件保存的是每个月的产品销量，如图 13-33 所示。

图 13-32

```
月份,销量
1,700
2,630
3,898
4,542
5,951
6,405
7,247
8,548
9,155
10,462
11,446
12,752
```

图 13-33

举例

```
import pandas as pd
import matplotlib.pyplot as plt

# 设置
plt.rcParams["font.family"] = ["SimHei"]
plt.rcParams["axes.unicode_minus"] = False

# 读取数据
df = pd.read_csv(r"data/product.csv")
# 绘制图表
plt.stem(df["月份"], df["销量"])

# 定义标题
plt.title("每月销量棉棒图")
plt.xlabel("月份", loc="right")
plt.ylabel("销量", loc="top")
# 刻度标签
plt.xticks(range(1, 13))

# 显示
plt.show()
```

效果如图 13-34 所示。

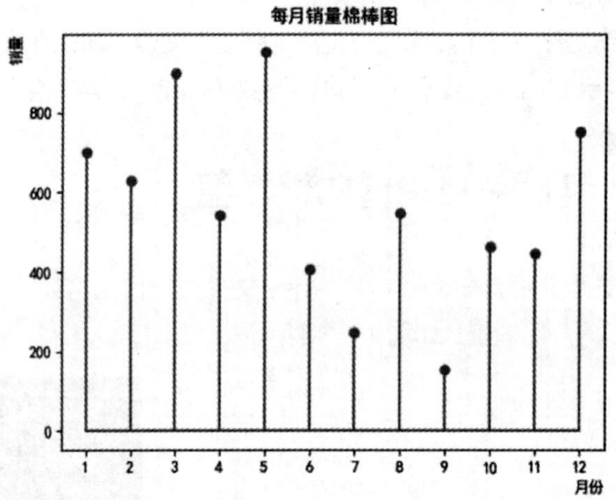

图 13-34

分析

如果要绘制“每月销量与平均销量之差”的棉棒图，应该怎么实现呢？其实也很简单，请看下面的代码：

```
import matplotlib.pyplot as plt

# 设置
plt.rcParams["font.family"] = ["SimHei"]
plt.rcParams["axes.unicode_minus"] = False
```

```
# 读取数据
df = pd.read_csv(r"data/product.csv")
# 求每月销量平均值
mean = df["销量"].mean()
# 求每月销量与平均销量之差（利用广播机制）
df["差值"] = df["销量"] - mean

# 绘制图表
plt.stem(df["月份"], df["差值"])

# 定义标题
plt.title("每月销量棉棒图")
plt.xlabel("月份", loc="right")
plt.ylabel("销量", loc="top")
# 刻度标签
plt.xticks(range(1, 13))

# 显示
plt.show()
```

效果如图 13-35 所示。

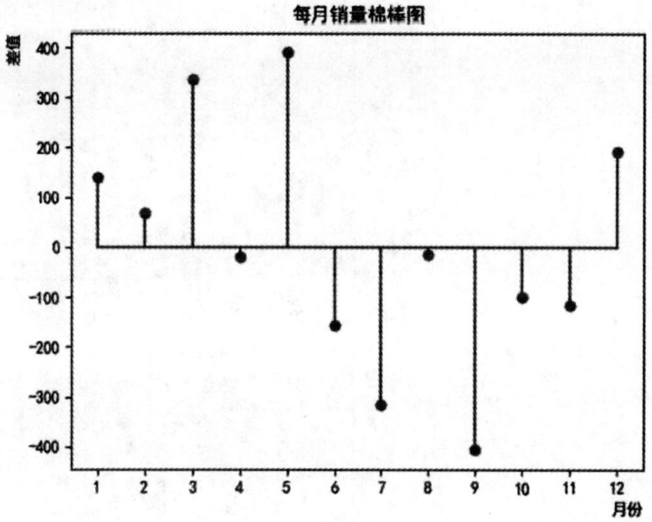

图 13-35

棉棒图中的值也可以是负值，从图 13-35 可以清楚地看出，每月销量相对平均值来说是如何波动的。

第四部分
工具篇

第 14 章 Jupyter Notebook

14.1 Jupyter Notebook 简介

在之前的学习中，我们都是使用 VSCode 作为开发工具。而在实际工作中，更推荐使用 Jupyter Notebook 作为开发工具。在介绍什么是 Jupyter Notebook 之前，先来看一个简单的例子。

▶ 举例

```
import pandas as pd

data = [
    [1001, "小杰", "男", 650, "一班"],
    [1002, "小红", "女", 645, "一班"],
    [1003, "小明", "男", 590, "二班"],
    [1004, "小华", "男", 640, "二班"],
    [1005, "小莉", "女", 635, "二班"]
]
df = pd.DataFrame(data, columns=["学号", "姓名", "性别", "成绩", "班级"])

pd.set_option("display.unicode.east_asian_width", True)
print(df)
```

VSCode 输出的效果如图 14-1 所示，Jupyter Notebook 输出的效果如图 14-2 所示。

	学号	姓名	性别	成绩	班级
0	1001	小杰	男	650	一班
1	1002	小红	女	645	一班
2	1003	小明	男	590	二班
3	1004	小华	男	640	二班
4	1005	小莉	女	635	二班

图 14-1

	学号	姓名	性别	成绩	班级
0	1001	小杰	男	650	一班
1	1002	小红	女	645	一班
2	1003	小明	男	590	二班
3	1004	小华	男	640	二班
4	1005	小莉	女	635	二班

图 14-2

◤ 分析

从结果可以明显看出，VSCode 终端显示的结果是比较粗糙的。而 Jupyter Notebook 以表格的形式把数据展示出来，并且定义了十分美观的样式，这样可以使数据更加直观清晰。

Jupyter Notebook 是一个网页端的应用（见图 14-3），它直接在一个网页中编写代码和运行代码，结果也在网页中显示。Jupyter Notebook 除了简单美观之外，它的功能也是非常强大的。

图 14-3

如果你想要使用 Python 进行数据分析，那么 Jupyter Notebook 可以说是必备的工具之一。

到这里有些读者可能会问：为什么不在本书一开始就介绍 Jupyter Notebook 呢？这是因为我们更希望读者先把最基本的工具（VSCode）掌握了，然后再去掌握更高级的工具。还有一个原因是，Jupyter Notebook 本身比较复杂，如果没学数据分析就学 Jupyter Notebook，读者可能很难理解。当然，工具本身只是作为一个辅助，有了技术基础之后，工具学起来是非常简单的。

14.2 Jupyter Notebook 的使用

如果想要使用 Jupyter Notebook，只需进行以下简单的两步。

- 安装 Anaconda。
- 运行 Jupyter Notebook。

14.2.1 安装 Anaconda

对于初学者来说，推荐使用安装 Anaconda 的方式来安装 Jupyter Notebook。Anaconda 是著名的 Python 数据科学平台，它本身包含了数百个 Python 包，可以极大地方便我们的开发。

首先打开 Anaconda 官网，单击右上角的【Get Started】，然后选择【Download Anaconda installers】选项，如图 14-4 所示。

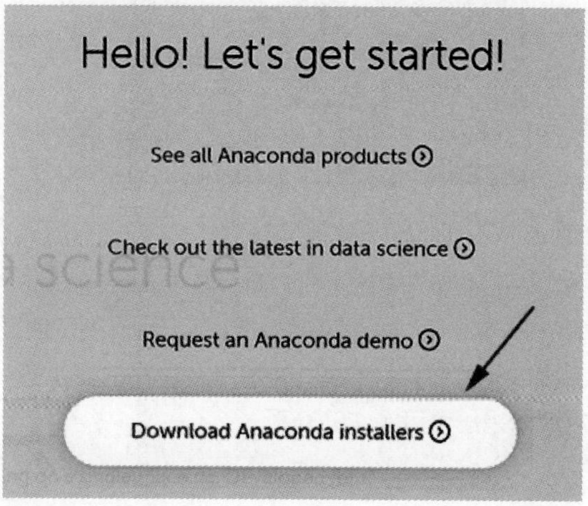

图 14-4

读者要注意根据自己的计算机系统来选择 Anaconda 版本。这里笔者选择的是 Windows 的【64-Bit Graphical Installer (457MB)】，单击即可下载，如图 14-5 所示。

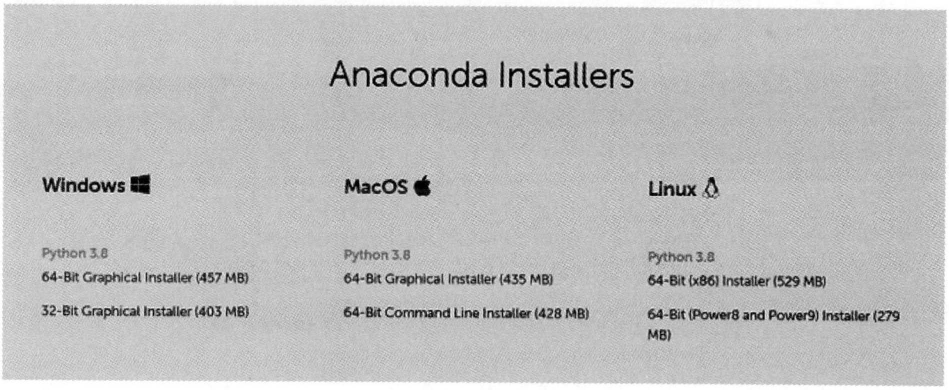

图 14-5

下载完成之后，双击安装包并根据提示安装即可。

14.2.2 运行 Jupyter Notebook

① 运行 Jupyter Notebook。Anaconda 自带 Jupyter Notebook，在计算机开始菜单中找到

【Anaconda3】→【Jupyter Notebook (anaconda)】，如图 14-6 所示。

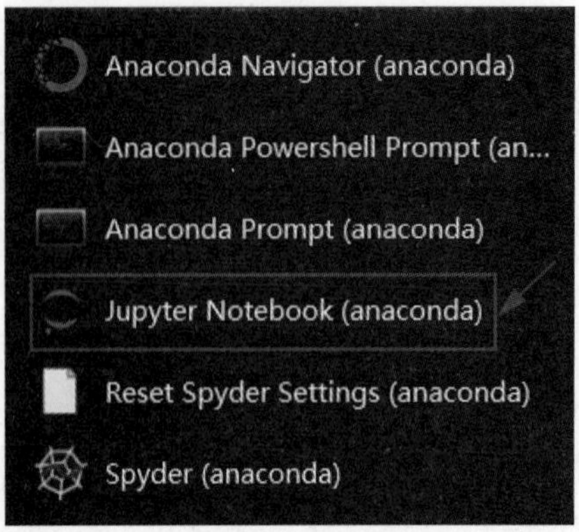

图 14-6

单击【Jupyter Notebook (anaconda)】之后，等待一会，系统会在浏览器中打开一个页面，这个页面就是 Jupyter Notebook 的首页，如图 14-7 所示。我们要清楚一点，Jupyter Notebook 是浏览器端的工具，所以它就像是一个可操作的网页。

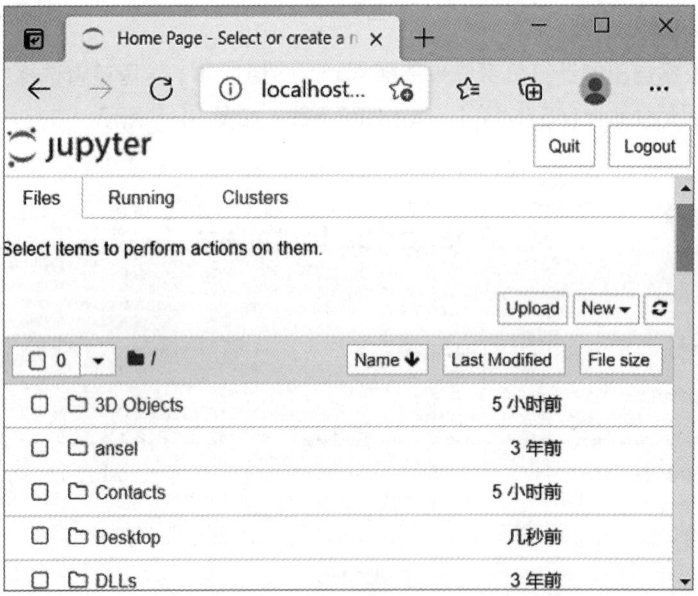

图 14-7

② 创建新文件。在页面右上角选择【New】→【Python 3】选项，即可创建一个新的 Jupyter Notebook 文件，如图 14-8 所示。

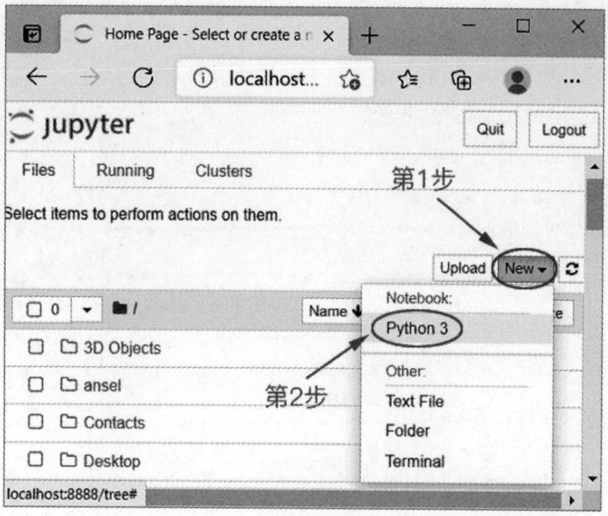

图 14-8

③ 运行代码。在文本框中输入代码，单击上方的【运行】按钮，就可以运行 Python 代码了，如图 14-9 所示。

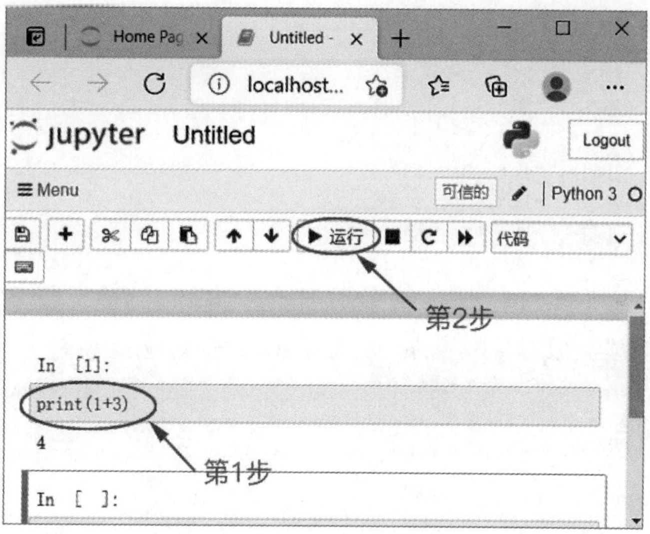

图 14-9

14.3　应用场景

Jupyter Notebook 主要用于 3 种场景：运行常规代码；Pandas 数据分析；Matplotlib 绘图。

举例：运行常规代码

```
# 定义函数
def is_leap_year(year):
    # 判断闰年
```

```
    if (year % 4 == 0) and (year % 100 != 0) or (year % 400 == 0):
        return str(year) + "年是闰年"
    else:
        return str(year) + "年不是闰年"

# 调用函数
print(is_leap_year(2020))
print(is_leap_year(2030))
```

效果如图 14-10 所示。

```
2020年是闰年
2030年不是闰年
```

图 14-10

分析

Jupyter Notebook 和 VSCode 一样，可以运行常规代码。

举例：Pandas 数据分析

```
import pandas as pd

data = [
    ["202201", "小杰", "男", 20, 650],
    ["202202", "小红", "女", 19, 645],
    ["202203", "小明", "男", 21, 590],
    ["202204", "小华", "男", 20, 640],
    ["202205", "小莉", "女", 19, 635]
]
df = pd.DataFrame(data, columns=["学号", "姓名", "性别", "年龄", "分数"])

pd.set_option("display.unicode.east_asian_width", True)
print(df)
```

效果如图 14-11 所示。

	学号	姓名	性别	年龄	分数
0	202201	小杰	男	20	650
1	202202	小红	女	19	645
2	202203	小明	男	21	590
3	202204	小华	男	20	640
4	202205	小莉	女	19	635

图 14-11

分析

为什么这里 Jupyter Notebook 没有将结果以表格的形式展示呢？如果想要调用 Jupyter Notebook 自带的输出效果，就不应该使用 print() 来输出 df，而是应该把 df 放在单独的一行，并且也不再需要使用 pd.set_option("display.unicode.east_asian_width", True)。修改后的代码如

图 14-12 所示。

```
import pandas as pd

data = [
    ["202201", "小杰", "男", 20, 650],
    ["202202", "小红", "女", 19, 645],
    ["202203", "小明", "男", 21, 590],
    ["202204", "小华", "男", 20, 640],
    ["202205", "小莉", "女", 19, 635]
]
df = pd.DataFrame(data, columns=["学号", "姓名", "性别", "年龄", "分数"])

df
```

图 14-12

再次运行代码，效果如图 14-13 所示。

	学号	姓名	性别	年龄	分数
0	202201	小杰	男	20	650
1	202202	小红	女	19	645
2	202203	小明	男	21	590
3	202204	小华	男	20	640
4	202205	小莉	女	19	635

图 14-13

实际上，如果想要在 Jupyter Notebook 中输出一个变量，或者计算一个表达式，只需要把变量或表达式放在单独的一行，然后运行即可，并不需要使用 print()，这一点和 VSCode 是不一样的。

举例：Matplotlib 绘图

```
import matplotlib.pyplot as plt

# 设置
plt.rcParams["font.family"] = ["SimHei"]
plt.rcParams["axes.unicode_minus"] = False

plt.title("15日体温变化")
plt.xlabel("日期")
plt.ylabel("体温")

# 绘图
listx = range(1, 16)
listy = [36.0, 36.1, 36.6, 36.2, 36.4, 36.5, 36.0, 36.2, 36.4, 36.8, 36.7, 36.1, 36.6,
36.5, 36.7]
plt.plot(listx, listy, marker="o", mfc="w")            # 节点为空心圆

# 显示
plt.show()
```

效果如图 14-14 所示。

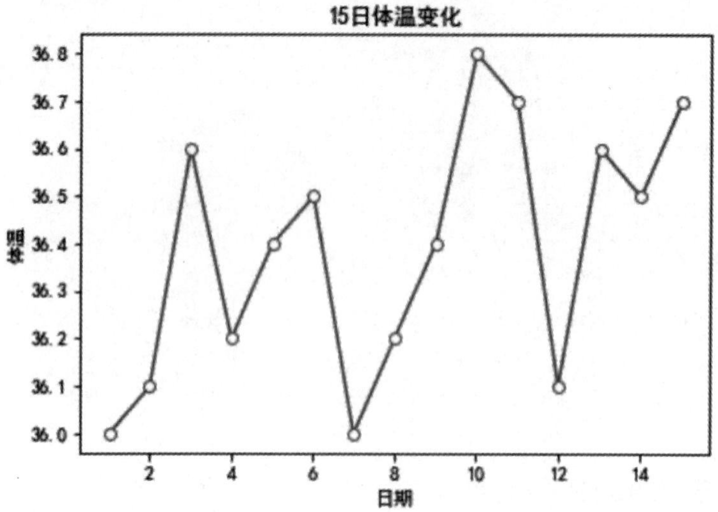

图 14-14

分析

在 Jupyter Notebook 中运行这个例子时，图表是在 Jupyter Notebook 的页面直接展示出来的，而不是像 VSCode 那样另外弹出一个窗口来展示。

14.4 常用技巧

这一节介绍 Jupyter Notebook 常用的技巧，主要包括以下 3 个方面。

- 问号查询。
- 输出多个变量。
- 读取文件。

14.4.1 问号查询

很多初学者在学习 Python 的库时，大多烦恼于记不住各种函数或方法的名字和用法。例如，Pandas 就有上千种方法。

Jupyter Notebook 有一个比较强大的功能，就是可以使用英文问号（?）来查看函数或方法的用法。例如想要查看 Pandas 中 set_index() 的用法，可以在 Jupyter Notebook 中输入图 14-15 所示的代码。

```
import pandas as pd
?pd.DataFrame.set_index
```

图 14-15

首先需要使用 import 导入 pandas 库，另外方法名后面不要加上“()”，例如写成 pd.DataFrame.set_index() 就是错误的。运行代码之后，效果如图 14-16 所示。

```
Signature:
pd.DataFrame.set_index(
    self,
    keys,
    drop=True,
    append=False,
    inplace=False,
    verify_integrity=False,
)
Docstring:
Set the DataFrame index using existing columns.
```

图 14-16

有读者会问，如果连方法名都不记得了，又该怎么办？实际上，Jupyter Notebook 还支持模糊查询，如图 14-17 所示。

```
import pandas as pd
pd.DataFrame.set_*?
```

图 14-17

“*”是通配符，表示任何内容。“?”放在最后，表示查询的意思。运行代码之后，效果如图 14-18 所示。从结果可以看出，符合条件的方法有两个。

```
pd.DataFrame.set_axis
pd.DataFrame.set_index
```

图 14-18

上面这个技巧适用于查询 Python 自带的函数和方法，以及各种第三方库的函数和方法。

14.4.2 输出多个变量

默认情况下，Jupyter Notebook 只会输出最后一个变量。例如有 3 个变量，运行代码之后，Jupyter Notebook 只会把最后的变量输出，如图 14-19 所示。

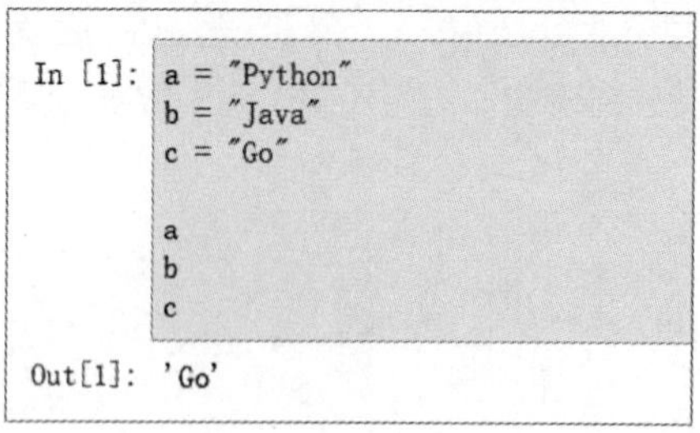

图 14-19

如果想要把所有变量都输出，可以在最开始处加上下面两句代码：

```
from IPython.core.interactiveshell import InteractiveShell
InteractiveShell.ast_node_interactivity = "all"
```

再次运行代码，Jupyter Notebook 就会把所有变量都输出，如图 14-20 所示。

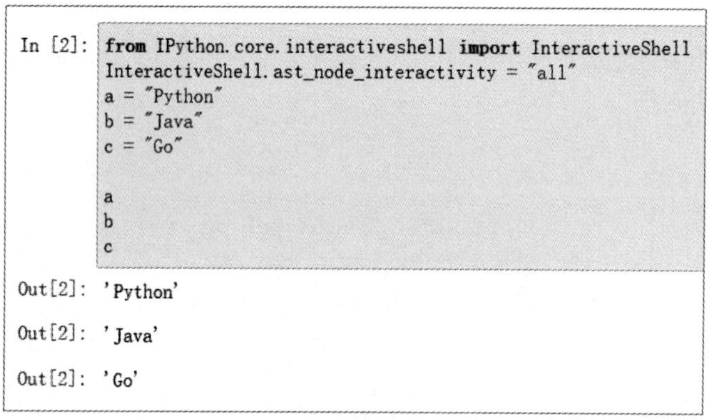

图 14-20

同时输出多个变量是非常有用的，特别是在使用 Pandas 进行数据分析时，可能会需要输出多个数据集，请看下面的例子。

▶ 举例

```
from IPython.core.interactiveshell import InteractiveShell
InteractiveShell.ast_node_interactivity = "all"
import pandas as pd

data = [
    [1001, "小杰", "男", 650, "一班"],
    [1002, "小红", "女", 645, "一班"],
    [1003, "小明", "男", 590, "二班"],
    [1004, "小华", "男", 640, "二班"],
    [1005, "小莉", "女", 635, "二班"]
]
df = pd.DataFrame(data, columns=["学号", "姓名", "性别", "成绩", "班级"])
result = df.pivot_table(index="班级", columns="姓名", values="成绩")

df
result
```

效果如图 14-21 所示。

Out[3]:

	学号	姓名	性别	成绩	班级
0	1001	小杰	男	650	一班
1	1002	小红	女	645	一班
2	1003	小明	男	590	二班
3	1004	小华	男	640	二班
4	1005	小莉	女	635	二班

Out[3]:

姓名	小华	小明	小杰	小红	小莉
班级					
一班	NaN	NaN	650.0	645.0	NaN
二班	640.0	590.0	NaN	NaN	635.0

图 14-21

14.4.3 读取文件

在使用 Pandas 进行数据分析时，数据大多数时候都是存放在文件中的。如果使用 Jupyter Notebook 进行开发，应该怎样读取文件呢？对此有两种方式，一种是使用绝对路径，另一种是使用相对路径。

在 D 盘中有一个 python-test 文件夹，该文件夹下有一个 data 文件夹，data 文件夹中有一个 student.csv 文件。其中，student.csv 文件的内容如图 14-22 所示。

```
学号,姓名,性别,成绩,班级
1001,小杰,男,650,一班
1002,小红,女,645,一班
1003,小明,男,590,二班
1004,小华,男,640,二班
1005,小莉,女,635,二班
```

图 14-22

举例：绝对路径

```
import pandas as pd
df = pd.read_csv(r"D:\python-test\data\student.csv")
df
```

效果如图 14-23 所示。

	学号	姓名	性别	成绩	班级
0	1001	小杰	男	650	一班
1	1002	小红	女	645	一班
2	1003	小明	男	590	二班
3	1004	小华	男	640	二班
4	1005	小莉	女	635	二班

图14-23

◤ 分析

使用绝对路径肯定是没有问题的。如果想要使用相对路径，应该怎么做呢？
首先需要使用 Jupyter Notebook 的“%pwd”来查看当前运行目录是什么，如图14-24所示。

```
In [1]: %pwd
Out[1]: 'C:\\Users\\hasee'
```

图14-24

接着需要使用“%cd”把当前运行目录切换到“D:\python-test”，然后再次执行“%pwd”，会发现已经切换成功了，如图14-25所示。

```
In [2]: %cd D:\python-test
        D:\python-test
In [3]: %pwd
Out[3]: 'D:\\python-test'
```

图14-25

把 Jupyter Notebook 当前运行目录切换到项目目录，这样就可以使用相对路径来读取文件了，请看下面的例子。

◤ 举例

```
import pandas as pd
df = pd.read_csv(r"data/student.csv")
df
```

效果如图14-26所示。

	学号	姓名	性别	成绩	班级
0	1001	小杰	男	650	一班
1	1002	小红	女	645	一班
2	1003	小明	男	590	二班
3	1004	小华	男	640	二班
4	1005	小莉	女	635	二班

图 14-26

【常见问题】

学完这本书之后，接下来应该学习哪些内容呢？

本书介绍的是数据分析的基础内容。如果想要成为一名真正的数据分析师，仅凭这些知识是不够的，读者还得学习更多内容才行。

如果你使用的是“从 0 到 1”系列图书，并且想要更进一步提升自己的技术，下面是推荐的学习顺序。

《从 0 到 1——Python 快速上手》→《从 0 到 1——Python 进阶之旅》→《从 0 到 1——Python 数据分析》→《从 0 到 1——Python 数据可视化》→《从 0 到 1——Python 网络爬虫》→《从 0 到 1——Django Web 开发》→《从 0 到 1——Flask Web 开发》。

注意，以上某些图书可能在您拿到本书时尚未出版，请读者关注出版信息。

第五部分
附录

附录 A

读写文件（Pandas）

读取文件	
read_json()	读取 JSON 文件
read_csv()	读取 CSV 文件
read_excel()	读取 Excel 文件
read_html()	读取网页
read_sql	读取数据库
写入文件	
to_json()	写入 JSON 文件
to_csv()	写入 CSV 文件
to_excel()	写入 Excel 文件
to_html()	写入网页
to_sql	写入数据库

附录 B 统计函数（Pandas）

基本函数	
sum()	求和
count()	统计个数
max()	求最大值
min()	求最小值
median()	求中位数
mean()	求平均数
mode()	求众数
var()	求方差
std()	求标准差
quantile()	求分位数
其他函数	
unique()	统计取值种类
value_counts()	统计取值个数
pct_change()	求变化百分比
idxmax()	求最大值的行名
idxmin()	求最小值的行名

附录C 绘图函数（Matplotlib）

基础图表	
plot()	折线图
scatter()	散点图
bar()	柱形图
hist()	直方图
pie()	饼状图
高级图表	
boxplot()	箱线图
stackplot()	面积图
stem()	棉棒图
imshow()	热力图
subplot()	子图表